파브르 식물 이야기

Jean-Henri Fabre
파브르 식물 이야기
La Plante

장앙리 파브르 지음
추둘란 풀어씀 · 이제호 그림

사계절

차례

chapter 1	식물과 동물은 형제이다 · · · · · · · · · · · 007
chapter 2	식물이 태어나는 곳, 눈 · · · · · · · · · · · 027
chapter 3	식물의 지혜로운 변신 · · · · · · · · · · · 043
chapter 4	쓰러진 밤나무의 역사, 나이테 이야기 · · · 059
chapter 5	떡잎 한 장의 차이 · · · · · · · · · · · 081
chapter 6	나무의 겉옷, 나무껍질 · · · · · · · · · · · 101
chapter 7	줄기의 변신 · · · · · · · · · · · 117
chapter 8	식물은 고집쟁이 · · · · · · · · · · · 137
chapter 9	뿌리와 줄기의 발명품 · · · · · · · · · · · 149
chapter 10	잎은 아무렇게나 피어나지 않는다 · · · · · 161
chapter 11	식물의 놀라운 변신 · · · · · · · · · · · 191
chapter 12	잠자는 식물들 · · · · · · · · · · · 205
chapter 13	여러 가지 일을 하는 잎 · · · · · · · · · · · 221
chapter 14	단 한 가지 일만 하는 고귀한 몸, 꽃 · · · · 241
chapter 15	씨앗을 만드는 암술과 수술 · · · · · · · · · · · 261
chapter 16	씨앗을 안전하게 지키는 열매 · · · · · · · · 289
chapter 17	새로운 시작, 씨앗 · · · · · · · · · · · 301

장 앙리 파브르가 걸어온 길 · · · · · · · · · · · 324
도움 받은 책 · · · · · · · · · · · 334
해설 · · · · · · · · · · · 337
작가의 말 · · · · · · · · · · · 344
찾아보기 · · · · · · · · · · · 348

chapter 1

식물과 동물은 형제이다

파브르가 들려주는 히드라 이야기

파브르는 곤충학자로 이름이 나 있습니다. 그런 파브르가 식물에 대한 이야기를 썼다면, 맨 처음에 무슨 내용으로 시작했을지 궁금하지 않나요? 파브르는 "식물과 동물은 형제이다."라고 썼습니다. 동물처럼 식물도 살아 있고, 먹으며, 자손을 남기기 때문입니다. 그래서 파브르는 식물을 알려면 꼭 동물을 살펴보아야 한다고 했습니다. 그 반대로, 동물을 알고 싶으면 식물한테 배울 점이 있다는 것도 잊지 말아야 한다고 했지요.

그래서일까요? 파브르는 식물기의 첫 주인공으로 히드라를 골랐습니다. 이제 여러분은 히드라에 대한 이야기를 들으면서 식물의 기본적인 구조부터 알게 될 것입니다. 그리고 더 많은 이야기를 들으면서 식물 세상의 숨은 비밀을 깨닫는 특별한 눈을 갖게 될 것입니다. 그럼, 파브르가 들려주는 히드라 이야기부터 들어 볼까요?

히드라는 민물에 삽니다. 직접 잡으려 한다면 고인 물을 찾아야 합니다. 이를 테면 마치 연둣빛 양탄자를 깔아놓은 듯, 개구리밥이 잔뜩 떠 있는 웅덩이가 좋지요. 아니면 낙엽이나 나뭇가지 따위가 가라앉아 있는 연못과 늪에서도 찾을 수 있습니다.

히드라는 대부분 녹색을 띠지만 환경이 어떠냐에 따라 조금씩 다른 색을 띠기도 합니다. 몸은 젤리처럼 말랑말랑한데, 몹시 연약해 조금만 세게 눌러도 터져 버리지요. 그러니 만질 때 손가락에 너무 힘을 주어서는 안 됩니다.

히드라의 몸통은 가늘고 긴 주머니 모양으로 생겼습니다. 이곳에서 먹이를 소화하지요. 히드라를 '강장동물'이라 부르는 것은 이 주머니 때문입니다. '강'은 '속이 비었다'라는 뜻이고 '장'은 '창자'라는 뜻이니까, 강장동물은 '주머니처럼 속이 빈 창자를 가진 동물'을 뜻합니다. 히드라 말고도 해파리와 산호의 몸통이 이런 주머니로 되어 있어서 함께 강장동물이라 부릅니다.

| 잘라도 잘라도
| 살아나는
| 히드라

어렸을 적, 히드라를 찾아 나섰던 파브르의 이야기를 들어 볼까요? 어느 휴일, 어린 파브르는 히드라를 찾

기 위해 웅덩이의 물풀을 헤치고 다녔습니다. 운이 좋았던지 그 날 파브르는 열 마리가 넘는 히드라를 찾아냈습니다. 집에 돌아와 물풀과 함께 물 컵 속에 한 마리씩 넣었습니다. 물풀을 함께 넣어 주면 웅덩이의 환경과 비슷해서 히드라가 붙어살기에 좋을 뿐더러, 산소를 따로 넣어 주지 않아도 되지요. 두어 시간이 흐르자 히드라는 몸을 부드럽게 뻗었습니다. 그리고 몸통의 한쪽 끝을 물풀에 붙인 채 먹이를 잡으려고 여덟 개의 촉수를 뻗기 시작했습니다.

파브르는 호기심에 히드라의 몸을 두 조각으로 잘라 보았습니다. 히드라의 잘린 몸뚱이는 잠시 부르르 떨다가 시들시들 힘이 빠졌습니다. 그런데 다음 날, 물 컵 속에서 놀라운 일이 일어났습니다. 잘린 히드라의 한쪽이 아무 일도 없었던 것처럼 촉수를 뻗으며 먹이를 찾고 있었습니다. 몸통을 잃은 아픔은 벌써 잊은 듯했지요. 다른 한쪽에 있는 잘린 몸통도 여느 때와 마찬가지로 소화하느라 바빴습니다. 없어진 촉수 따위는 이미 깨끗이 잊어버린 듯했습니다.

다시 며칠이 지난 뒤, 이번에는 더 놀라운 일이 일어났습니다. 물 컵 속에는 건강한 두 마리의 히드라가 살아 움직이고 있었습니다. 가위로 자르기 전의 씩씩한 모습 그대로였지요. 잘려서 소화 주머니만 있던 쪽에는, 입과 여덟 개의 촉수가 새로 생겨나 있었습니다. 그 반대로 촉수만 있던 쪽에는, 없어졌던 소화 주머

히드라의 구조

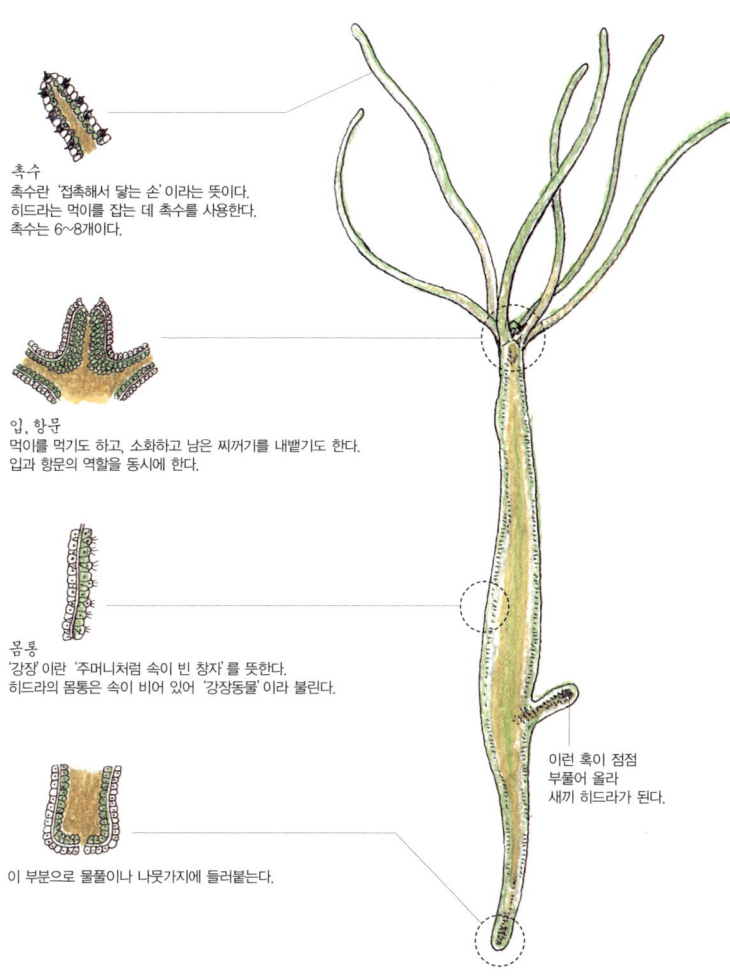

촉수
촉수란 '접촉해서 닿는 손'이라는 뜻이다.
히드라는 먹이를 잡는 데 촉수를 사용한다.
촉수는 6~8개이다.

입, 항문
먹이를 먹기도 하고, 소화하고 남은 찌꺼기를 내뱉기도 한다.
입과 항문의 역할을 동시에 한다.

몸통
'강장'이란 '주머니처럼 속이 빈 창자'를 뜻한다.
히드라의 몸통은 속이 비어 있어 '강장동물'이라 불린다.

이 부분으로 물풀이나 나뭇가지에 들러붙는다.

이런 혹이 점점
부풀어 올라
새끼 히드라가 된다.

여러 조각으로 잘게 토막 낸 히드라.   토막 난 히드라가 새로운 히드라로 다시 태어났다.

니가 새로 생겨났습니다. 조각난 몸에서 잃어버린 나머지 부분이 새로 생겨난 것입니다.

 그것을 보고 어린 파브르는 히드라를 좀 더 잘게 자르기 시작했습니다. 다섯 도막, 열 도막, 스무 도막……. 잘린 조각들이 좁쌀만 해질 때까지 내키는 대로 마구 잘랐습니다. 그리고 자른 조각들을 마치 씨앗을 뿌리듯이 다른 물 컵 속에 뿌렸습니다.

 얼마 뒤에 이 조각들은 녹색의 '싹'을 틔우기 시작했습니다. 그리고 시간이 좀 더 흐르자, 모든 조각들이 하나도 빠짐없이 완전한 히드라가 되었습니다.

동물의 싹과 식물의 싹

몸이 잘려도 잘려도 되살아나는 히드라는 어떻게 자손을 만들어 번식하는 걸까요?

히드라가 완전히 자라면 몸통 아래쪽에 두서너 개의 혹이 생깁니다. 혹은 점점 커지고 부풀어 올라 작은 주머니 모양이 되지요. 그리고 이 혹은 쑥쑥 자라다가 이윽고 꽃봉오리가 꽃을 피우듯이 터집니다. 바로 소화 주머니와 여덟 개의 촉수를 갖춘 작은 새끼 히드라입니다. 어미 히드라의 몸에서 새끼 히드라가 생겨나는 것이지요. 그런데 이것은 마치 나뭇가지에서 조그만 눈이 생기고 거기서 새 가지가 벋어 나가는 모양과 닮았습니다.

히드라는 분명히 동물입니다. 동물이라고 어엿하게 말할 수 있는 까닭이 몇 있지요. 자신의 몸을 움직여 어디든 가고 싶은 곳으로 갈 수 있습니다. 아픈 것도 느낍니다. 또 먹이를 쫓아가서 잡아먹습니다. 그런데 다시 생각해 보면 식물 같기도 합니다. 나무가 눈을 틔운 다음 새 가지를 벋어 가듯, 히드라도 같은 방법으로 새끼를 만드니까요.

그런데 새끼 히드라는 아직 세상을 알지 못하고 자기 힘으로 먹이를 잡지도 못합니다. 그래서 어미는 자신의 소화 주머니와 새끼의 소화 주머니를 이어 둡니다. 그렇게 하면 어미가 소화하여 만든 영양분을 새끼가 받아먹을 수 있지요. 새끼는 얼마 동안 먹지 않아도 배가 부릅니다. 그리고 마침내 새끼 히드라가 세상으로 나가도 될 만큼 튼튼하게 자라면 어미는 새끼를 독립시킵니다. 어미로서는 가슴 아픈 일이지만 자연의 엄격한 규칙을 따라야 합니다. 어미는 먼저 자신의 소화 주머니와 새끼의 소화 주머니가 이어진 부분을 닫아 버립니다. 그리고 그 부분을 천천히 조여서 이윽고 완전히 떼어 내지요.

히드라는 자기 몸의 한 부분을 부풀려 새끼를 만들어 낸다.

나무처럼 사는 산호

식물과 비슷하게 사는 동물이 히드라만은 아닙니다. 파브르는 히드라 다음으로 산호 이야기를 들려줍니다. 산호는 작은 꽃나무같이 생겼습니다. 줄기와 가지가 있고 꽃이 피는 듯한 생김새 때문에 식물로 오해를 받기도 하지만 식물이 아닙니다.

산호에서 꽃처럼 보이는 부분은 사실 살아 있는 동물입니다. 학자들은 이 동물을 '폴립'이라 부르지요. 폴립은 라틴 어로 '다리가 많다'는 뜻입니다. 산호에서 줄기와 가지처럼 보이는 부분은 이 폴립 무리가 내놓은 분비물이 쌓인 것입니다. 스스로 딱딱한 석회질 성분을 내뿜어 든든한 삶의 보금자리를 만들지요.

한편, 폴립의 몸은 히드라와 비슷합니다. 공 모양에다 말랑말랑하고 속이 빈 주머니처럼 생겼습니다. 이 주머니가 소화를 맡지요. 주머니의 아래쪽은 바위에 붙어 있습니다. 꽃잎처럼 보이는 것은 촉수입니다. 히드라처럼 입 둘레에 촉수가 붙어 있는데 여섯 개 아니면 여덟 개입니다. 폴립도 히드라처럼 촉수를 뻗어서 바닷물에 떠다니는 작은 먹이를 잡습니다. 폴립이 좋아하는 먹이는 동물성 플랑크톤입니다. 때로는 작은 게나 새우, 작은 물고기도 먹지요.

그런데 무리를 지어 한곳에 눌러 사는 폴립에게는 한 가지 어려움이 있습니다. 바닷물은 파도치며 늘 움직이기 때문에, 때와 장소에 따라 잡아먹을 수 있는 먹이의 양이 다릅니다. 어떤 곳은 먹이가 많이 떠다니지만 어떤 곳은 먹이가 아예 없을 수도 있지요. 그래서 먹이를 많이 잡는 폴립이 있는가 하면 전혀 잡지 못하는 폴립도 있습니다. 자칫 굶어 죽는 폴립이 생길 수도 있다는 얘기입니다. 하지만 폴립은 이 어려움을 아주 훌륭하게 이겨 냈습니다. 어느 폴립이 잡았든, 잡은 먹이를 모두에게 골고루 나누어 주지요. 아무도 욕심을 내거나 투덜거리지 않고 늘 이 약속을 지킵니다. 폴립은 어떻게 이처럼 평등한 사회를 이룰 수 있었을

바닷속 산호
공동체 생활을 하는 산호의 색깔은 붉은색, 연분홍색, 흰색 등 다양하다.
태평양 연안을 비롯해 지중해 연안에 많이 분포되어 있다.

까요? 이것을 알려면 어미 폴립과 새끼 폴립이 어떻게 사는지 그 비밀부터 풀어야 합니다.

엄청나게 큰 폴립 무리도 처음엔 하나의 폴립 알에서 시작합니

다. 알에서 깨어난 폴립은 얼마쯤 물속을 떠다닙니다. 그러다 알맞은 바위를 찾으면 거기에 붙어서 홀로 살게 됩니다. 이윽고 폴립이 웬만큼 자라게 되면 혹을 만듭니다. 히드라가 새끼를 만들던 것과 같지요. 식물이 눈을 틔우는 모습과도 닮았습니다. 이윽고 어미 폴립의 옆구리에서 새끼 폴립이 생깁니다. 어미는 소화한 영양분을 아직 먹이를 잡지 못하는 새끼 폴립에게 나눠 줍니다. 히드라와 마찬가지로 어미 폴립과 새끼 폴립의 소화 주머니는 이어져 있으니까요.

그런데 폴립은 히드라와 다른 점이 있습니다. 어미 히드라는 새끼 히드라의 소화 주머니와 이어져 있는 부분을 언젠가는 끊어 버립니다. 하지만 어미 폴립은 이것을 끊지 않습니다. 끝까지 함께 살지요. 언뜻 보기에 폴립은 저마다 따로 독립해서 사는 것 같지만, 사실은 하나의 뿌리를 두고 함께 기대어 삽니다. 그래요, 공동체라 할 수 있습니다.

이렇게 공동체를 이루며 사니 죽음이 있을 리 없습니다. 본디 폴립 하나하나는 늙어 죽기도 합니다. 모든 동물은 언젠가는 죽게 마련이고 폴립 또한 동물이니까요. 하지만 죽기 전에 수많은 새끼를 만들고 그 새끼가 자라나 또 수많은 새끼를 만들기 때문에 산호 공동체가 무너지는 일은 좀처럼 일어나지 않습니다. 큰 사고가 나서 모조리 죽지 않는 한 산호는 수천 년 동안 살아남지요. 실제로 홍해에는 3천 년에서 4천 년이나 된 산호가 있습니다. 이집트의 파라오가 피라미드를 세우던 때에 태어나 지금까지 살아 있는 것입니다.

산호처럼 사는 나무

지금까지 파브르는 히드라와 산호의 이야기를 했습니다. 식물과 동물이 매우 다른 것 같지만 오히려 닮은 점이 더 많다는 것을 알려 주려고 한 것이지요. 지금까지 파브르가 한 이야기를 거꾸로 거슬러 가 보면 파브르가 왜 이 두 가지 예를 들었는지 알 수 있습니다.

거꾸로 가 볼까요? 산호와 히드라는 식물과 비슷합니다. 산호는 생긴 것이 식물 같습니다. 공동체로 사는 것도 비슷합니다. 그리고 히드라는 혹을 내어 자식을 만들고 독립시킵니다. 그런가 하면 히드라의 몸을 여러 조각으로 잘라 마치 씨앗을 뿌리듯 뿌리면 완전한 새 히드라가 됩니다.

그럼, 하던 이야기로 돌아와, 식물이 공동체로 어떻게 살아가는지 좀 더 자세히 알아보겠습니다.

산호처럼 식물도 공동체를 이루어 삽니다. 수수꽃다리의 잔가지를 예로 들어 볼까요? 먼저, 찾아보아야 할 것이 있습니다. 줄기에 잎이 붙어 있는 자리를 찾고 그 자리 바로 위를 잘 살펴보세요. 이곳을 '잎겨드랑이'라고 합니다. 식물학자들은 나뭇잎을 뜻하는 '엽'자와 겨드랑이를 뜻하는 '액'자를 써서 '엽액'이라 부르지요. 가을이 되면 잎겨드랑이를 살펴보기가 퍽 좋습니다. 잎이 떨어지고 나면 그 자리에 잎자국이 남습니다. 그 잎자국 바로 위가 잎겨드랑이이지요. 그런데 여기에 조그맣고 둥근 것이 붙어 있습니다. 찬찬히 들여다보면 짙은 갈색 비늘에 싸여 있습니다. 이것이 바로 수수꽃다리의 눈입니다. 이 눈은 나중에 자라나 완전히 새로운 가지가 되지요. 마치 폴립의 몸에 혹이 생기고 이것이 자라서 완전한 새끼 폴립이 되는 것과 같습니다.

  수수꽃다리 한 그루를 공동체로 본다면 눈은 공동체의 한 구성원이면서 한 개체이기도 합니다. 하지만 이대로는 어리고 약해서 아직 일다운 일을 하지 못합니다. 처음 만들어진 그해에는 영양분을 받아먹기만 하지요. 이듬해 봄이 올 때까지 꼼짝 않고 그렇게 붙어 있습니다. 겨울을 넘기고 새봄이 되어야 눈은 바야흐로 새 가지를 뻗어 가며 일을 시작하지요.

  그렇다면 한 해 동안 이 눈을 누가 먹여 살릴까요? 그해에 새로운 잎을 잔뜩 피운 잔가지가 맡습니다. 잔가지는 어린눈에게 먹을 것, 입을 것을 챙겨 주어 추운 겨울을 아무 탈 없이 나게 합니다. 그리 쉬운 일이 아닐 터인데, 잔가지는 정말 부지런하고 성실하게 일합니다. 너무 열심히 일해서 지치지 않을까 걱정이 되기도 하지요. 다행히 잔가지들은 한 해 동안만 일합니다. 해가 바뀌면 열심히 일한 잔가지들은 바로 은퇴하지요. 은퇴해도 걱정은 없습니다. 그해 봄에 새로 싹 튼 잔가지들이 다시 이 일을 이어받기 때문입니다.

같은 가지에 달린 눈은 한 공동체의 식구입니다. 그러니 식물로서 누려야 할 권리도 고르게 나눠 가져야 합니다. 물·신선한 공기·따뜻한 햇볕을 저마다 넉넉히 나눠 받아야 합니다. 그리고 맛있는 영양분도 똑같이 먹어야 하며 잎도 고루고루 펼쳐야 합니다.

그런데 실제로는 그렇지 않습니다. 어떤 눈은 자랑스럽게 우거

수수꽃다리의 가지에 수많은 겨울눈이 매달려 봄이 오기만을 손꼽아 기다리고 있다. 봄이 오면 이 작은 겨울눈에서 수많은 꽃과 잎이 피어날 것이다.

진 잎을 펼치지만 어떤 눈은 볼품없고 약한 잎을 힘겹게 펼칩니다. 또 어떤 눈은 잎도 펼치지 못한 채 말라서 죽고 맙니다. 왜 그럴까요? 그것은 크게 자라나려는 힘, 곧 성장력이 눈마다 다르기 때문입니다. 보통 가지의 맨 위쪽에 붙은 눈들이 성장력이 세고 아래쪽에 붙은 눈들이 성장력이 약합니다. 찬찬히 살펴보지 않으면 잘 보이지 않을 만큼 작은 눈도 있고 트지도 못하고 아예 없어지는 눈도 많지요.

누구나 한번쯤은 그런 궁금증을 가져 보았을 것입니다. 세상 사람 모두가 왜 똑같이 건강하지 못한지, 왜 고르게 부자가 아닌

막 터지기 시작한 겨울눈

겨울눈

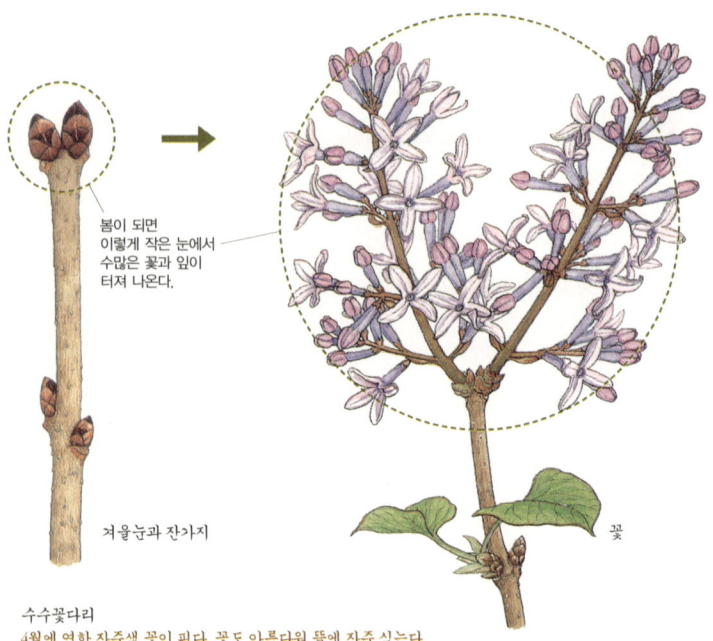

봄이 되면 이렇게 작은 눈에서 수많은 꽃과 잎이 터져 나온다.

겨울눈과 잔가지

꽃

수수꽃다리
4월에 연한 자주색 꽃이 핀다. 꽃도 아름다워 뜰에 자주 심는다.
수수꽃다리를 개량한 것을 '라일락'이라고 한다. 꽃향기가 좋아 옛날 사람들은 꽃을 말려 주머니에 담아 몸에 지니고 다녔다.

지……. 이에 대해 파브르는 자연을 돌아보라고 말합니다. 수수꽃다리의 눈도 저마다 성장력을 다르게 받은 것처럼 사람도 저마다 축복의 크기를 다르게 받았다는 것이지요.

파브르의 말대로라면, 인류를 어마어마하게 큰 수수꽃다리 나무로 보았을 때 우리는 그 나무에 붙은 작은 눈이라고 할 수 있습니다. 그런데 평범한 사람이건, 눈에 띄지 않는 수수꽃다리의 눈이건, 자신이 맡은 바를 묵묵히 해낼 때 이 세상은 아름다워집니다. 그러니 우리가 비록 작고 약하다 할지라도, 이 세상에서 반드시 해야 할 일이 있습니다. 수수꽃다리처럼 우리의 꿈을 행복하게 펼쳐 내는 것입니다. 크고 화려하지 않아도 되지요. 다른 사람들이 인정해 주지 않아도 괜찮습니다. 우리의 꿈을 향해 주어진 길을 묵묵히 가는 것이 중요합니다. 그런 점에서 세상에 있는 모든 것들은 어느 것 하나 소중하지 않은 것이 없지요.

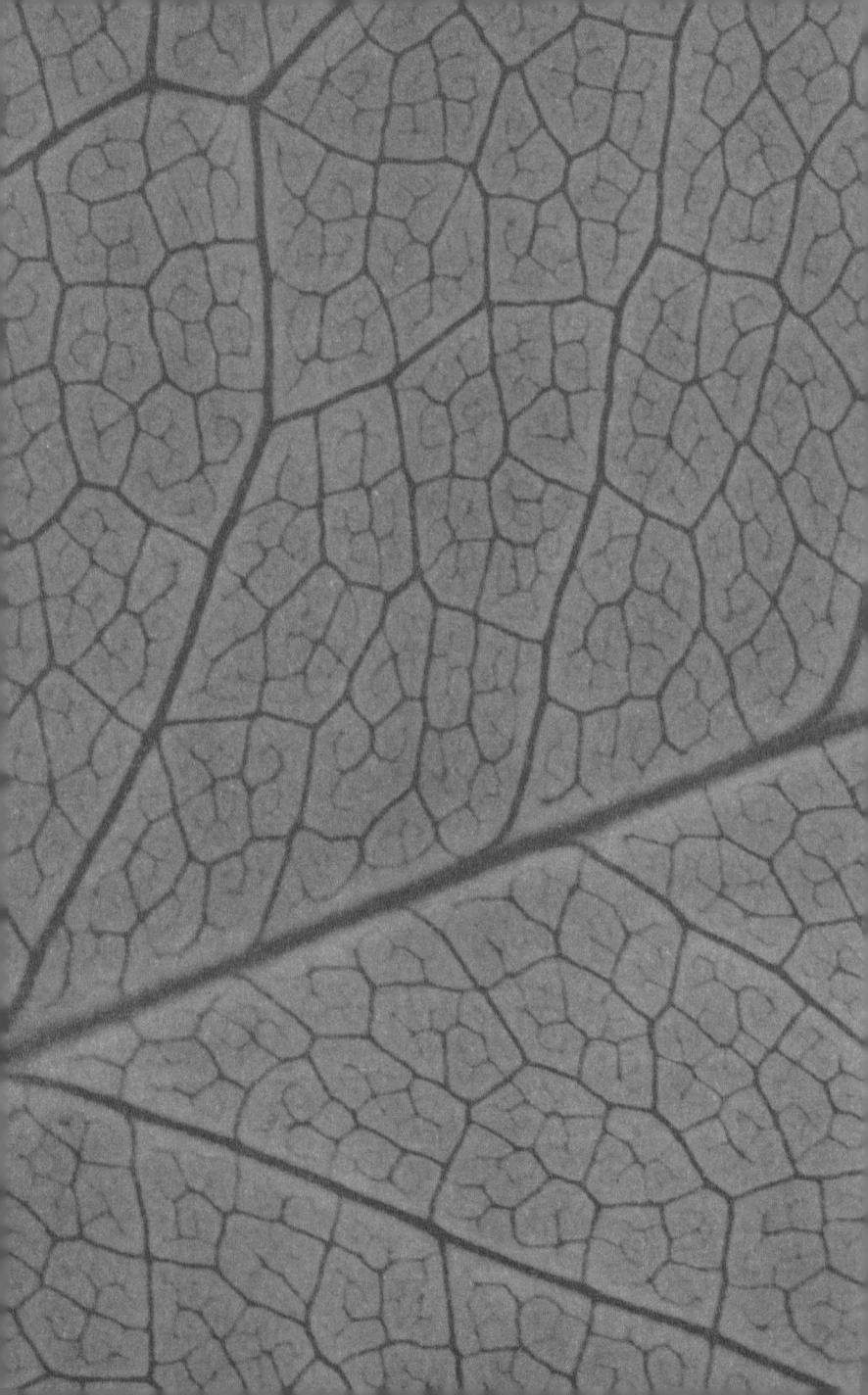

chapter 2

식 물 이
태어나는 곳,
눈

| 어떤 겉옷보다
| 따뜻한 눈비늘

 듬직한 줄기, 하늘을 우러르는 가지, 빽빽하게 펼친 짙푸른 잎, 화려한 색깔의 꽃……. 식물의 기관들은 어느 것 하나 빼놓을 수 없이 중요합니다. 그런데 파브르는 다른 기관을 모두 제쳐 놓고, 나무의 눈부터 이야기합니다. 왜냐하면 잎, 가지, 꽃 할 것 없이 모든 기관이 눈에서 생겨나고 반드시 눈의 시절을 거치기 때문이지요.

 나무의 눈은 잎이 떨어진 겨울에 쉽게 찾을 수 있습니다. 잎은 속절없이 떨어졌지만 눈은 제자리를 떠나지 않고 겨울을 납니다. 이렇게 겨울을 나는 나무의 눈을 특별히 '겨울눈'이라 부릅니다. 그런데 겨울눈이라고 해서 겨울에 갑자기 만들어지는 것은 아닙니다. 사실은 봄에 생겨나지요. 그리고 여름이 지나도록 부지런히 자라납니다. 겨울 추위를 견뎌 낼 힘도 미리 쌓아 둡니다. 이윽고 가을이 되면 자라는 것을 멈추고 잠깐 쉽니다. 그리고 겨울이 되면 동물처럼 겨울잠을 자면서 이듬해 봄을 기다립니다. 마침내 새봄이 되면 바야흐로 피어나기 시작해서 잔가지로 뻗어갑니다.

이듬해 봄이 오기까지 나무의 눈은 어리고 약합니다. 너무 춥거나 습한 날씨가 좋을 리 없지요. 더욱이 눈과 얼음의 계절인 겨울은 나무의 눈에게는 가장 견디기 힘든 때입니다. 그래서 나무는 눈을 보호하기 위해 준비를 아주 든든하게 합니다. 안에는 따뜻한 털옷을 입히고 바깥에는 비나 눈에 젖지 않도록 매끈하고 튼튼한 겉옷을 입히지요. 어린눈을 보호하기 위해 마치 갑옷 미늘처럼 비늘 조각으로 겹겹이 싸맵니다. 이 옷을 '눈비늘'이라 부릅니다. '눈을 보호하는 비늘 조각'이라는 뜻입니다.

눈비늘을 사람의 옷에 빗댄다면 어떤 옷이라 할 수 있을까요? 파브르는 겨울 겉옷을 꼽습니다. 한 나그네가 긴 겨울 여행을 떠난다고 생각해 봅시다. 틀림없이 나그네는 속에는 부드럽고 따스한 옷을, 겉에는 습기와 추위를 잘 막는 겉옷을 걸칠 것입니다. 하지만 이렇게 입는 것은 옷감이 발달한 오늘날에나 가능한 이야기이지요. 멀고 먼 옛날, 사람들이 아직 옷을 만들지 못했을 때는 짐승 가죽만 걸친 채 살았습니다. 한겨울이 되어도 더 껴입을 게 없었죠. 그런데 그 시절에 나무는 이미 겨울눈을 위하여 따뜻한 털옷과 습기가 스며들지 않는 겉옷을 만들어 입혔습니다. 나무의 겨울눈이 사람보다 훨씬 더 슬기로웠다고 할 수 있지요.

나무의 눈이 어떻게 생겼는지 보여 주기 위해 파브르는 칠엽수의 겨울눈을 골랐습니다. 칠엽수는 다른 나무에 견주어 겨울눈의 크기가 제법 큽니다.

칠엽수의 겨울눈은 차디찬 겨울바람을 막기 위하여 어떻게 채비하고 있을까요? 먼저, 바깥쪽에는 단단한 눈비늘을 포개어 잎을 보호하지요. 어찌나 빈틈없이 잘 포개어 놓았는지, 파브르는 지붕에 솜씨 좋게 얹어 놓은 기왓장 같다고 하였습니다(사진 1). 눈이나 비바람이 들어갈 틈을 찾아낼 수가 없지요.

그뿐만 아니라, 하나하나의 눈비늘을 나뭇진으로 덮어 놓았습니다. 나뭇진은 가구나 나무 공예품에 바르는 바니시처럼, 습기를 완벽하게 막아 줍니다. 소나무 가지를 꺾으면 흘러나오는 송진도 나

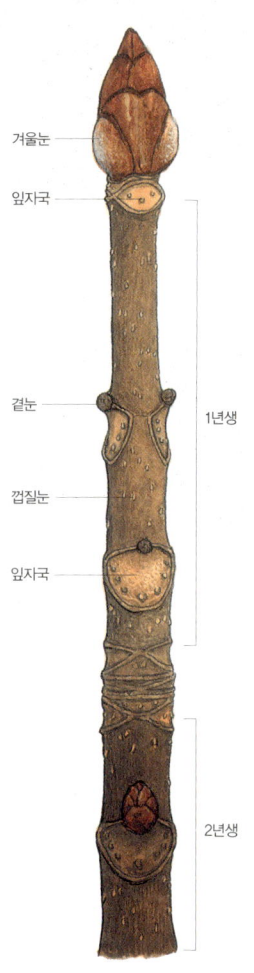

칠엽수 잔가지와 겨울눈의 구조

칠엽수 겨울눈 자세히 뜯어보기

1 | 눈비늘
틈도 없이 잘 포개져 있다. 게다가 끈적끈적한 액 때문에 손가락으로 뜯어내는 것도 쉽지 않다.

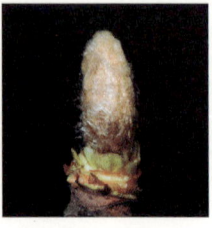

2 | 털로 덮인 칠엽수 눈
눈비늘 조각을 뜯어내면 솜털을 뒤집어쓴 모습이 나타난다.

3 | 나뭇진으로 덮인 연두색 조직
솜털을 걷어 내면 다시 끈적끈적한 액으로 온통 뒤덮인 보호막이 나타난다.

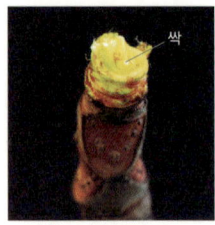

4 | 초록색 싹
겨울눈 속의 보호막을 걷어 내면 초록색 싹이 보이는데 이 부분이 나중에 잎과 꽃으로 자라게 된다.

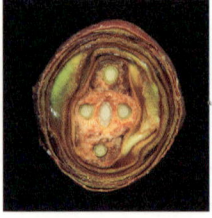

겨울눈을 가로로 자른 모습이다. 가운데 하얀 점처럼 보이는 게 나중에 꽃과 잎으로 자랄 어린 싹이다.

다 자란 칠엽수의 꽃과 잎

뭇진의 한 종류이지요. 또한 눈비늘의 안쪽에는 솜털이 나 있습니다(사진 2). 부드럽고 약하기만 한 어린 싹을 어떻게든 따뜻하게 감싸려는 나무의 마음 씀씀이가 퍽 놀랍습니다.

이 털까지 뜯어내면, 무척 끈끈한 나뭇진으로 온통 뒤덮인 연두색 조직(사진 3)이 나타나고 그 안에 어린 싹(사진 4)이 가지런하게 놓여 있습니다.

이처럼, 겨울눈은 나뭇가지의 갓난아기 시절이라 할 수 있는데, 나무는 이 겨울눈을 갖가지 슬기로운 방법으로 잘 보호하고 있습니다. 그러므로 웬만해서는 겨울눈이 겨우내 얼어 죽는 일은 일어나지 않지요.

본디 겨울눈은 사람들 눈에 잘 띄지도 않을뿐더러 겉보기에 색깔도 예쁘지 않고 볼품이 없습니다. 하지만 나무의 겨울눈이 입고 있는 눈비늘 옷은 얼마나 빼어난 작품인지 모릅니다. 습기가 들어올 수 없으니 나쁜 날씨에도 끄떡없습니다. 게다가 솜털은 추위를 막는 데 안성맞춤입니다. 이처럼 완벽한 겨울옷이 세상 어디에 또 있을까요?

| 눈은
| 정리 정돈의
| 달인

곧잘 식물 세상과 사람 세상을 빗대기 좋아하던 파브르는 가장 바깥쪽에 있는 눈비늘을 보면서 노동자들을 떠올렸습니다. 다른 사람들이 입을 옷감을 열심히 짜는 노동자들은 막상 그 멋지고 훌륭한 옷감을 걸쳐 보지 못합니다. 아니, 자신들의 손재주로 우아하게 짠 리본 한 조각도 모자에 마음대

로 달지 못합니다.

옷감 노동자만이 아니지요. 세상에는 다른 사람들을 위해 희생하는 사람들이 얼마든지 있습니다. 잎을 돌보려고 기꺼이 자신을 바치는 눈비늘 같은 사람들, 꽃을 지키기 위해 기꺼이 꽃받침이 되어 주는 사람들, 남들이 꺼리는 일, 알아주지 않는 일을 하는 이들의 겉모습은 대부분 초라합니다. 하지만 맡은 일에 사명감을 가지고 묵묵히 최선을 다하지요. 그들의 노력과 희생이 있기에 이 세상은 잎처럼 푸르고 꽃처럼 밝을 수 있습니다.

겨울눈의 눈비늘에 대한 궁금증은 풀렸습니다. 하지만 그 눈비늘에 둘러싸여 겨우내 보호를 받은 어린 싹에 대해서는 아직 이야기를 하지 않았지요. 이제 그 이야기를 해 보겠습니다. 겨울눈의 가장 안쪽에 있는 이 싹들은 크기도 작고 색깔도 옅으며 조직도 연합니다. 하지만 이미 잎이나 꽃의 모양을 다 갖추고 있고, 눈비늘에 못지않은 멋진 슬기도 뽐냅니다. 그 슬기란 바로 정리 정돈하는 기술입니다. 아무리 작고 여려도 그 좁은 곳에 여러 장의 잎이 가지런히 들어가 있는 모습을 보면 그저 놀라울 따름입니다. 어느 누구도 흉내 내지 못할 기막힌 솜씨입니다.

사람은 언제 정리 정돈이 필요할까요? 파브르는 여행 가방 꾸릴 때를 떠올려 보라고 합니다. 가방 안의 공간은 정해져 있는데 무엇부터 먼저 넣어야 할지 머릿속이 복잡해집니다. 손수건과 양말을 차곡차곡 넣고 셔츠·바지·외투도 잊어선 안 되고, 책 한 권도 꼭 넣어야 하고……. 깜냥대로 넣어 보지만 가방은 어느새 터질 듯합니다. 모조리 꺼내어 다시 넣고 도로 꺼내기를 거듭하고서야 비로소 짐 싸는 일이 끝나지요.

그런데 호들갑스럽게 가방을 꾸리는 사람들과는 달리 나무의 눈은 이런 일에 아주 재간꾼입니다. 볍씨 하나가 겨우 들어갈 공간에 여러 장의 잎을 솜씨 있게 포개 넣습니다. 잎뿐이 아닙니다. 한 무더기의 꽃도 아무렇지 않게 넣지요. 수수꽃다리 눈 하나에는 꽃잎이 백 장 넘게 들어 있습니다. 그만한 꽃잎이 그토록 좁은 곳에서 지내려면 더러 제 모양이 나오지 않는 것도 있을 법한데 그렇지 않습니다. 모두가 완벽한 모양을 갖추고 있습니다.

파브르는 상상을 해 보라고 합니다. 겨울눈 속에 들어 있는 잎과 꽃을 하나하나 꺼내어 놓았다가 다시 눈 속으로 챙겨 넣는 일을……. 사람은 할 수 없지요. 식물이 아니고서는 감히 흉내조차 낼 수 없습니다.

눈 속에서 어린잎은 가능하면 자리를 덜 차지하려고 특별한 자세로 있습니다. 이렇게 눈 안에 들어 있는 어린잎의 자세를 학자들은 '눈의 모습'이라 하여 '아형'이나 '유엽태'라 부릅니다.

눈 안에 정돈되어 있는 어린 싹의 자세는 여러 가지이지요. 둥글게 말려 있기도 하고 주름 잡혀 있기도 하며 부채 모양으로 접혀 있기도 합니다. 또 세로로 휘어지기도 하고 가로로 휘어지기도 하며, 각이 지기도 하고 소용돌이 모양이 되기도 합니다. 소용돌이 모양이라도 한쪽 끝만 말리기도 하고 양쪽 끝이 다 말리기도 합니다. 이 모든 자세의 종류는 천 가지가 넘을지 모릅니다.

맨몸으로 겨울을 나는 맨눈

식물의 눈은 겨울눈만 있는 것은 아닙니다. 사계절을 다 거치며 여러 해를 사는 식물이 있는가 하면 한 해만 살다 죽는 식물도 있지요. 이에 따라 식물의 눈에도 이듬해를 생각하며 겨울을 나는 눈과 그렇지 않은 눈이 있습니다.

여러 해를 사는 나무와 달리 짧은 시간을 사는 식물들이 있습니다. 감자·당근·호박 들은 한 해만 살다 죽는 '한해살이식물'입니다. 이들은 겨울을 나지 않으니 두터운 눈비늘로 된 겨울옷을 만들지 않아도 됩니다. 그리고 이듬해에 피어날 것을 기다리며 한 해 동안 먹고 잠만 자는 생활도 하지 않습니다. 그 대신 태어나자마자 곧바로 일을 시작합니다. 이처럼 겨울눈과는 사뭇 다르게 사는 눈을 '여름눈'이라 부릅니다. 여름눈은 겨울옷을 마련하지도, 입지도 않는다 하여 '맨눈'이라 부르기도 합니다.

그건 그렇고, 세상에 예외 없는 규칙은 없다고 했습니다. 겨울을 나는 눈인데도 눈비늘 겨울옷을 입히지 않는 나무가 있습니다. 쪽동백나무와 작살나무가 그렇습니다. 이 나무들은 어린눈에게 아무것도 입히지 않은 채 눈바람을 맞으라고 합니다. 게을

겨울눈의 아형·유엽태

오동나무 겨울눈

가로로 자른 모습

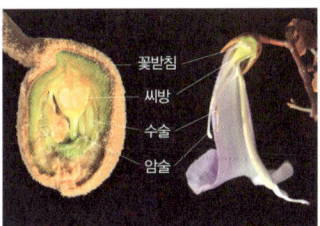
세로로 자른 모습 오동나무 꽃 속

칠엽수 겨울눈

가로로 자른 모습. 잎눈과 꽃눈이 섞여 있다.

칠엽수 새싹과 꽃봉오리

백목련 겨울눈

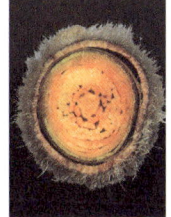
가로로 자른 모습

세로로 자른 모습 백목련 꽃 속

러서일까요? 아니면 다음 세대를 만들 마음이 없기 때문일까요? 이 물음에 대해 파브르는 그럴듯하게 답합니다. 튼튼하고 씩씩

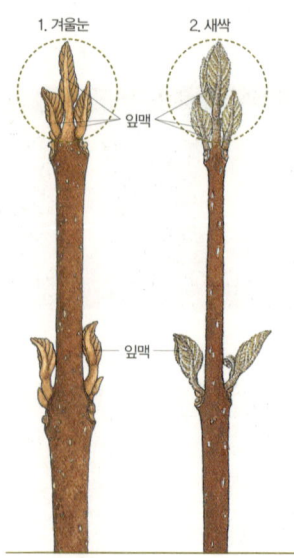
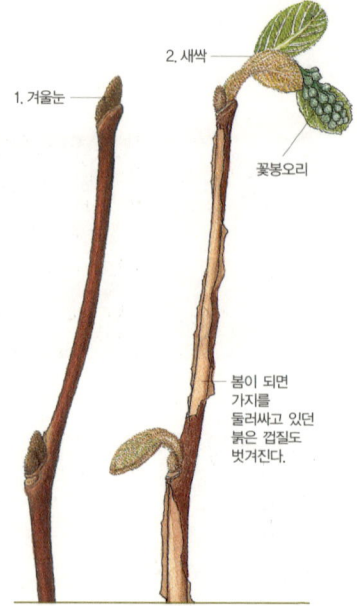

작살나무 겨울눈과 새싹

1 | 겨울눈 어린잎이 솜털을 잔뜩 뒤집어쓰고 있다. 자세히 관찰하면 잎맥을 볼 수 있다.
2 | 새싹 새싹의 모습이 겨울눈과 많이 닮았다. 솜털만 뒤집어쓴 채 어린잎이 맨몸으로 겨울을 난 것이다.

쪽동백나무 겨울눈과 새싹

1 | 겨울눈 솜털을 잔뜩 뒤집어쓰고 있다.
2 | 새싹 겨우내 뒤집어쓰고 있던 솜털이 아직도 남아 있다. 잎이 다 자라고 나면 이 솜털은 모두 떨어져 나간다. 어린잎이 솜털만 뒤집어쓴 채 맨몸으로 겨울을 난 것이다.

한 눈을 만들기 위해서 일부러 그런다는 것입니다.

가만 보면 사람 세상에도 한겨울에 얼음이 꽁꽁 언 냇가나 하얀 눈밭에서 맨살을 드러내 놓고 운동하는 사람들이 있습니다. 추운 겨울을 맨몸으로 이겨 내면 그만큼 건강해진다고 생각하는 것이지요. 나무도 그렇습니다. 쪽동백나무와 작살나무는 예로부터 강한 껍질과 재질을 자랑합니다. 그래서 가문의 빛나는 전통을 지키기 위해 한겨울에 어린눈을 모질게 훈련시키는 것입니다. 사람이건 나무건 강하게 살아남으려면 남모르게 어려움을 이겨 내는 시간이 필요한가 봅니다.

쪽동백나무 꽃

여러 가지 겨울눈과 잔가지

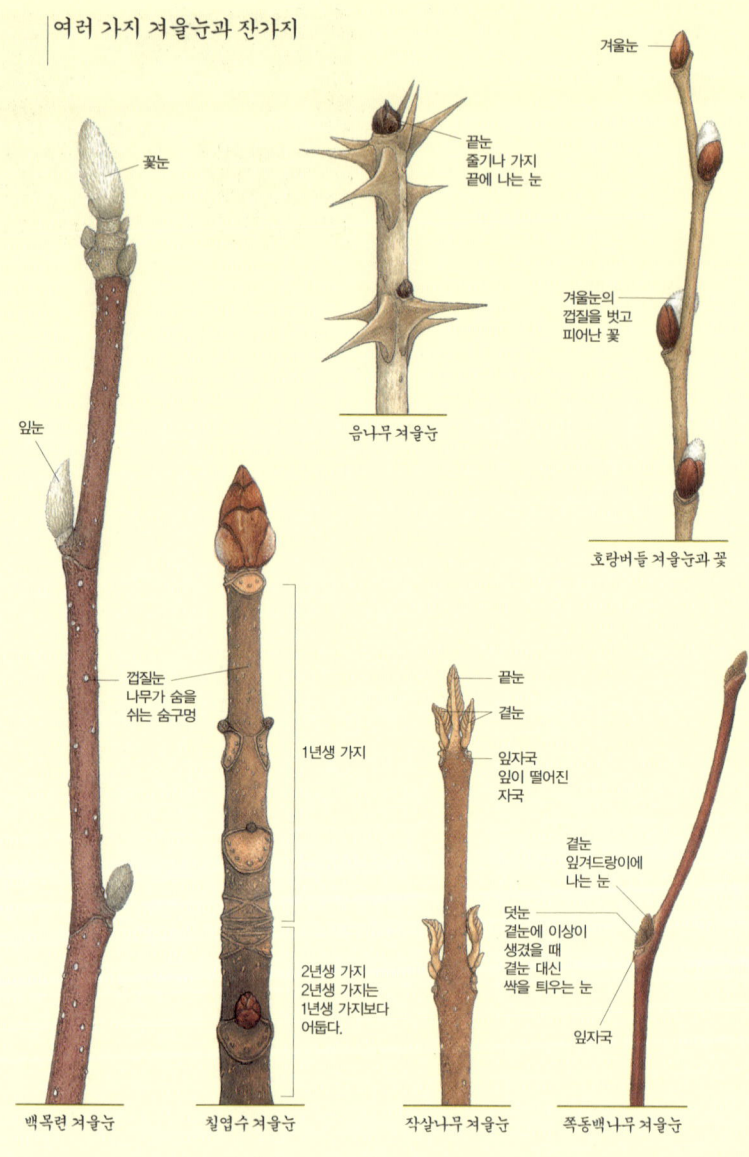

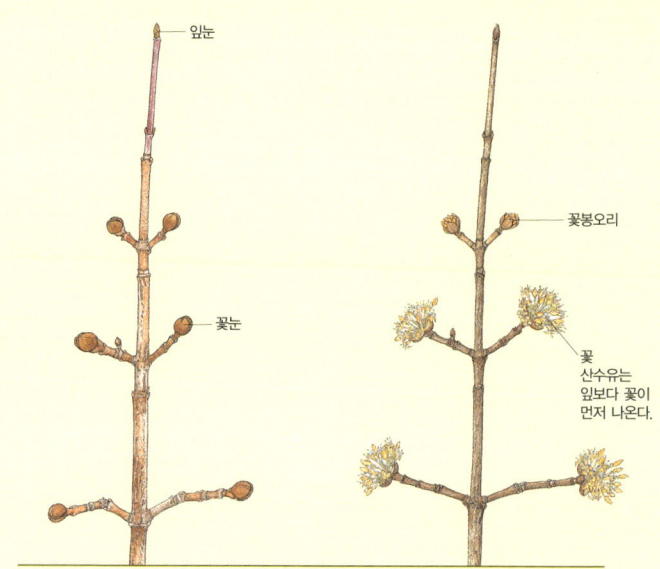

산수유 겨울눈과 꽃

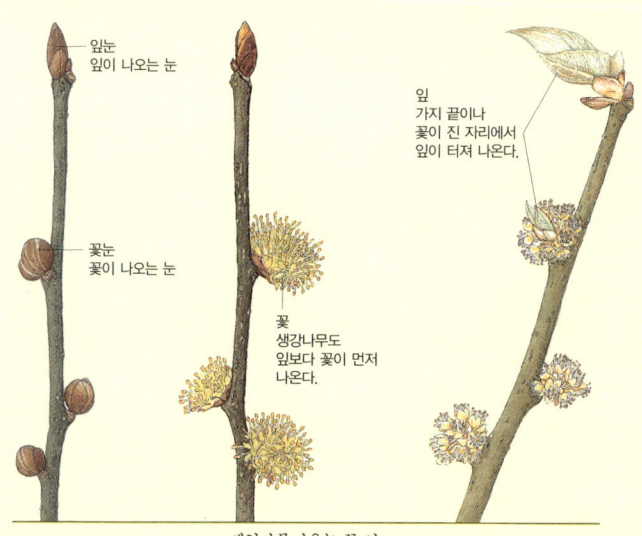

생강나무 겨울눈, 꽃, 잎

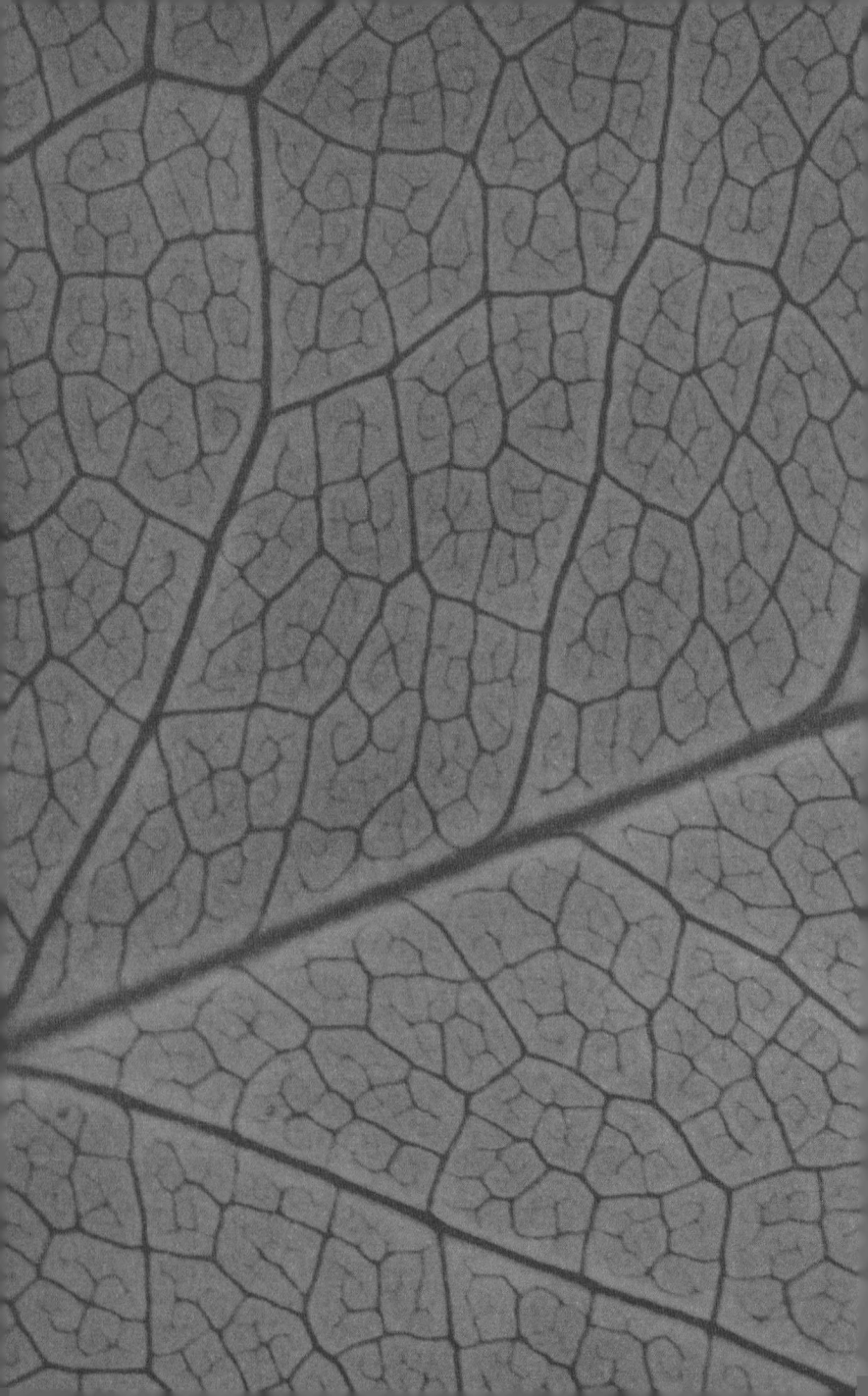

chapter 3

식 물 의
지 혜 로 운
변   신

| 산호를 따르는 식물,
| 히드라를
| 따르는 식물

      식물 세상에는 산호처럼 사는 식물도 있고, 히드라처럼 사는 식물도 있습니다. 먼저, 산호처럼 사는 식물들을 살펴보겠습니다. 이 식물들의 눈은 산호의 폴립처럼 어미 가지에 붙어살며 어미 가지가 주는 영양분을 먹고 자랍니다. 이렇게 어미 가지를 떠나지 않는 눈을 '붙박이눈'이라 합니다.

 붙박이눈을 가지고 있는 식물은 산호처럼 전체가 한 공동체이며, 먹이를 고루고루 잘 나눕니다. 차별이 가득한 사람 세상과는 사뭇 다르지요. 먹을 것이 넉넉하고 누구도 손해 보지 않으니 굳이 따로 나가 살 생각이 없습니다.

 한편, 식물 세상에는 히드라처럼 어미 식물을 떠나는 눈도 있습니다. 이 눈은 어미 식물에게 그대로 붙어 있다가는 자신도 말라 죽을지 모른다는 것을 일찌감치 알아차립니다. 자식을 먹여 살리는 데 힘을 다 쏟아서 어미 식물은 이미 맥이 다 빠져 있으니까요. 그래서 어린눈은 새로운 땅을 찾아 자신의 힘으로 살아가려고 길을 떠납니다. 이런 눈을 '독립하는눈'이라 합니다.

독립하는눈이 뿌리를 내리고 흙에서 영양분을 빨아들이기까지는 웬만큼 시간이 걸리게 마련입니다. 그때까지 눈은 배고픔을 이기고 살아남아야 합니다. 그러려면 어떻게든 먹을 것을 미리 챙겨야 하지요. 그래서 독립하는눈은 저마다 독립하는 모습이 다르고 특별합니다. 여러 종류의 독립하는눈을 살펴봅시다.

| 독립하여
| 스스로 자라는
| 구슬눈

독립하는눈의 좋은 예로 파브르는 참나리를 꼽았습니다. 참나리는 줄기의 잎겨드랑이에 눈을 달고 있습니다. 이것은 구슬을 닮았다 하여 '구슬눈'이라고 합니다. 이 구슬눈은 독립하는눈이면서 겨울눈이지요. 그런데 여느 겨울눈처럼 눈비늘 조각을 입지 않고 그냥 비늘 조각을 입고 있습니다. 비늘 조각은 눈비늘 조각보다 도톰하고 부드럽고 즙이 많습니다. 하지만 이 비늘 조각도 눈비늘 조각처럼 겨울눈을 보호하는 역할을 하지요. 그리고 한 가지 더, 바로 영양분을 채워 두는 역할을 합니다. 비늘 조각의 겉모습이 눈비늘보다 좀 더 도톰한 까닭이 여기에 있습니다.

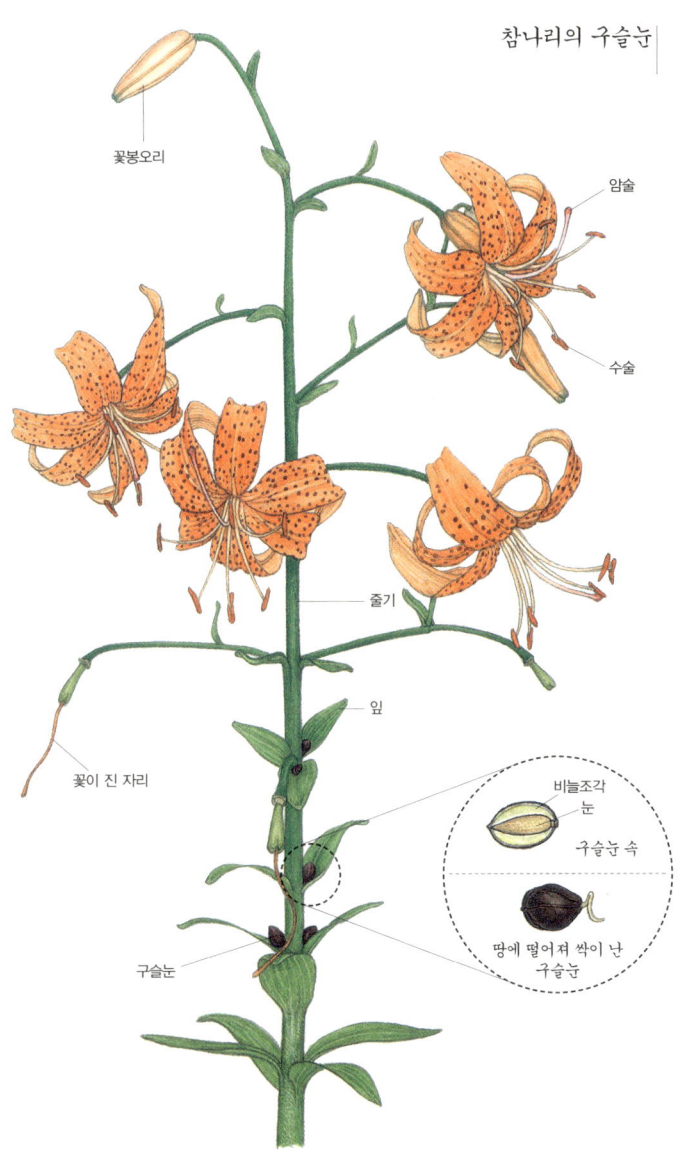

참나리의 구슬눈

구슬눈에 영양분을 채워 두는 까닭은 언젠가는 어미 식물을 떠나야 하기 때문입니다. 여름이 끝나갈 무렵부터 추위가 다가오기 전인 10월까지 대부분의 구슬눈은 어미 식물에게 마지막 인사를 하고 사뿐히 떠납니다.

어미 식물을 떠난 구슬눈은 공기의 숨결이 데려다 준 땅에 살포시 내려앉습니다. 그리고 비늘 조각에 들어 있는 영양분을 조금씩 꺼내어 먹으며 때를 기다립니다. 곧 가을바람이 불고 가을비가 내리기 시작합니다. 낙엽과 흙이 구슬눈을 덮습니다. 마침내 구슬눈은 뿌리를 내리고 겨울을 납니다. 그리고 봄이 되면 파란 잎을 내밀어 무럭무럭 자라나서 한 그루의 훌륭한 참나리가 됩니다.

| 비늘잎으로
| 둘러싸인
| 양파의 눈

추운 겨울에 살아남기 위해 비늘 조각을 만들어 영양분을 저장하는 독립하는눈을 가진 식물로 파브르는 양파를 하나 더 꼽습니다.

양파의 비늘 조각은 본디 잎입니다. 영양분을 잔뜩 머금은 잎들이 그 모습을 바꾸어서 식량 창고가 된 것입니다.

양파를 기르다가 싹이 나면 세로로 한 번 잘라 보세요. 새로 나

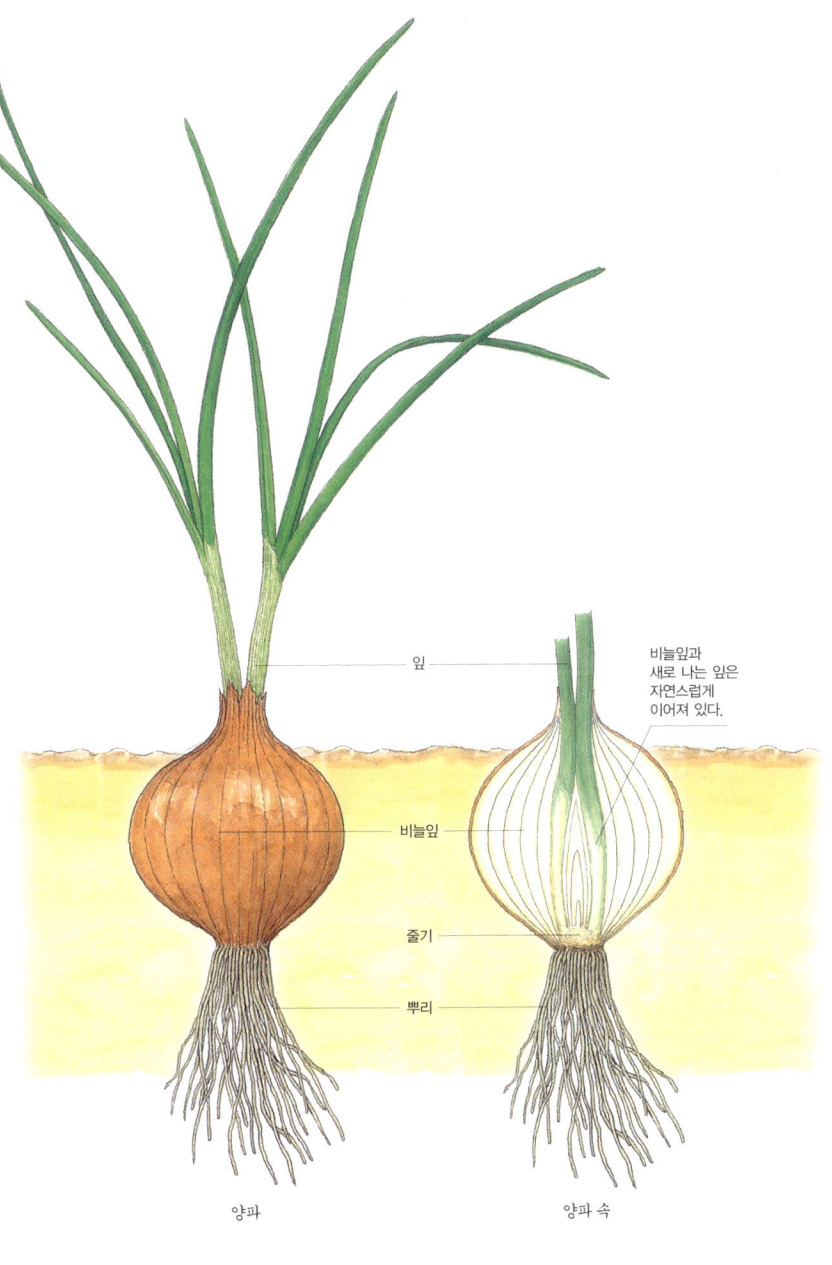

는 잎과 비늘 조각이 이어져 있는 것을 볼 수 있습니다. 양파의 뿌리는 줄기 아래에 붙어 있는 하얀 실뿌리이고 양파의 줄기는 뿌리 바로 위에 볼품없이 눌려 있습니다. 게다가 몹시도 짧습니다.

양파가 두툼한 비늘 조각을 겹겹이 입어 비늘잎에 영양분을 저장하는 까닭은 요리사의 솜씨를 돋보이게 하기 위해서가 아닙니다. 여느 독립하는눈과 같이 자신을 보호하면서 추운 겨울을 나려는 속셈이며, 여기에 식량도 미리 챙긴 것입니다.

시골집 헛간에 매달아 놓은 양파를 본 적이 있나요? 한겨울이 지나서 날씨가 풀리면 양파도 서서히 봄을 맞이합니다. 이윽고 여러 겹으로 된 비늘 조각의 가장 안쪽에서 파릇한 새싹이 올라오지요. 이때부터 새싹은 추위로부터 자신을 감싸 주던 비늘 조각을 아주 빠르게 먹어 치웁니다. 두툼했던 비늘 조각은 어느새 주름이 생기고 비쩍 말라갑니다. 만약 이때까지도 농부가 양파를 땅에 심어 주지 않는다면 쌓아둔 영양분은 어느새 바닥이 나고 결국 양파는 말라 죽고 말 것입니다.

감자는 뿌리일까 줄기일까?

독립하는눈 가운데에는 잎이 아닌 줄기가 영양분을 마련하는 것도 있습니다.

본디 줄기는 땅 위에서 하늘을 우러르며 푸른 잎을 펼치고 싶어 합니다. 햇빛을 듬뿍 받으며 자라서 아름다운 꽃을 피우는 것을 자신의 운명이자, 살아가는 기쁨으로 여기지요. 그런데 그 일을 그만 포기하고 땅속에 머무르는 줄기가 있습니다. 줄기가 이렇게 삶의 기쁨을 희생하는 것은 다름 아닌 눈 때문이지요.

눈을 위해 기꺼이 자신을 바치는 이 줄기를 보며 파브르는 '희생'이라는 단어가 어울린다고 했습니다. 그도 그럴 것이 눈을 위해 영양분을 불룩하게 채우고 있는 땅속줄기는 도무지 줄기처럼 보이지 않으니까요. 줄기가 너무 퉁퉁하고 굵기 때문에 아예 '덩이줄기'라고 부릅니다. 하지만 아무리 못생겼어도 줄기인 것만은 틀림없습니다.

내세울 만한 덩이줄기로는 감자가 있습니다. 감자는 땅속에 묻혀 있어서 흔히 뿌리로 생각하기 쉽지만 엄연한 줄기입니다.

몇 가지 증거를 대 볼까요? 뿌리에는 잎이 달리지 않습니다. 그뿐만 아니라 뿌리에는 눈이 생기지 않습니다. 목숨이 왔다 갔다 하는 아주 특별한 때 말고는 눈을 틔우는 일은 뿌리의 몫이 아닙니다. 그런데 감자 곳곳에는 눈이 있습니다. 감자의 겉을 살

펴보면 여기저기 움푹 파인 곳이 있습니다. 이게 바로 눈이지요. 이 눈이 땅속에 들어가 싹을 틔우고 잔가지가 되고 잎을 펼칩니다. 그러니 감자는 뿌리가 아니라 줄기입니다.

한 가지 더 있습니다. 감자가 뿌리라면 녹색으로 변할 까닭이 없습니다. 하지만 줄기에는 엽록소가 있기 때문에 빛을 받으면 녹색으로 변합니다. 감자도 빛을 받으면 녹색으로 변하지요.

그래도 믿기지 않나요? 증거는 더 있습니다. 땅 위로 나와 있는 감자 줄기 둘레에 흙을 덮어 그 모양이 어떻게 변하는지 살펴보는 것입니다. 이 줄기는 흙 속에 묻히면 그만 덩이줄기인 감자로 바뀝니다. 그런가 하면 비가 많이 오고 햇빛이 적어 어두운 날이 계속될 때 땅 위로 올라온 줄기가 착각에 빠지기도 합니다. 자신이 땅속에 있는 줄 알고 땅속 덩이줄기와 비슷한 모양으로 땅 위의 줄기를 통통하고 굵게 바꿉니다. 이만하면 감자가 뿌리가 아니라 줄기라는 사실을 받아들일 만하지요?

파브르가 살던 시대나 지금이나 감자를 심는 방법은 한결같습니다. 농부는 이른 봄에 감자를 조각조각 자릅니다. 무턱대고 자르는 것이 아니라 한 조각에 눈이 하나라도 붙어 있게 자릅니다. 그런 다음 눈이 위쪽을 향하게 해서 땅에 심습니다. 이때 덩이줄기에 붙어 있는 눈은 넉넉한 식량이 마련되어 있음을 알아차립니다. 그리고 그때부터 그 영양분을 먹고 자랍니다.

파브르는 감자가 덩이줄기 식물이라는 사실을 어떻게 알았을

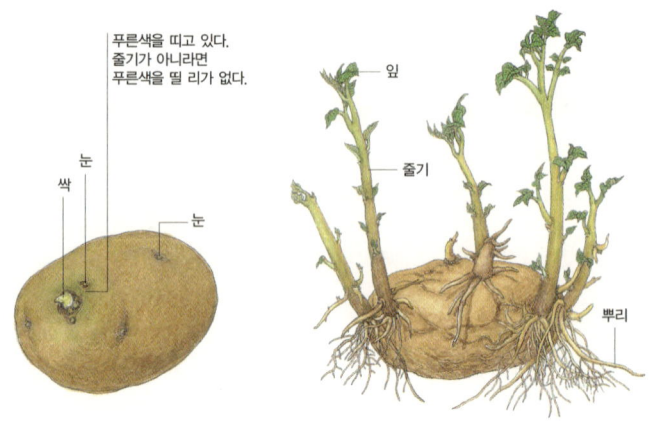

까요? 파브르는 과학자이기에 앞서 농부의 아들이었습니다. 파브르가 태어나고 자란 생레옹 지방은 가난한 산골 마을이었지요. 사람들은 가파르고 거친 산을 일궈 감자를 심었습니다. 감자는 겨울나기에 꼭 필요한 식량이었습니다. 파브르는 어릴 적부터 감자를 심고 거두는 것을 수없이 보았습니다. 그리고 감자 농사를 거들기도 했습니다. 그래서 감자는 파브르가 가장 많이 관찰한 식물입니다. 덩이줄기 식물인 감자의 특성을 어느 누구보다 알기 쉽게 알려 줄 수 있는 것도 그 때문입니다.

고구마는 뿌리다

감자 이야기가 나왔으니 이참에 고구마 이야기

물재배하는 고구마
한쪽 끝에는 뿌리가, 다른 쪽 끝에는 잎이 몰려 자란다. 이 잎들은 끊어진 줄기 끝에서 싹을 틔운다.

줄기가 끊어진 자리 근처에서 새싹이 돋는다.

도 해 보지요. 집에서 고구마를 물재배 해 보는 것은 어떨까요? 전혀 어렵지 않습니다. 컵이나 그릇에 물을 채우고 싹이 난 고구마를 올려놓으면 그만입니다. 그렇게 해 두면 푸르고 예쁜 잎이 돋아나 웬만한 화초 못지않게 싱그럽게 자랍니다.

자, 이 고구마를 좀 더 꼼꼼히 들여다보겠습니다. 고구마의 눈은 여기저기 흩어져서 돋는 게 아니라 한쪽 자리에 몰려서 돋습니다. 이렇게 눈이 모여 있는 곳에 싹이 모여 납니다. 이 싹은 지난해에 줄기가 끊어진 자리에서 납니다. 한편 싹이 돋아나지 않은 나머지 부분에는 하얀 잔뿌리가 가득 생겨납니다. 감자와는 사뭇 다릅니다. 감자는 덩이줄기의 여기저기에서 싹이 돋습니다. 이렇게 다른 모습은 감자는 덩이줄기요, 고구마는 덩이뿌리라는 증거가 됩니다. 모양만 닮았을 뿐, 실제로 감자와 고구마는 이렇게 큰 차이가 있습니다.

덩이줄기처럼 덩이뿌리도 눈을 키워 내는 데 한몫을 합니다. 덩이뿌리도 영양분을 쌓아 두고 있기 때문에 여느 뿌리보다 훨씬 더 통통하지요.

지금까지 살펴본 식물들을 모두 기억하나요? 그 눈들을 기억하나요? 참나리, 양파는 자신의 잎을 두둠한 비늘 조각으로 살찌웁니다. 감자는 줄기를 뚱뚱하게 만들어서 눈을 키우고, 고구마는 통통한 뿌리가 그 일을 도맡습니다. 이렇게 저마다 독립하는눈의 모습은 다르지만 목적은 하나입니다. 다음 세대를 준비하는 것이지요. 한 기관을 희생하거나 모양을 바꾸어서라도 앞날을 미리 준비하는 것입니다.

식물이 저마다의 슬기로 영양분을 마련해 어린눈에게 주는 것을 보면서 무엇을 느끼나요? 사람도 식물처럼, 언젠가는 부모 곁을 떠나 독립하게 마련입니다. 그리고 자신도 부모가 되어 아들딸을 키울 것입니다. 우리도 부모에게서 사랑을 받았으니, 받은 그 내리사랑을 언젠가는 베풀 때가 있을 것입니다. 그때를 위하여 좋은 습관, 바른 마음으로 자신을 잘 가꾸어야 합니다.

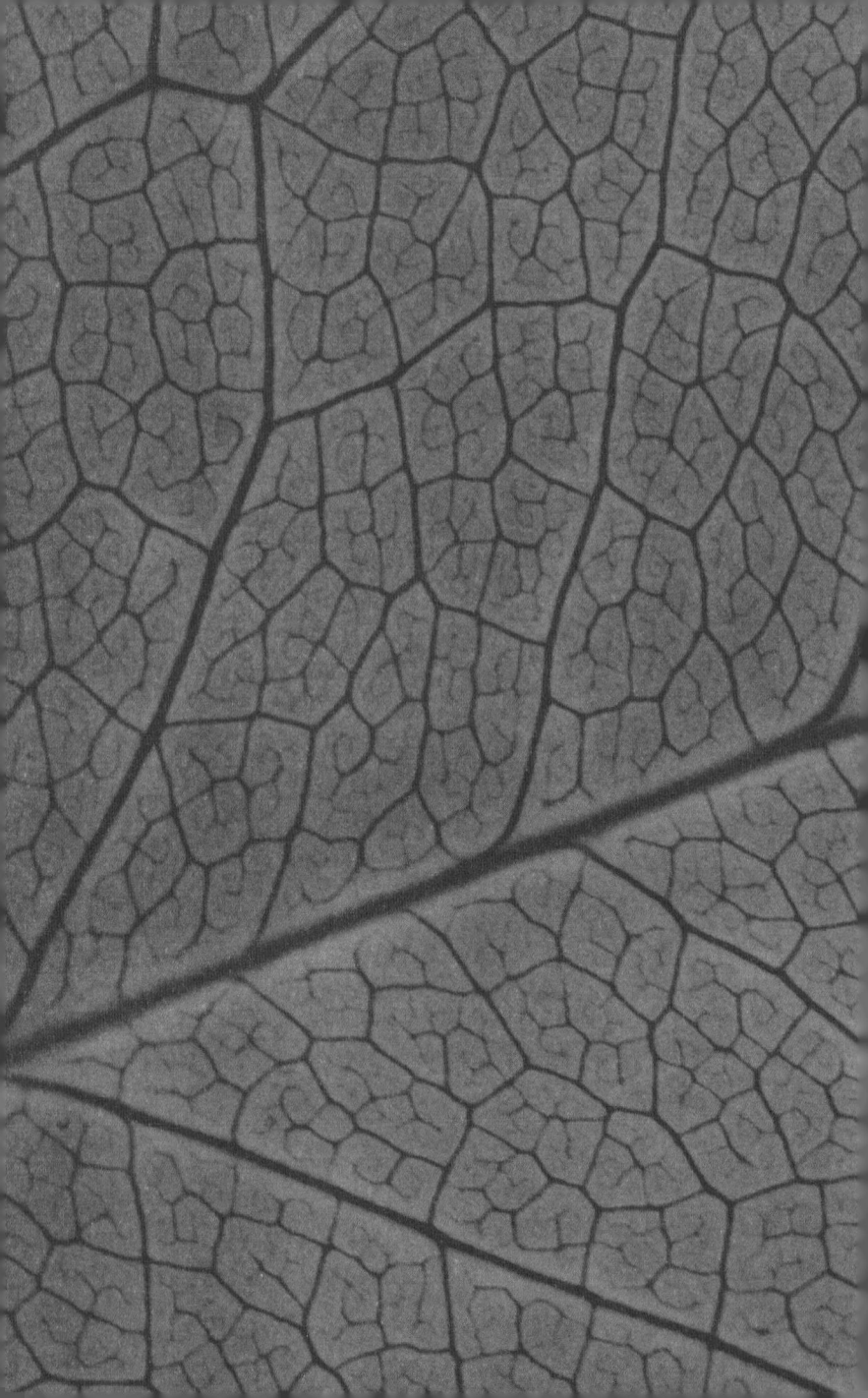

chapter 4

쓰러진 밤나무의 역사, 나에게 이야기

| 나무의
| 더불어 살기

　　　　　　식물은 왜 흙에 뿌리를 내고, 대기에 잎을 펼칠까요? 영양분을 얻기 위해서입니다. 너무 뻔한 질문에 뻔한 대답이라 새삼스럽나요? 하지만 그 뻔한 대답이 그만큼 식물에게는 중요한 일이랍니다.

뿌리가 영양분을 얻는 이야기부터 살펴볼까요? 구슬눈, 비늘줄기, 덩이줄기와 같이 어미 식물을 떠나 사는 독립하는눈들은 뿌리 내리기를 어려워하지 않습니다. 이들은 대부분 흙에 뿌리를 뻗기만 하면 되니까요.

하지만 가지에 붙어사는 붙박이눈에게는 꿈같은 일입니다. 땅에서 한참 떨어진 높다란 곳에서 사는 눈이 저 아래 흙에 닿기 위해 뿌리를 벋는 건 상상할 수 없는 일이지요. 게다가 영양분을 혼자 마음대로 꺼내 먹을 수도 없습니다.

어떻게 하면 이 문제를 풀 수 있을까요? 아무리 머리를 짜 내어도 딱히 답이 떠오르지 않습니다. 그런데 나무의 눈은 슬기롭게 이 문제를 풀었습니다. 파브르는 이것에 대해 나무의 눈들이 '더불어 살기'로 뜻을 모았다고 말합니다. 혼자서는 어찌할 수 없는 문제도 열 명, 백 명이 모이면 풀리게 마련이지요. 사람들은 이 원리를 잘 잊어버리지만 나무는 그렇지 않습니다. 자, 이제 눈들이 어떻게 더불어 살기를 하는지 살펴보겠습니다.

나무 속에는 커다란 수도관이 연결되어 있습니다. 이 수도관은 물과 영양분을 실어 나르는데, 뿌리, 줄기, 가지를 거쳐 눈까지 연결됩니다. 저마다의 눈이 뿌리를 내리지 못하니, 수도관이 이 일을 대신하여 눈과 흙을 이어 주는 것입니다. 이 수도관은 줄기 안에 있되 굵은 가지와 잔가지에 빠짐없이 이어져 있습니다. 그래서 하나하나의 눈에 물과 영양분을 골고루 나눠 줍니다.

이 수도관은 하나인 것 같지만 자세히 살펴보면 세 종류가 다발로 묶여 있습니다. 그래서 관다발이라 부릅니다. 세 종류의 관은 물관, 형성층, 체관을 말합니다. 가장 안쪽에 있는 것이 물관, 그 다음이 형성층, 그 다음은 체관입니다. 체관은 나무껍질의 바로 안쪽에 있지요.

나무의 눈들이 더불어 살기 위해 이 큰 수도관, 다시 말해 관다발을 만들고 나면 작은 잔뿌리들이 돋아나 흙 속으로 벋어 나가기 시작합니다. 이것이 수십 미터 높이에 붙어사는 붙박이눈이 흙에 잇닿은 방법이지요. 작고 작은 눈들이 힘을 합해 큼직한 일

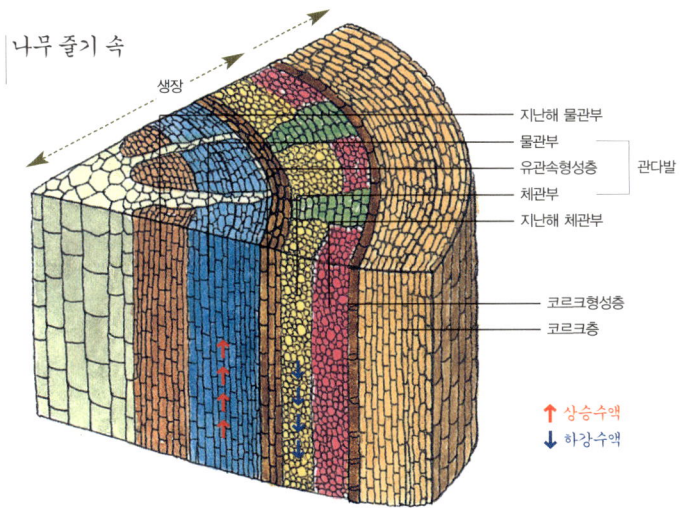

나무 줄기 속

지난해 물관부 지난해 만들어졌던 물관부.
물관부 물이 이동하는 통로. 올해 만들어진 물관부.
유관속형성층 물관과 체관을 만들어 내는 곳.
체관부 영양분이 이동하는 통로. 올해 만들어진 체관부.

지난해 체관부 지난해 만들어졌던 체관부.
코르크형성층 코르코층을 만들어 내는 곳.
코르코층 이 부분은 계속 떨어져 나간다.

을 해낸 것입니다.

올라가는 수액, 내려가는 수액

앞에서도 말했지만 양파의 독립하는눈은 비늘줄기입니다. 비늘줄기를 가진 식물들은 자신이 식물 세상에서 제법 부자라고 생각합니다. 자신의 재산으로 떳떳하게 살아

가니까요. 하지만 이 비늘줄기를 땅에서 1미터쯤 떨어진 곳에 올려놓으면 어떻게 될까요? 비늘줄기는 뿌리를 흙 속에 벋으려고 안간힘을 다하겠지만 결국 포기하고 말 것입니다.

이와는 달리, 관다발을 만드는 눈들은 가진 재산은 다르지만, 더불어 열심히 일해서 살아갑니다. 다행히 그 일은 그리 복잡하거나 어렵지는 않습니다.

가지와 잎을 펼친 눈들은 열심히 일하여 모은 재산 가운데 가장 좋은 것을 체관으로 한 방울씩 흘려보냅니다. 이럴 때 나무 속은 시끌벅적하지요. 부자 눈, 가난한 눈, 강한 눈, 약한 눈, 큰 가지에 사는 눈, 작은 가지에 사는 눈, 어느 누구 할 것 없이 모두가 팔을 걷어붙이고 나섭니다. 저마다의 눈이 내놓은 이 한 방울 한 방울은 한데 모여 관다발의 체관을 가득 채웁니다. 이렇게 모인 액을 수액이라 부릅니다. 눈이 만든 최고의 영양분이 이 수액 속에 들어 있지요.

수액은 한 가지 종류만 있는 것이 아닙니다. 잎에서 뿌리로 내려가는 수액도 있지만 뿌리에서 잎으로 올라가는 수액도 있지요. '위로 올라가는 수액'을 '상승수액'이라 하고 '아래로 내려가는 수액'을 '하강수액'이라 합니다. 상승수액은 뿌리가 흙에서 빨아들인 물과 영양분입니다. 체관으로는 흐르지 않고 물관으로만 흐릅니다. 하강수액은 잎에서 새로 만든 영양분인데 체관으로만 흐르지요.

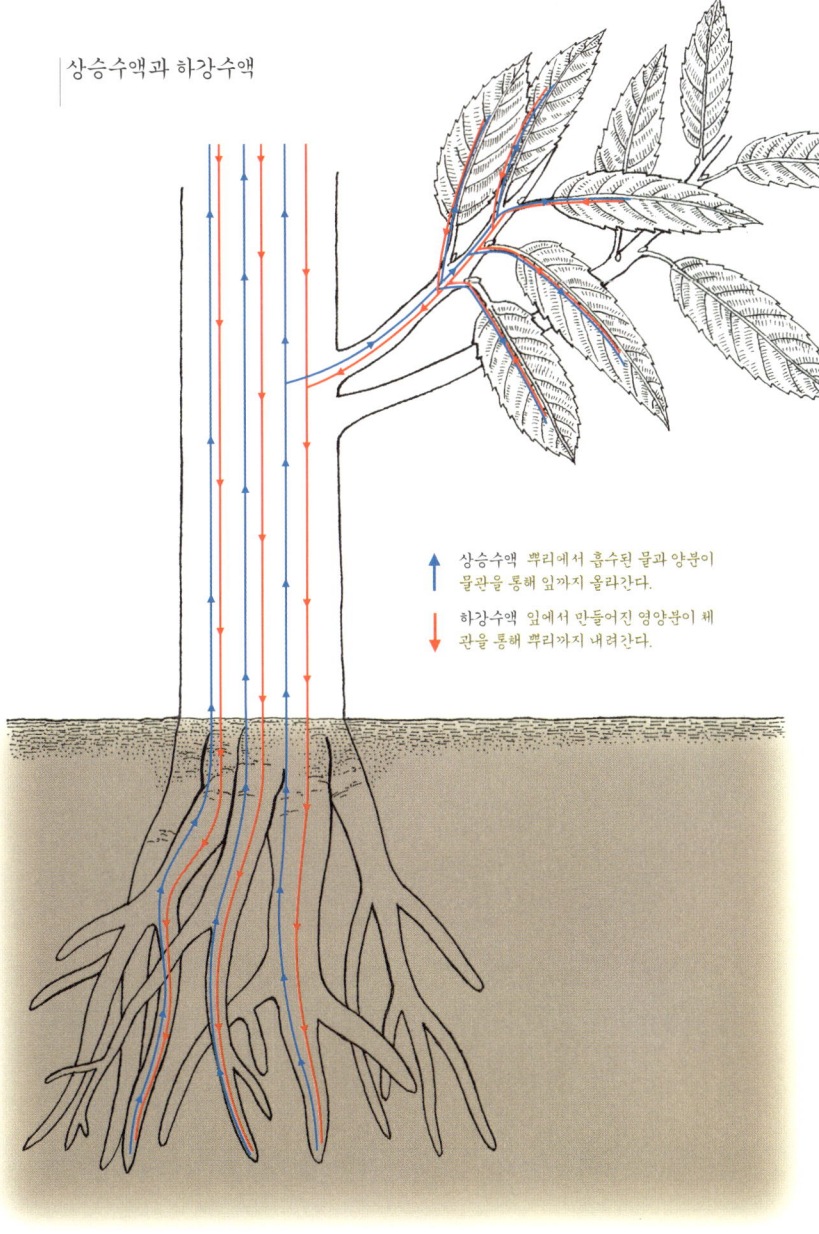

나무의 두 가지 수액은 관다발 속에서 사계절 내내 흐르는 것이 아니라 봄부터 가을까지만 흐릅니다. 겨울에는 줄기와 가지가 얼지 않을 만큼의 아주 적은 양만 남겨 둡니다.

형성층과 나이테

물관이 상승수액을, 체관이 하강수액을 실어 나르는 동안 형성층은 무슨 일을 할까요? 형성층에서는 새로운 세포가 계속 생겨나 그해의 새로운 체관과 물관을 만듭니다. 해마다 나무줄기가 굵어지는 것은, 해마다 켜켜이 불어나는 이 형성층 덕분입니다. 이렇게 '한 켜 한 켜 불어난다' 하여 형성층을 '부름켜'라 부르기도 합니다.

지난해에 만들어진 물관 바깥쪽으로는 새 물관이 생기고, 지난해에 만들어진 체관 안쪽으로는 새 체관이 생깁니다. 그러므로 형성층을 가운데에 두고 체관은 바깥쪽으로 갈수록, 물관은 안쪽으로 갈수록 오래 묵은 부분이 됩니다.

그런데 해마다 새로운 물관과 체관이 만들어지면서, 특별한 것이 생기는데 그것이 바로 나이테입니다. 나이테가 만들어지는 것은 체관보다는 물관과 관계가 깊습니다. 실제로 체관은 나무 껍질에 해당되기 때문에 시간이 지나면 떨어져 나갑니다. 그런데 같은 해에 만들어진 형성층의 물관 세포라도 계절이나 환경에 따라 조금씩 모양이 다릅니다. 봄과 여름에는 햇빛과 물이 넉넉하므로 큰 세포들을 빠르게 만듭니다. 그리하여 물관의 색깔이 옅고 부드러우며 짜임새가 엉성합니다. 이 부분을 '춘재春材'라고 합니다. 반대로 가을과 겨울에는 햇빛과 물이 넉넉하지 않아서 작고 단단한 세포를 천천히 만듭니다. 그러다 보니 물관의 색깔도 짙어지고 짜임새가 빈틈이 없습니다. 이 부분을 '추재秋材'라고 합니다. 해마다 이런 일이 거듭되면 가을과 겨울에 만들어진 물관 부분만 짙은 색의 고리처럼 보이게 됩니다. 이것이 한 해에 하나씩 생겨나므로 나무의 나이를 세는 표시가 되지요.

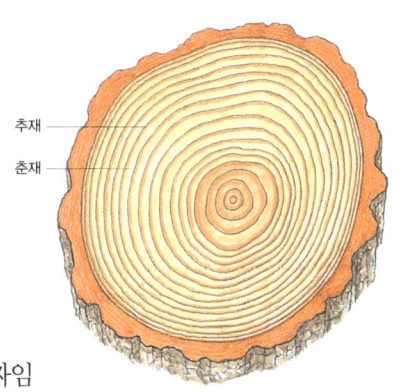

추재
춘재

그러면 가을과 겨울이 없는 열대 지방의 식물은 어떨까요? 한 해 동안 햇빛과 물이 두루 많으니 형성층의 물관 세포도 고루고루 자랍니다. 다시 말해 짙은 색깔의 고리가 생기지 않지요. 그래서 나이테를 찾아볼 수 없습니다.

한편, 나이테는 숲 속에서 길을 잃었을 때 방향을 찾게 해 주는 길잡이가 되기도 합니다. 북쪽이냐 남쪽이냐에 따라 나이테의 간격이 다르기 때문이지요. 대부분 북쪽의 간격이 좁고 남쪽의 간격이 넓습니다. 햇빛이 잘 드는 따뜻한 남쪽은 형성층의 세포가 빠르고 크게 자라서 간격이 넓습니다. 반대로 햇빛을 덜 받는 북쪽은 그렇지 못해서 간격이 좁습니다.

나이테는 나무의 역사

그림은 어린 참나무 줄기를 가로로 자른 모습입니다. 줄기의 가장 안쪽에서 시작하여 바깥쪽으로 가면서 여섯 개의 테가 있으므로 이 나무는 여섯 살입니다.

나이테는 모든 줄기와 가지에 있습니다. 줄기의 나이테는 줄기가 생긴 해부터, 가지의 나이테는 그 가지를 펼친 해부터 생겨나지요. 특히 나무 밑동, 다시 말해 뿌리와 가장 가까운 부분인 원줄기에는 나무의 나이와 같은 겹의 나이테가 있습니다. 그러니 나무의 역사를 제대로 알려면 원줄기의 나이테를 보는 것이 좋습니다.

어린 참나무 줄기

누구나 나이테로 나무의 역사를 읽을 수 있습니다. 여러분에게도 그런 기회가 오기를 바랍니다. 파브르는 어떤 식으로 나무의 역사를 읽었을까요?

어느 날, 파브르는 좀 특별한 밤나무를 만났습니다. 아침나절에 나무꾼이 도끼로 찍어 쓰러뜨린 밤나무였습니다. 서 있을 때는 제법 우람했던 밤나무의 마지막이 너무도 슬프고 끔찍하여 파브르는 마음이 아팠습니다. 파브르는 밤나무에게 다가가 잘린 줄기를 안타깝게 내려다보았습니다. 그리고 이내 밤나무가 어떤 세월을 살았는지 하나둘 밝혀내기 시작했습니다.

"1800년에 태어났으니 올해 일흔 살이었군. 사람으로 치면 많은 나이이지만 밤나무한테는 그리 많은 나이가 아니지. 나무꾼의 도끼만 아니었다면 500년이나 600년은 더 살 수 있었을 거야.

처음 몇 년은 아무 걱정 없이 자랐어. 아주 꼿꼿하고 반듯하게 자랐네. 땅도 아주 좋았고. 하지만 행복은 몇 년 가지 못했겠는 걸. 뿌리 가까운 곳의 영양분을 다 먹어 버렸으니 좀 더 먼 곳까지 뿌리를 벋어야 했을 거야. 그런데 왼쪽이 돌밭이라 뿌리를 벋기 힘들었겠어. 어쩔 수 없이 한쪽은 굶주렸군. 여기 영양실조로 노랗게 변한 흔적이 있잖아. 그런데 주인이 이것을 알고 돌을 치워 주었나 봐. 얼마 안 가 다시 건강해졌어.

오른쪽 배에도 작은 흔적이 있는데 음……, 이것은 옆에 있던 참나무와 다투었던 흔적 같군. 아마도 햇빛을 더 많이 받으려고 다투었거나, 좋은 흙에 뿌리를 더 벋으려고 다투었겠지. 그런데 밤나무가 이겼어. 글쎄, 뜻밖의 태풍이라도 불어왔는지, 주인이 참나무를 베었는지, 어쨌든 옆에 있던 참나무가 뿌리째 쓰러진

것 같아. 다시 평화를 되찾았어.

 열매를 맺을 무렵에는 힘겨웠겠네. 열매를 만드는 일에 영양분을 다 쏟아서 이 해의 줄기는 조금도 살이 오르지 못했어. 이대로는 해마다 열매를 맺긴 힘들었겠어. 그래서 한 해 열매를 맺으면 3년 동안 열매를 맺지 않고 쉬었군. 다시 열매를 맺을 정도로 몸을 튼튼하게 되돌리는 데에 3년이 필요했던 거야.

 가뭄이 들었던 해가 있었군. 겨울이 너무 추웠던 적도 있고. 여기 나무껍질 바로 아래에 있던 층은 동상에 걸렸던 거야. 맞아, 내 기억으로도 1829년과 1858년 겨울은 정말 추웠지. 날아가던 까마귀가 얼어붙어서 떨어지기도 했던 겨울이었지……."

 마치 밤나무의 끝없는 비밀을 캐내기라도 하듯 파브르는 나이테를 계속해서 살폈습니다. 그나저나 밤나무는 위로가 되었을까요? 말 못하는 자신의 마음을 헤아리고, 자신의 삶에 관심을 가져 준 파브르 같은 사람이 있었으니까요.

나이테에 적힌 진실

 파브르가 말해 주는 밤나무 이야기는 이쯤에서 끝납니다. 하지만 궁금증은 이제부터 시작입니다. 파브르는 밤나무가 살아온 이야기를 어떻게 다 알아낼 수 있었을까요?

먼저, 밤나무가 1800년에 태어났고 나이가 일흔 살이라는 것은 나이테를 세어 알았을 것입니다. 나무를 벤 연도에서 나무의 나이만큼 거슬러 올라가면 처음 싹이 튼 해를 셈할 수 있지요.

그 다음, "처음 몇 년은 아무 걱정 없이, 아주 꼿꼿하고 반듯하게 자랐다."고 말한 것은 가장 안쪽에 있는 나이테의 결이 매우 고른 모양을 나타내었기 때문입니다. 그 반대로, 자라날 때의 환경이 좋지 않았다면, 나이테의 한쪽 폭이 좁고 다른 쪽 폭이 넓게 나타납니다. 예를 들면 뿌리가 나쁜 흙이나 돌과 맞닥뜨렸거나 아니면 옆 나무 때문에 가지를 제대로 뻗지 못했거나, 옆 나무의 그늘 때문에 잎을 제대로 펼치지 못했을 수 있습니다. 같은 이유로, 밤나무의 나이테 결이 들쑥날쑥하다가 다시 고르게 나타난 것은 좋은 환경을 되찾았다는 뜻이지요.

밤나무가 밤톨이라도 만들기 시작하면 나이테의 두께는 한결같을 수가 없습니다. 나이테의 간격이 좁은 해는 밤톨을 많이 만들었고, 간격이 넓은 해는 밤톨을 적게 만들었거나 아예 만들지 않았던 해입니다. 왜냐하면 열매를 맺는 나무들이 어느 해에 꽤 많은 열매를 맺으면, 그해 줄기는 많이 자라지 못하므로 나이테의 간격이 좁아질 수밖에 없지요. 그리고 나무는 줄기의 힘을 되찾기 위해 얼마 동안 열매를 맺지 않습니다. 이런 때는 나이테의 간격이 다시 넓어집니다.

가뭄이 들 때에도 나이테의 두께는 좁아집니다. 뿌리가 물과 영양분을 제대로 빨아들이지 못하기 때문입니다. 그리고 겨울에 동상으로 세포가 죽으면, 나이테 사이사이에 갈색을 띤 채 반쯤 분해되었거나 심지어 썩은 부분이 드러나기도 합니다. 그해 겨울이 다른 해에 견주어 몹시 추웠다는 증거이지요. 이런 식으로 파브르는 밤나무의 삶에 얽힌 비밀을 풀 수 있었습니다.

오래 사는 나무들

파브르는 안타까운 마음으로 밤나무를 바라보며 500년이나 600년은 더 살 수 있었을 거라고 얘기했습니다. 그것은 떠벌린 말이 아닙니다. 나무는 수백 년에서 수천 년을 살 수 있습니다. 해마다 새로 생기는 형성층이 있기 때문입니다. 줄기의 안쪽은 해마다 늙어 죽지만 형성층이 있는 바깥쪽은 오히려 젊어집니다. 피라미드를 만들던 때에 태어났던 홍해의 산호 이야기를 기억하나요? 산호 못지않게 나무도 오래 삽니다. 파브르가 소개해 주는 '오래 사는 나무들'을 만나 볼까요?

프랑스 노르망디 알로빌에는 성당으로 쓰이는 참나무 한 그루가 있습니다. 1696년 한 사제가 성모 마리아에게 바치는 성당을 이 참나무 속에 지었지요. 이 나무의 가지 위, 성당 2층에는 수도자들이 기도하는 방도 있습니다. 심지어 작은 종각까지 딸려 있

나무가 죽은 부분에 성당을 지었다.

나무가 살아 있는 부분이다.

프랑스 노르망디 알로빌 참나무

지요. 나무의 밑동 둘레가 10미터쯤 되는 이 나무의 나이는 천이백 살입니다. 이 늙은 참나무는 철봉 따위에 기대어 있긴 하지만, 지금도 새 가지를 벋고 싱싱한 잎을 펼칩니다. 한때 벼락을 맞기는 했어도 여전히 사람들의 찬사를 받으며 지난 세월을 추억하고 다가올 세월을 내다보고 있습니다.

이탈리아 반도의 남쪽, 지중해 앞바다 시칠리아 섬에는 화산을 내뿜는 에트나 산이 있습니다. 이곳 산등성이에 있었던 유럽밤나무는 세계에서 가장 우람한 나무로 손꼽혔지요. '말 백 필의 밤나무'라는 별명도 갖고 있었습니다. 16세기에 아라곤의 한 여왕이 백 마리의 말과 군사들을 이끌고 가다가 이 나무 아래에서 비바람을 피했다고 해서 붙여진 이름이지요. 이 나무의 둘레는 약 58m인데 어른 서른 명이 손을 잡고 둘러서도 다 보듬지 못했습니다. 나무줄기가 아니라 무슨 요새나 탑같이 느껴지지요. 이 나무의 나이는 3천 살이 넘었습니다. 이 나무는 파브르가 살던 시대만 하여도 푸르게 살아 있었지만 지금은 볼 수 없게 되었습니다. 행운을 부르는 부적을 만들기 위해 사람들이 나무껍질을 조금씩 떼어 내곤 했는데, 이것이 이 우람한 나무를 죽게 만든 원인이 되었지요.

미국 캘리포니아 시에라네바다 산맥 기슭에는 세쿼이아가 드넓은 군락을 이루고 있습니다. 작은 것이라도 밑동 지름이 3미터쯤 되고, 아주 큰 것은 9미터나 됩니다. 키는 90미터가 넘게 자랍니다. 식물 세상의 공룡이라고 말할 수 있지요. 그런데 이 나무들은 오래전에 황금을 찾으러 다니던 사람들에게는 그다지 존경을 받지 못했나 봅니다. 어느 날 몇 사람이 톱과 도끼로 커다란 세쿼이아 한 그루를 쓰러뜨렸습니다. 이 나무의 지름은 9미터가 넘었습니다. 마치 지붕 위에 올라가듯 사다리를 타고 줄기에 올라가야 했지요. 이 나무의 껍질을 조각내지 않고 7미터쯤 통째로 벗겨서 마치 거실처럼 꾸몄습니다. 그랬더니 피아노 한 대와 의자 마흔 개를 놓을 수 있는 공간이 생겼습니다. 아이들 140명이 들어가서 게임을 할 만큼 넉넉했지요. 더욱 놀라운 건 이 거대한 나무의 나이테가 전혀 썩지 않고 또렷했는데, 세어 보니 적어도 3천 살이 넘었습니다. 3천 년 전이면 구약성경의 삼손이 살았던 때입니다.

서아프리카 세네감비아의 바오밥나무는 6천 년 전에 그곳에 뿌리를 내렸습니다. 바오밥은 원주민 말로 '천 년 나무' 라는 뜻입니다. 바오밥나무와 비슷하게 생긴 용혈수도 오래 사는 나무입니다. 카나리아 제도 오로타바의 용혈수도 6천 살입니다.

주목도 오래 사는 나무로 손꼽힙니다. 스코틀랜드 포팅갈의 주목은 유럽에서 가장 오래된 주목으로 2천 년을 살았습니다. 우리나라에도 오래 산 나무가 많이 있습니다. 울릉도 도동항구의 절벽 위에서 자라는 향나무는 무려 2000살이 넘었습니다. 천연기념물로 지정된 이 향나무는 절벽 꼭대기에서 아슬아슬하게 자

마다가스카르의 바오밥나무
전체 모양이 마치 술통처럼 생겼다. 크게 자라는 나무로 유명하다.
주로 아프리카에 분포하며 아프리카 사람들은 이 나무를 신성하게 여긴다.
나무 몸통에 구멍을 뚫어 사람이 살기도 하고 시체를 매장하기도 한다.

라기 때문에 잘 자라지는 못합니다. 경기도 양평군 용문사의 은행나무도 1100살이 넘었습니다. 이밖에도 우리나라에는 천 년을 넘게 산 나무들이 많이 있습니다.

양평군 용문사 은행나무 (천연기념물 제30호)

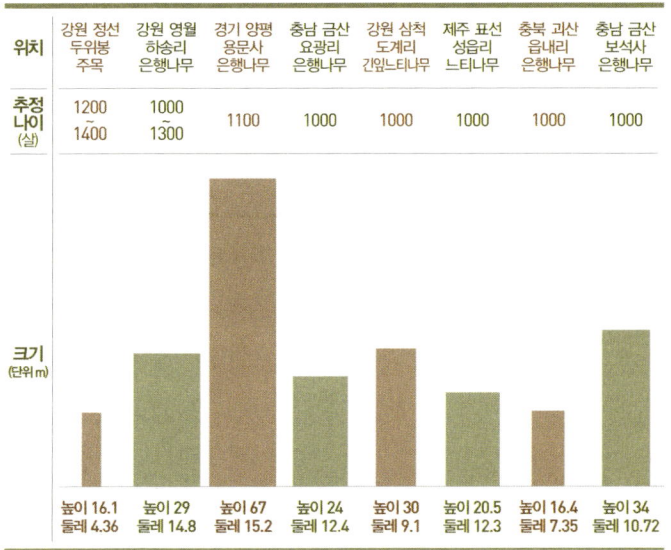

1천 살이 넘은 우리나라의 나무들

    지구의 역사와 인류의 역사를 다 보아온 나무들 이야기를 들으니, 100년 안팎으로 사는 사람들이 아주 작은 존재로 느껴집니다.

    이 나무들은 앞으로 얼마나 더 살게 될까요? 몇 백 년, 아니 몇 천 년을 더 살지도 모릅니다. 단, 한 가지 조건이 있습니다. 사람들의 욕심이 이 나무들을 괴롭히지 말아야 합니다. 욕심에 물든 손이 이 나무들에 닿으면, 에트나 산의 유럽밤나무처럼 다시는 되살리지 못한 채, 역사 속의 나무로 사라져 버릴지도 모르니까요.

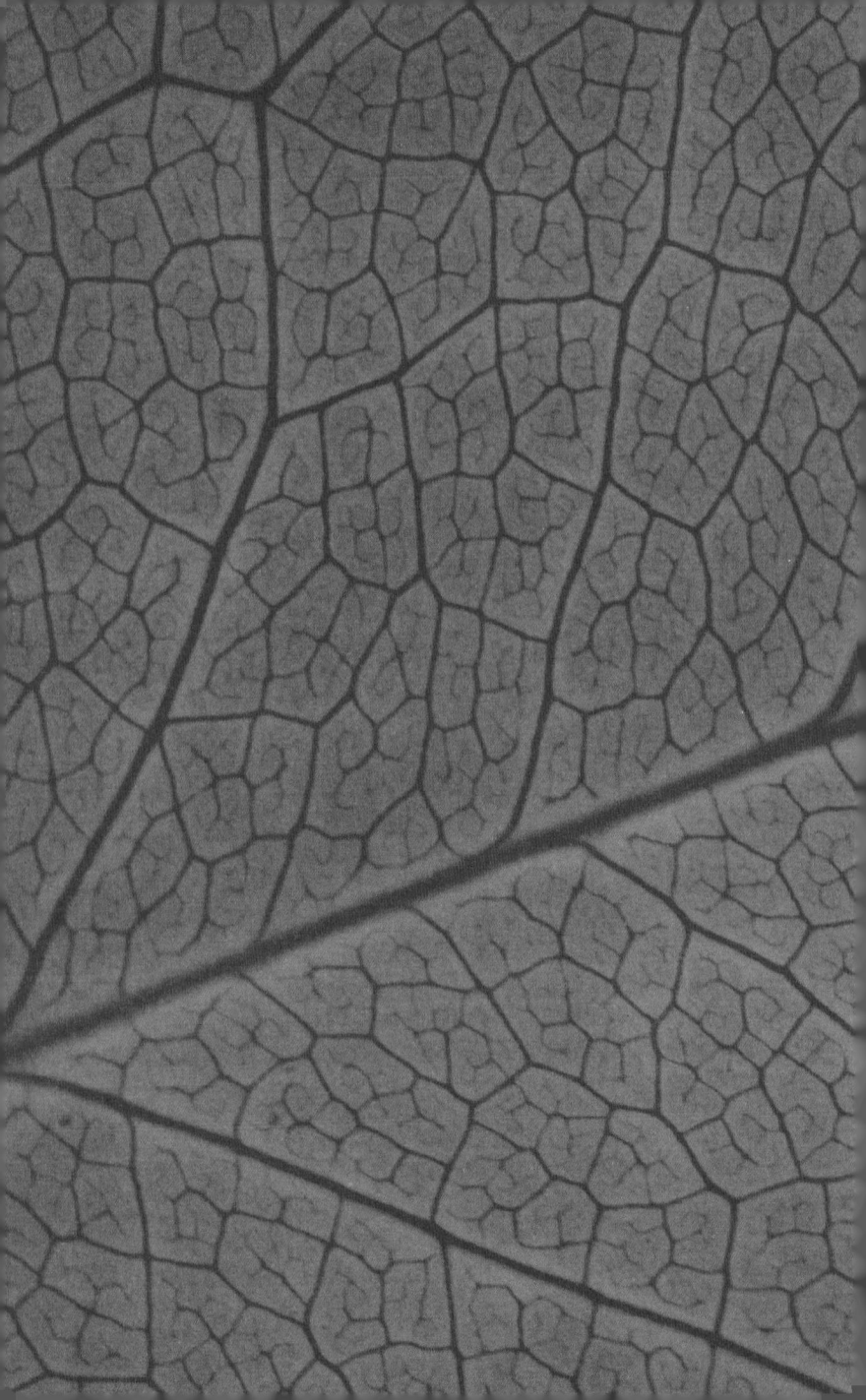

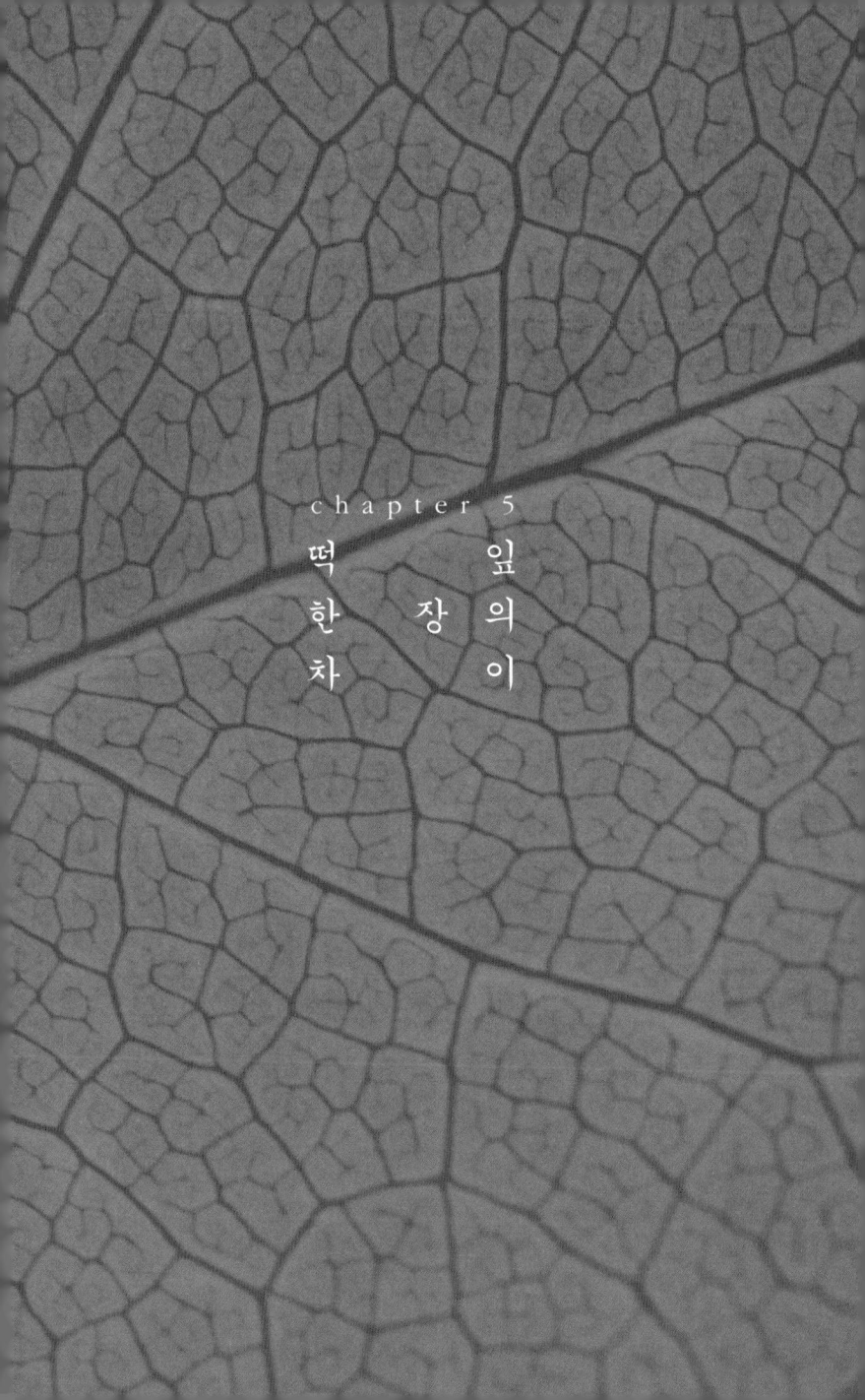

chapter 5

떡잎 한 장의 차이

| 쌍떡잎식물과
| 외떡잎식물은
| 왜 알아야 할까요?

식물은 누가 높고 누가 낮으냐를 따지지 않습니다. 어떤 식물이든지 지구에 필요하다고 생각하기 때문에 모두가 평등하지요. 하지만 사람들은 그렇지 않습니다. 특히 식물학자들은 하등식물과 고등식물로 나누어 높고 낮음을 따지곤 합니다. 더욱이 이 일을 아주 중요하게 생각하여서 아예 '식물분류학'이라는 학문까지 따로 만들었지요. 식물들끼리 비슷한 점은 무엇인지, 다른 점은 무엇인지, 서로 어떤 관계가 있는지 갖가지 방법으로 나누고 정리하는 학문입니다.

그렇다면 식물학자들은 왜 이렇게 분류하기를 좋아할까요? 그것은 식물의 종류가 너무 많기 때문입니다. 아무리 훌륭한 식물학자라도 35만 종이나 되는 식물의 이름을 다 외우고 그 특성을 일일이 가려내기란 쉬운 일이 아니지요. 그런데 분류를 잘 해 놓으면 35만 종을 다 뒤적여 찾지 않아도 필요한 식물의 특성을 빨리 찾아낼 수 있습니다.

식물의 특성을 잘 알면 그 식물을 키우려 할 때 물, 햇빛, 온도, 거름이 얼마나 필요한지 금방 알 수 있습니다. 그뿐만 아니라 많은 양을 번식시키거나 새로운 변종을 만들려고 할 때에도 도움이 됩니다.

또 한 가지, 식물은 나라마다 지방마다 부르는 이름이 다르기 때문에 전 세계 어느 누구라도 똑같이 부를 수 있는 이름이 필요하지요. 그 이름을 '학명'이라고 하는데 학명을 지을 때에도 식물의 분류가 필요합니다. 사람들도 대륙, 나라, 민족, 도시, 마을, 도로, 가정마다 일일이 분류하여 이름이나 번호, 주소를 붙입니다. 이렇게 하면 누구라도 가려는 곳을 쉽게 찾아갈 수 있으니까요. 식물을 분류하거나 학명을 붙이는 것도 이와 같은 것입니다.

파브르가 살았던 시대는 식물분류학이 지금처럼 발달하지 않았지만, 그 시절에도 식물을 가르는 가장 중요한 기준은 관다발이었습니다. 오늘날에는 '관다발이 있느냐 없느냐'의 기준 말고도 '광합성을 스스로 할 수 있느냐', '꽃을 피우고 열매를 맺느냐', '떡잎이 몇 장인가', '잎·줄기·뿌리가 있느냐', '씨방이 있느냐 없느냐' 들에 따라 복잡하게 분류합니다. 하지만 오늘날에도 고등식물과 하등식물을 가르는 가장 중요한 기준은 여전히 관다발입니다.

  그렇다면 관다발이 왜 고등식물과 하등식물을 가르는 기준이 될까요? 조류^{뿌리, 줄기, 잎으로 구분되지 않고 포자로 번식하는 식물}처럼 관다발이 없는 하등식물은 물에서 삽니다. 몸 전체가 물에 맞닿아 있어서 물과 양분을 흡수하는 데 어려움이 없습니다. 뿌리가 있긴 하지만, 지지하는 기능 외에는 별다른 기능을 하지 못하지요. 하지만 물이 아닌 땅에서 사는 식물은 육지 환경에서 살아남기 위하여 더 복잡한 모양으로 변화·발전해 올 수밖에 없었습니다. 물이 없는 대기에 드러나 있기 때문에 가지고 있는 물을 잃지 않아야 하니까요. 그리고 바람이나 비와 같은 여러 험한 환경에서도 쓰러지지 않고 버티어야 합니다. 또 뿌리에서 빨아들인 물과 영양분을 모든 기관에 골고루 운반해야 합니다. 이런 조건을 만족시키려면 아무래도 관다발이 꼭 필요하지요. 그래서 관다발이 없는 식물에서 관다발이 있는 식물로, 주변 환경에 따라 변화하고 적응·발전해 온 것이지요. 그래서 지금은 관다발

죽은 나무에 생긴 운지버섯

감에 생긴 곰팡이

이끼
이끼 식물은 꽃을 피우지 않는다.
대신 포자(홀씨)를 날려 번식한다.

고사리
고사리류도 이끼류와 마찬가지로 꽃을
피우지 않는다. 대신 잎 뒤에 포자(홀씨)가 생기는데
이 포자를 날려 번식한다.

고사리 포자

이 있어야 육지 식물이고, 고등 식물이라는 증거가 되는 셈입니다.

그런가 하면 파브르가 살던 시대에는 버섯이나 곰팡이 같은 균류를 하등식물에 넣었습니다. 하지만 오늘날에는 식물계도 동물계도 아닌 균계로 따로 분류하지요.

하지만 하등하다고 해서 완전하지 않다거나 불필요한 생명체라는 뜻은 아닙니다. 하등식물은 바위나 썩은 쓰레기와 같이 다른 식물들이 거들떠보지도 않는 곳에서 살고 있지만 이들이 하는 일은 그 어떤 식물 못지않게 중요합니다.

예를 들어 바위에 붙어사는 지의류는 그 바위를 부수어서 식물이 자라기에 좋은 포슬포슬한 흙으로 만듭니다. 나무껍질에 붙어사는 이끼류도 같은 일을 합니다. 이들이 없다면 지구는 죽은 동물과 죽은 식물이 뒤섞인 쓰레기장이 되고 말 것입니다. 그래서 파브르는 하등식물이야말로 지구에 없어서는 안 되는 개척자이자 환경미화원이라고 말하였습니다.

그런가 하면, 고등식물과 하등식물의 중간에 드는 식물이 있습니다. 양치식물입니다. 양치식물은 고사리류를 말하는데, 꽃이 피지 않고 홀씨로 번식하는 것만 보면 민꽃식물^{꽃이 피지 않고 포자를 이용해 번식하는 식물}, 다시 말해 하등식물입니다. 하지만 뿌리·줄기·잎이 있고 관다발을 가지고 있기 때문에 고등식물로도 볼 수 있습니다. 그래서 양치식물을 고등 민꽃식물이라고도 합니다.

쌍떡잎식물의
앞선 기술

파브르가 살던 시대이든 오늘날이든, 하등식물과 고등식물을 가르는 기준에 관다발이 들어가는 것은 변함이 없습니다. 관다발을 만드는 기술이 있어야 고등식물이 될 수 있지요.

그런데 같은 고등식물이지만, 외떡잎식물보다 쌍떡잎식물이 어느 모로 보나 한 수 위입니다. 관다발을 정리하는 기술, 떡잎의 수, 꽃받침의 있고 없음, 잎맥의 모양, 뿌리의 모양, 꽃잎의 개수 따위에서 외떡잎식물을 앞서 가지요. 하나씩 자세히 살펴

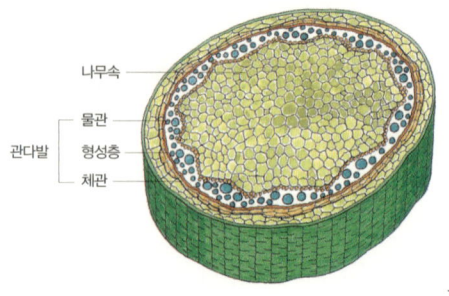

쌍떡잎식물의 관다발

볼까요?

먼저, 쌍떡잎식물은 관다발을 정리 정돈하는 기술이 뛰어납니다. 고리 모양으로 가지런히 정리하지요. 호박, 배추, 감자, 강낭콩, 봉숭아, 나팔꽃 들이 이렇게 솜씨 있게 관다발을 정리합니다.

그런가 하면 참나무, 밤나무, 은행나무처럼 여러 해를 사는 나무는 이 기술 말고도 한 가지 기술을 더 가지고 있습니다. 바로 줄기 속을 채워 나가는 기술이지요. 식물이 줄기 속을 채워 나가는 기술을 사람의 건축에 빗대면 무엇이라고 할 수 있을까요? 건물 안쪽을 지어 나가는 일이니 인테리어 건축이라고 할 수 있지요. 쌍떡잎식물의 인테리어 기술은 이미 있던 관다발의 고리 사이에 새로운 고리를 만들어 빈틈을 줄여 나가는 것입니다. 그래서 첫 해에 만든 관다발의 고리는 해가 지날수록 좀 더 튼튼해집니다. 나무가 오랜 세월 계속하여 건물을 지어 나갈 수 있는 것은 이 기술 덕분입니다.

쌍떡잎식물 가운데, 한해살이풀이나 그해에 갓 싹터서 자라나기 시작한 어린 나무의 줄기는 가장 안쪽부터 나무속, 물관, 형성층, 체관, 피층, 표피를 갖게 됩니다. 그 다음 단계, 다시 말해서 어린 나무가 열심히 일하여 줄기를 조금 더 굵게 만들었을 때의 모습은 안쪽부터 나무속, 물관부, 형성층, 체관부, 코르크형성층, 코르크층입니다. 이 부분들이 하는 일에 대해서는 다음 장에 자세히 써 두었습니다. 여기서는 형성층에 대해서만 알아보도록 하지요.

형성층은 나무의 인테리어 건축 공사에서 가장 열심히 일하는 부분입니다. 쉴 새 없이 새 물관과 새 체관을 만들지요. 형성층, 물관부, 체관부를 뺀 나머지 부분은 그렇게 부지런하게 일하지는 않습니다. 특히 나무속은 아무런 일도 하지 않고 점점 더 딱딱해져가기만 합니다.

파브르는 이것을 가리켜 '하나의 줄기 속에 늙어서 죽어가는 부분과 점점 더 젊어지는 부분이 있다'고 말했습니다. 해를 거듭할수록 줄기의 안쪽은 늙어 죽어가고 형성층 가까운 곳은 자꾸만 젊어져서 수백 년이든 수천 년이든 씩씩하게 일할 수 있으니까요.

놀랍지 않은가요? 겨우 새끼손가락만 한 어린 줄기도 이렇게 복잡한 짜임새를 가지고 있다니……. 하지만 이만큼 자란 것도 아직 나무라 부르기에는 모자람이 있습니다. 이듬해에도, 그리고 그 다음 이듬해에도 나무는 듬직한 모습을 갖춰 나가기 위해 부지런히 인테리어 공사를 해 나갑니다.

그러므로 봄이 되어, 나무가 새 잎을 펼치는 것은 사람들의 눈에는 마땅히 그래야 하는 자연스러운 모습입니다. 하지만, 나무

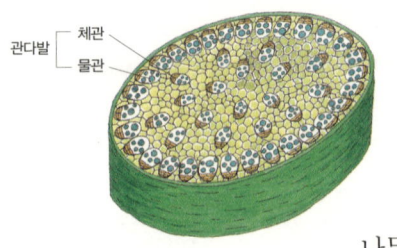
외떡잎식물의 관다발

로서는 줄기 속을 채워 나가기 위한 인테리어 공사의 시작이라고 할 수 있습니다. 해마다 이 공사가 시작되어야 나무는 아름드리 큰 나무로 자라날 수 있습니다.

한편, 외떡잎식물은 관다발을 가지고 있지만 정리 정돈에는 젬병입니다. 관다발을 제 맘대로 흩어놓지요. 줄기 속에 형성층이 없기 때문에 줄기를 굵직하게 살찌울 수도 없습니다. 갈대, 벼, 보리, 잔디, 옥수수, 강아지풀, 백합, 히아신스, 야자나무 따위가 이렇게 관다발을 흩어놓습니다.

쌍떡잎식물의 인테리어 공사에 견주어, 외떡잎식물의 인테리어 공사는 그리 복잡하지 않습니다. 껍질 부분과 나무속이 복잡하지도 않을뿐더러 이것을 뚜렷이 나눌 수도 없습니다. 외떡잎식물의 줄기는 굵어지지는 않지만 그 대신 키가 잘 자라지요.

될성부른 나무는 떡잎부터 알아본다

식물이 만드는 것 가운데 가장 귀하고 값진 것은 무엇일까요? 씨앗입니다. 씨앗 속에는 아직 잠에서 깨어나지 않은 어린눈이 두꺼운 식량 주머니에 포근히 싸여 있습니다.

외떡잎식물의 떡잎

그런데 관다발을 서로 다르게 정리하는 식물 세계의 두 민족은 알고 보면 씨앗 속에 있는 떡잎부터 서로 다릅니다. '될성부른 나무는 떡잎부터 알아본다'는 속담이 있듯이 두 민족은 이미 떡잎부터 다른 길을 가고 있지요.

쌍떡잎식물은 씨앗이 아무리 크더라도, 그 반대로 아무리 작더라도 어린눈을 위해 꼭 두 장의 떡잎을 마련합니다. 그렇게 하는 것이 마땅하다고 생각하지요. 바늘 끝에 올려놓을 만큼 작은 씨앗이라도 반드시 그렇게 합니다. 상추나 참깨, 채송화와 같은 작은 씨앗을 보면 이 말에 고개가 끄덕여질 것입니다.

쌍떡잎식물의 떡잎

그런가 하면 벼, 보리, 밀과 같은 외떡잎식물들은 관다발도 정리하지 않을뿐더러 씨앗에게도 마음을 쓰지 않지요. 씨앗을 위해 떡잎을 두 장이나 마련할 마음이 없습니다. 아니, 외떡잎식물이라고 불리지만 정확히 따지면 떡잎도 아닙니다. 떡잎은 영양분이라도 가지고 있지만 외떡잎식물이 맨 처음 펼치는 잎 한 장은 영양분을 갖고 있지 않기 때문에 어린눈이라고 하는 것이 더 옳습니다. 어쨌든 이렇게 한 장의 잎만 외롭게 싹틔우는 식물을 쌍떡잎식물과 구별하기 위하여 외떡잎식물이라 부르지요.

꽃받침이 있는 장미, 꽃받침이 없는 백합

떡잎 말고도 외떡잎식물은 쌍떡잎식물에 견주어 미처 챙기지 못한 것들이 더 있습니다.

쌍떡잎식물인 장미와 외떡잎식물인 백합과의 왕원추리를 예로 들어 볼까요? 쌍떡잎식물인 장미는 연약하고 섬세한 꽃부리를 위해 보호 장치인 꽃받침을 갖고 있습니다. 꽃받침이 있으면 꽃을 보호하기가 매우 좋지요. 그런데 외떡잎식물인 왕원추리는 꽃부리를 꾸미는 일만 하기 때문에 꽃받침을 만들지 않습니다.

꽃받침만이 아닙니다. 잎의 관다발인 잎맥에서도 외떡잎식물은 꼼꼼하지 못합니다. 쌍떡잎식물인 떡갈나무의 잎맥은 그물처럼 촘촘히 잘 짜여 있습니다. 이런 잎맥을 그물맥이라 합니다. 바람에 견디는 힘이 크지요. 그런데 외떡잎식물인 바나나의 잎

외떡잎식물 왕원추리   쌍떡잎식물 장미   꽃받침잎

외떡잎식물 바나나 잎맥   쌍떡잎식물 떡갈나무 잎맥

은 잎맥을 세로로만 정리해 놓습니다. 이런 것을 나란히맥이라 합니다. 이런 짜임새는 바람에 견디는 힘이 아주 약합니다.

모든 생명체는 완전하다

그런데 외떡잎식물의 기술이 쌍떡잎식물의 기술보다 한 단계 아래라고 해서 불완전하다고 말할 수 있을까요? 하등식물이 고등식물보다 더 못하다고 말할 수 있을까요? 그렇지 않다고 파브르는 말합니다. 모든 식물은 그 자체로 완전하다는 것이지요. 그 까닭이 무엇일까요?

대자연은 수억 년에 또 수억 년을 쌓아 가면서 기후와 환경에 맞는 가장 완전한 생명체들을 만들어 왔습니다. 세포 하나로 되어 있든 여러 개로 되어 있든, 떡잎이 한 장이든 두 장이든 모든

쌍떡잎식물과 외떡잎식물의 비교

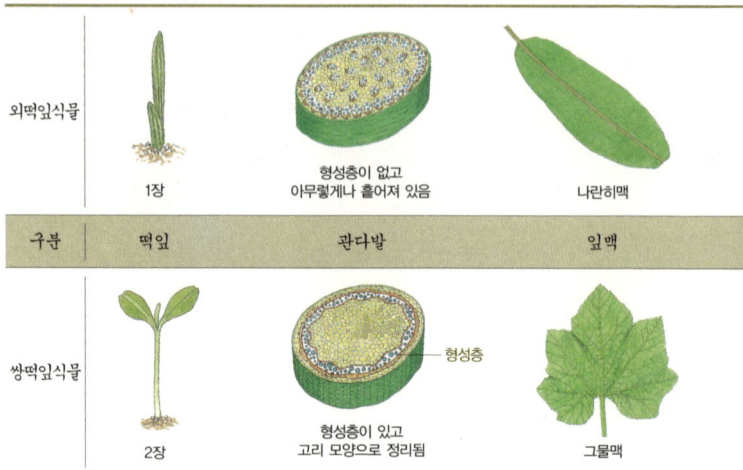

식물은 그 때 그 때에 가장 알맞게 디자인된 모습으로 나타나 지금까지 살아온 것이지요.

파브르는 그럴 수밖에 없다고 말하면서, 그 까닭을 아주 재치 있게 표현합니다. 바로, 창조주의 창조 작업이 오랜 시간을 두고 천천히 이루어졌다고 표현한 것입니다. 다시 말해 창조주는 신비로운 창조의 힘을 대자연에 넘겨 주었으며 이 힘을 넘겨받은 대자연은 수억 년이라는, 사람의 머리로는 도저히 이해하기 힘든 긴 시간을 지나면서 저마다의 생명체들을 완전하게 만들어 왔다는 것이지요.

파브르가 왜 그렇게 말했는지, 지질학의 눈을 빌어 아주 오랜

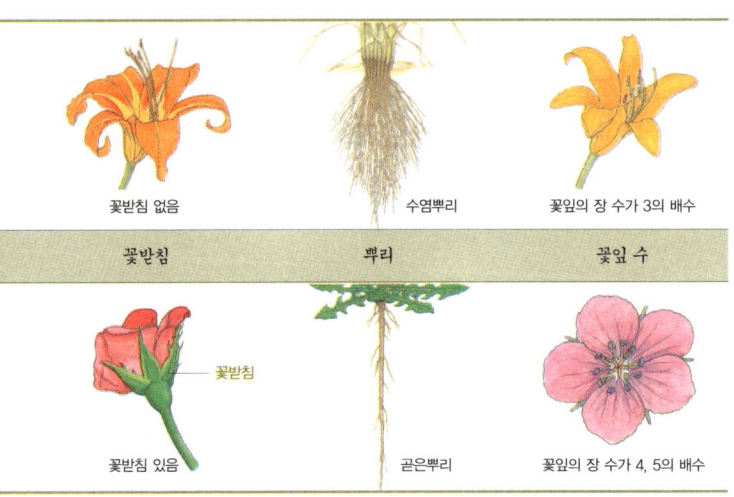

| 꽃받침 | 뿌리 | 꽃잎 수 |

꽃받침 없음 / 수염뿌리 / 꽃잎의 장 수가 3의 배수

꽃받침 있음 / 곧은뿌리 / 꽃잎의 장 수가 4, 5의 배수

 옛날로 돌아가 볼까요? 그때의 생명체는 물속에 있는 미끈미끈한 조류, 바위에 붙은 지의류 따위였습니다. 그런데 이들 생명체는 거의 모두가 이 단계에서 더 이상 발전하지 않았습니다. 지금도 옛날 모습 그대로이지요.

 오랜 시간이 흐르자 관다발을 가진 식물들이 나타났고 그리고 또 오랜 세월이 흐른 뒤 떡잎을 가지지 못한 무떡잎식물들, 다시 말해 거대한 양치식물들이 지구에 나타났습니다. 그런 다음 소나무, 전나무, 삼나무와 같은 겉씨식물이 나타나게 되었습니다. 그 뒤에 속씨식물인 쌍떡잎식물과 외떡잎식물이 나타났습니다.

 이처럼 오랜 세월을 거치며 지구에는 다양한 식물들이 나타났

식물의 역사

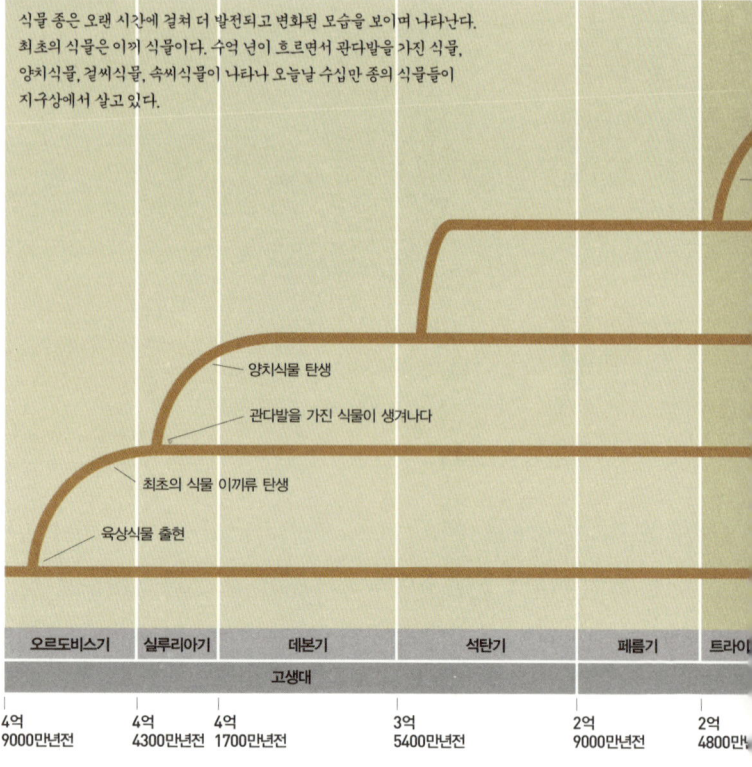

식물 종은 오랜 시간에 걸쳐 더 발전되고 변화된 모습을 보이며 나타난다. 최초의 식물은 이끼 식물이다. 수억 년이 흐르면서 관다발을 가진 식물, 양치식물, 겉씨식물, 속씨식물이 나타나 오늘날 수십만 종의 식물들이 지구상에서 살고 있다.

- 양치식물 탄생
- 관다발을 가진 식물이 생겨나다
- 최초의 식물 이끼류 탄생
- 육상식물 출현

오르도비스기	실루리아기	데본기	석탄기	페름기	트라이
고생대					
4억 9000만년전	4억 4300만년전	4억 1700만년전	3억 5400만년전	2억 9000만년전	2억 4800만

습니다. 가장 먼저 나타난 것은 조류와 지의류 따위의 하등식물이었고 시간이 흐를수록 더욱 복잡하고 정교한 기술을 가진 고등식물이 나타났지요. 하등식물과 고등식물이 가진 기술을 서로 견주면 마땅히 고등식물이 훨씬 더 뛰어나지만 그것이 고등식물

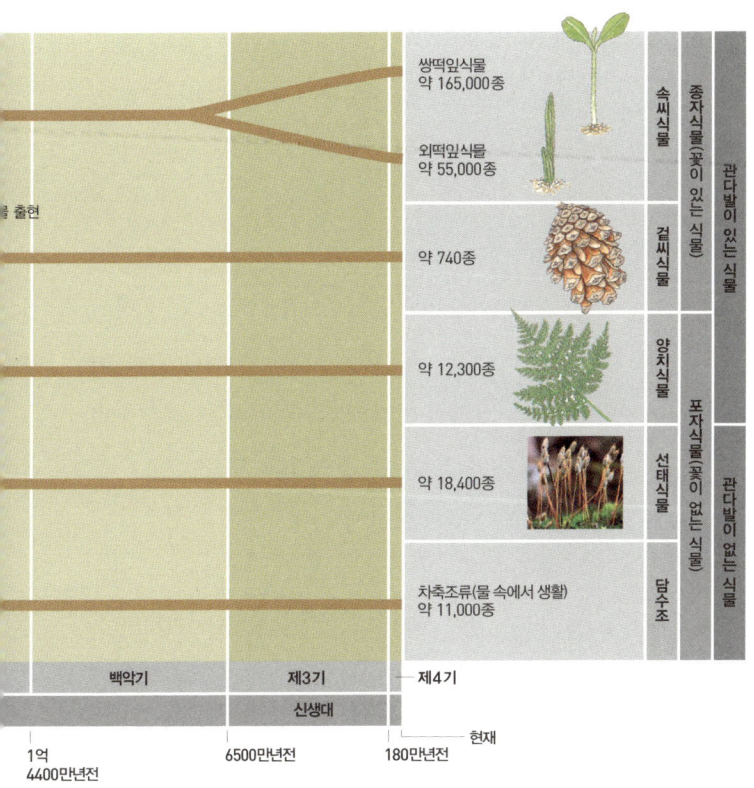

이 더 소중하고 완전하다는 뜻은 아닙니다. 지구의 기나긴 역사와 함께 하등식물도 더할 나위 없이 중요한 역할을 했으니까요.

그나저나 여러분은 어느 시대가 가장 흥미롭나요? 지질학의 도움을 얻어 외떡잎식물들이 살던 시대로 가 볼까요? 그 시절의 기후는 열대성이었고 지구의 식물들도 열대지방에서나 볼 수 있는 것들이었습니다. 지금은 너도밤나무나 참나무가 숲을 이루고 있는 곳에, 그 시절에는 커다란 호수와 화산이 넓게 펼쳐져 있었습니다. 그리고 야자나무가 높다란 줄기 끝에 커다란 잎을 흔들어대고 있었지요. 오늘날 브라질의 원시림처럼요.

그렇다면, 도대체 그 시절에 우리 시대의 나무들은 어디에 있었을까요? 그리고 사람은 어디에 있었을까요? 파브르는 말합니다. 그것은 여전히 아이디어 속에 있었다고……. 다시 말해, 아직 만들어지지 않은 것, 그러나 언젠가는 만들어질 것들로서, 다만 창조주의 아이디어 속에 있었다는 것입니다.

시간은 계속해서 흘렀습니다. 이번에는 지구에 추운 기후가 닥쳐왔습니다. 야자나무와 그 시대의 동물들이 더 이상 살 수 없는 때가 온 것이지요. 많은 것이 사라지고 다른 식물들이 나타났습니다. 대자연이 아껴둔 보물이라고나 할까요. 마땅히 이전의 것들보다 더 나은 식물이었습니다. 마지막에 나타났기에 가장 잘 만들어졌습니다. 바로 이것이 오늘날의 식물입니다.

이처럼 저마다의 식물이 기후와 환경에 따라 다르게 나타난 것을 파브르는 '천천히 이루어진 창조'라고 표현했습니다. 파브르의 말대로라면, 창조주에게는 하루일지 모르나 사람의 시간으로는 그 하루가 수억 년에 수억 년을 더한 시간일 수도 있지요.

그런 점에서 오늘날 우리가 보는 풀 한포기, 나무 한 그루는 대자연이 오랜 세월 동안 온갖 어려움을 이겨내며 한 겹 한 겹 빚어낸 예술 작품임에 틀림없습니다. 그러니 어찌 함부로 대할 수 있을까요? 예를 들어 아름다운 나무속과 관다발을 가진 나뭇가지가 불꽃 가운데 던져져 있다면 이처럼 슬픈 일도 없을 것입니다.

  파브르는 생나무 장작이 불꽃 가운데 타들어가는 것을 보면 나무의 눈물이 보이고 슬픈 울음소리가 들린다고 말했습니다. 겨우 장작 하나 가지고 너무 감상에 젖는다고 말할지 모릅니다. 하지만 나무가 빼어난 기술을 써서 해마다 솜씨 좋게 만들어 놓은 나이테를 생각해 보세요. 파브르의 안타까운 마음을 조금이나마 헤아릴 수 있을 것입니다. 인류의 역사보다 더 오랜 시간을 살아 온 여러 식물 종들이 환경과 기후에 맞춰 슬기롭게 살아온 것을 생각하면 작은 나뭇가지라도 불꽃 속에 하찮게 던질 수가 없지요.

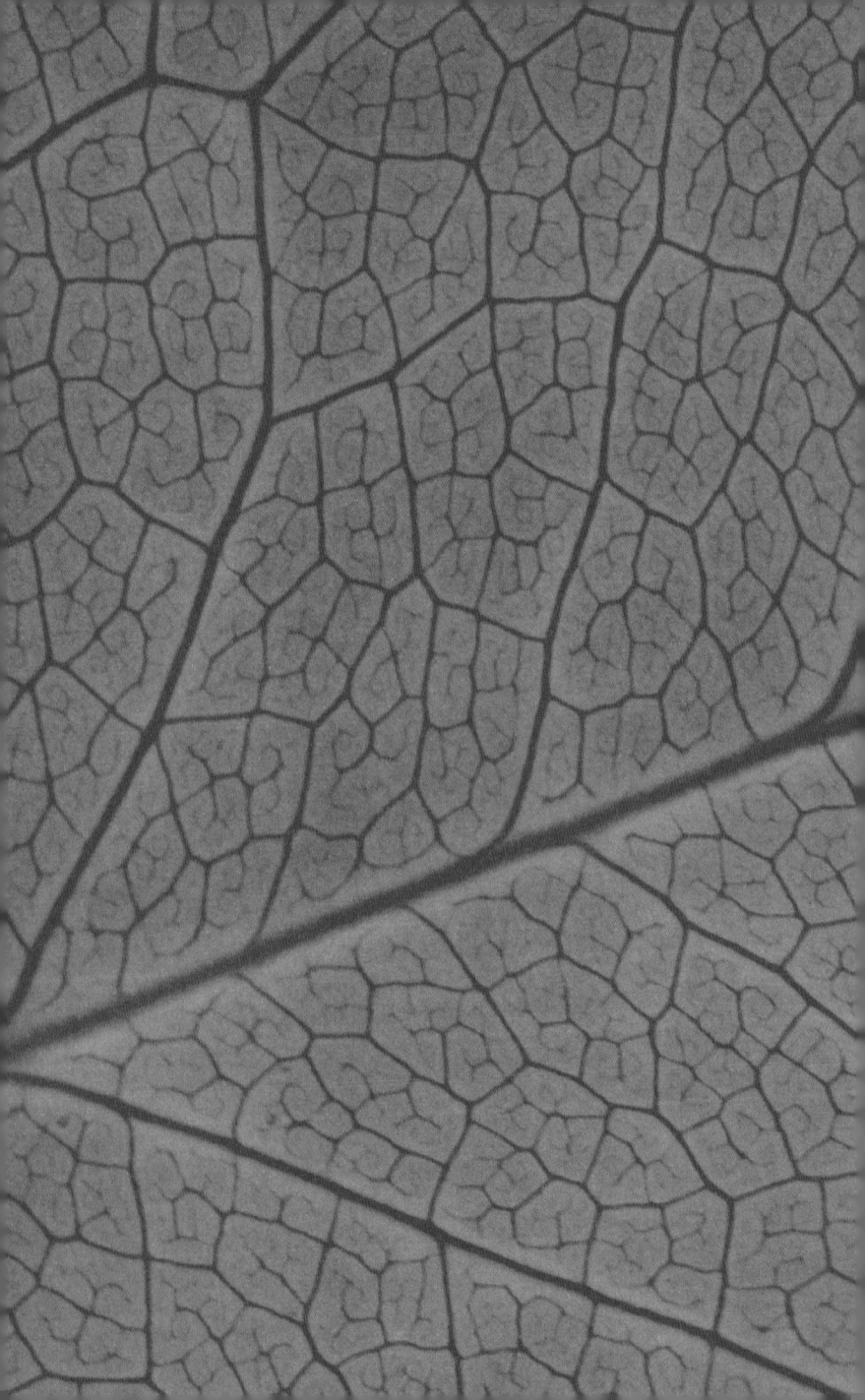

chapter 6
나무의
겉옷,
나무껍질

나무의 옷은 나무껍질

동물의 겉옷은 털입니다. 동물 종마다 털의 길이, 색깔, 무늬는 다 달라도 동물의 털은 살갗을 보호하고 몸속의 기관들을 보호합니다. 나무도 겉옷이 있습니다. 줄기의 가장 바깥에 있는 껍질이지요. 이 껍질을 학자들은 나무라는 뜻의 '수' 자와 '껍질'이라는 뜻의 '피' 자를 합쳐 '수피'라 부릅니다. 나무의 껍질도 종마다 모양이 다르고 냄새가 다르고 색깔이 다릅니다.

이쯤에서 나무의 줄기 속이 어떻게 되어 있는지 다시 떠올려볼까요? 가장 안쪽에 물관부, 다시 말해 나중에 목재가 되는 부분이 있습니다. 그 다음에 형성층이 있고, 그 다음에 체관부가 있지요. 체관부 바깥으로는 코르크형성층과 코르크층이 있습니다. 가장 바깥쪽에서부터 차례대로 말해 보면 표피(나무가 어렸을 때에만 있다), 코르크층, 코르크형성층, 지난해 체관부, 체관부, 형성층, 물관부, 지난해 물관부가 됩니다.

 이제 하나씩 살펴볼까요? 수피에서도 가장 바깥쪽에 있는 '표피'는 세포들이 만든 단 한 겹의 막인데, 얇아서 어린 줄기를 감싸기에 아주 좋습니다. 시간이 흘러 줄기가 굵어지면 나무는 이 옷을 벗어 버립니다. 그래서 파브르는 이 표피를 나무가 입는 어린이옷이라고 하였습니다. 어린 시절 잠시 입다가 웬만큼 자라면 버리고 입지 않는 옷이기 때문입니다.

 이즈음 나무는 벗어 던진 표피보다 더 튼튼한 옷을 마련합니다. 바로 '코르크층'입니다. 코르크층은 모든 나무에서 볼 수 있는데 갈색의 세포들로 이루어진 스펀지 같은 조직입니다. 코르크만큼 질기면서도 잘 휘고 단단하면서도 탄력 있는 겉옷을 자연에서 얻기란 쉽지 않습니다.

 사람들이 이 멋진 재료를 가만히 둘 리 없습니다. 나무가 코르크로 습기와 추위를 이겨 내는 것을 안 사람들은 코르크를 구두 밑창에 깔기도 하고 북극 바다를 오가는 배의 안쪽 벽에 두껍게 붙이기도 합니다. 뱃사람들은 북극의 매서운 추위를 이겨내는 지혜를 나무에게 배운 것입니다.

 코르크가 습기와 추위를 막을 수 있는 것은 코르크층에 있는 세포의 성질 때문입니다. 코르크층의 세포는 층층이 쌓여 있는데 속이 빈 데다 죽은 세포입니다. 이 세포의 세포벽에 있는 수베린이 물이나 공기가 들어가지 못하게 막습니다.

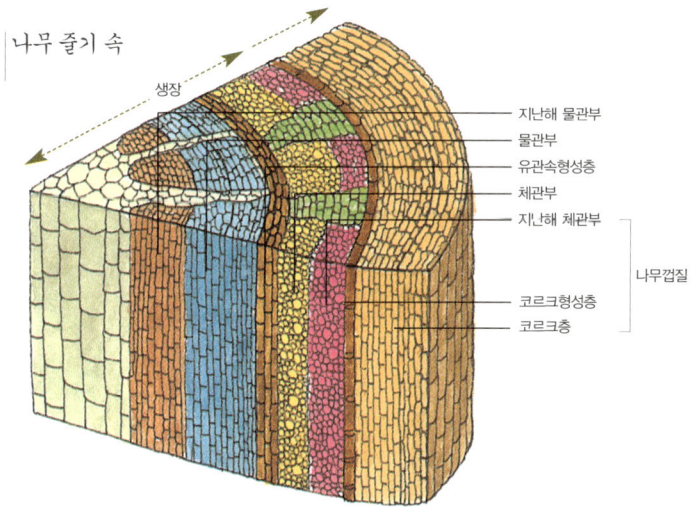

나무 줄기 속

생장

지난해 물관부
물관부
유관속형성층
체관부
지난해 체관부

나무껍질

코르크형성층
코르크층

지난해 물관부 지난해 만들어졌던 물관부.
물관부 물이 이동하는 통로. 올해 만들어진 물관부.
유관속형성층 물관과 체관을 만들어 내는 곳.
체관부 영양분이 이동하는 통로. 올해 만들어진 체관부.

지난해 체관부 지난해 만들어졌던 체관부.
코르크형성층 코르크층을 만들어 내는 곳.
코르크층 이 부분은 계속 떨어져 나간다.

  코르크가 가장 흔하게 쓰이는 곳은 병마개입니다. 그런데 병마개에 쓰는 코르크를 모든 나무에서 얻을 수 있는 것은 아닙니다. 코르크참나무라는 특별한 참나무에서 얻습니다.

나무껍질은 어떻게 만들어질까?

  그런데 코르크 겉옷을 빼앗긴 나무는 괜

굴참나무 껍질   자작나무 껍질   화살나무 껍질

찮을까요? 네, 괜찮습니다. 코르크층은 다시 만들어지거든요. 코르크참나무에서는 10년에 한 번씩 약 150년 동안 코르크를 얻을 수 있습니다.

그런데 모든 나무의 코르크형성층이 북극의 추위를 이겨낼 정도로 두꺼운 코르크층을 만드는 것은 아닙니다. 코르크 겉옷을 표시 나지 않을 정도로 얇게 만들어 입히는 나무도 있습니다. 어떤 나무들은 표피를 잃어버리는 것처럼 코르크층을 만드는 능력도 일찌감치 잃어버립니다. 그래서 코르크층을 대신할 다른 것을 만들려고 아이디어를 짜냅니다. 그러다 보니 나무의 성격에 따라 코르크 겉옷을 입는 모양새가 조금씩 다르게 나타납니다.

굴참나무는 두꺼운 나무껍질의 모양새 때문에 그렇게 불립니

소나무 껍질　　　　　벚나무 껍질　　　　　양버즘나무 껍질

다. 두꺼운 나무껍질에 세로로 깊은 골이 파여 있어서 골참나무로 불리다가 굴참나무가 되었지요. 굴참나무의 코르크를 손끝으로 눌러보면 푹신푹신한 느낌이 듭니다. 그런가 하면 화살나무도 줄기의 나무껍질에 화살의 날개 모양을 한 코르크질 날개가 있어서 그런 이름을 갖게 되었습니다.

플라타너스는 나무껍질이 조각조각 떨어져 나가 얼룩무늬로 보입니다. 이 얼룩무늬가 마치 피부병의 하나인 버짐이 핀 것 같아서 양버즘나무로도 부릅니다. 플라타너스처럼 노각나무, 모과나무, 배롱나무도 얼룩진 나무껍질로 아름다움을 뽐냅니다.

나무껍질이 벗겨져 나가는 나무들도 있습니다. 자작나무 껍질은 마치 얇은 종이가 한 겹씩 벗겨져 나가는 모습입니다. 소나무의 껍질은 군데군데 갈라져 있어서 거북의 등껍질을 생각나게 합니다.

그런가 하면 느티나무, 벚나무, 복숭아나무의 껍질은 군데군데 입술 모양으로 터진 무늬가 뚜렷이 보입니다. 마치 화산 폭발로 생긴 분화구처럼 코르크층의 곳곳에 이렇게 터진 곳이 있습니다. 이것은 나무껍질의 껍질눈입니다. 껍질눈은 모든 나무의 줄기에 다 있습니다. 코르크층 안쪽에 있는 세포들이 숨을 쉬는 숨구멍이지요. 공기도 물도 잘 스며들지 않는 코르크층이 줄기를 다 둘러싸 버리면 안쪽의 세포가 숨을 쉴 수 없을 터입니다. 다행히 이 껍질눈이 있어서 산소와 이산화탄소를 주고 받게 됩니다. 줄기가 굵어질수록 껍질눈도 옆으로 늘어나게 되는데 느티나무, 벚나무, 복숭아나무는 이것이 눈에 띄어 마치 입술처럼 보이는 것입니다.

식물에게도 사람에게도 고마운 나무껍질

지금까지 나무의 겉옷인 나무껍질을 살펴보았습니다. 그런데 나무껍질은 나무에게 왜 중요할까요?

나무껍질은 줄기 바깥에서 속으로 물이 스며들어가는 것과 그 반대로 줄기 속의 물이 증발하는 것을 막아 줍니다. 그리고 뜨거운 열이나 추위를 막아 주는가 하면 상처나 충격도, 나쁜 병에 걸리게 하는 세균도 막아 줍니다.

나무가 자신을 지키기 위해 꼭 필요한 것이 나무껍질이지만 한편으로는 사람에게도 좋은 것들을 많이 선물해 줍니다. 나무껍질은 식물이 만드는 다양한 물질이 들어 있는 곳이기도 하니까요. 사람들은 이 물질로 약품, 요리 재료, 예술품, 산업용품 따위를 만들 수가 있습니다.

몇 가지 예를 들어보겠습니다. 육계나무의 나무껍질은 향기가 납니다. 이를 흔히 '계피'라 하죠. 계피는 한약재나 차, 수정과를 만들 때 쓰입니다. 기나나무의 껍질에는 키니네가 있는데 이것은 말라리아를 치료하는 데 씁니다. 참나무의 껍질에 있는 타닌은 짐승의 가죽을 무두질하여 가죽 제품을 만드는 데 씁니다. 그런데 나무의 껍질이 사람에게 좋은 것만 가지고 있는 것은 아닙니다. 자신에게 이로운 물질도 가지고 있습니다.

그런가 하면, 어떤 식물의 나무껍질에는 흰색이나 노란색의 액체가 들어 있습니다. 더 정확하게 말하면, 이 액체는 식물의 세포질 부분에 들어 있습니다. 이를 '우유 같은 액체'라 하여

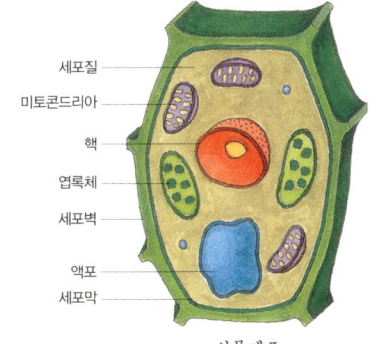

식물 세포

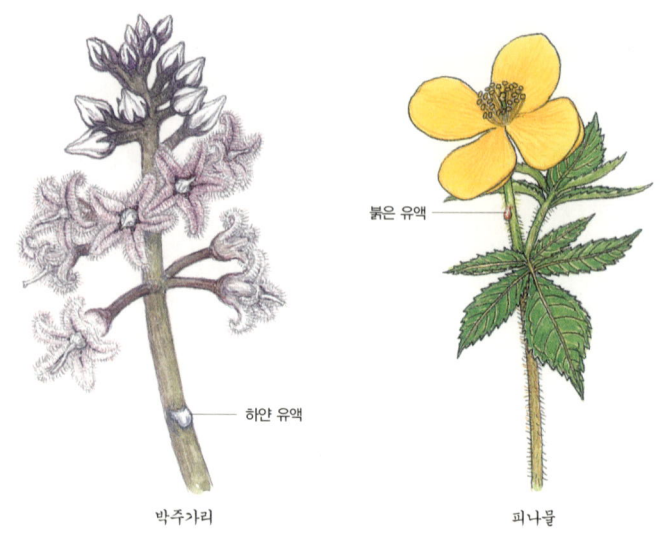

박주가리   피나물

유액이라 부릅니다. 무화과나무의 가지를 꺾었을 때 나오는 유액은 흰색입니다. 나무는 아니지만 민들레와 박주가리도 하얀 유액을 가지고 있습니다. 애기똥풀의 유액은 아기의 똥처럼 샛노랗고 피나물의 유액은 피처럼 붉은색입니다.

  그런데 이름이 우유를 닮은 유액이어서 맛있을 것 같지만 뜻밖에도 몇몇 유액은 무서운 독을 가지고 있습니다. 덜 익은 무화과를 먹으면 혓바닥이 아프고 입술이 퉁퉁 붓습니다. 피부가 약한 사람은 무화과 열매를 딴 손가락마저 아플 수 있습니다. 그런가 하면 양귀비의 유액은 아편을 머금고 있습니다. 아편은 무서운 약으로 아주 적은 양으로도 사람을 잠들게 하고 많이 사용하면

하얀 유액 — 서양민들레

노란 유액 — 애기똥풀

사람이 죽을 수도 있습니다.

본디 유액은 식물이 상처를 입었을 때 그 자리에 나쁜 균이 들어오지 못하도록 막기 위해서 갖고 있는 물질입니다. 그리고 어떤 유액은 쓴맛을 내거나 독을 품고 있어서 동물이 함부로 먹지 못하게 막아 주는 역할도 하지요. 그러나 아무리 위험한 독이라 할지라도 식물 자신에게는 아무렇지도 않습니다. 식물은 독을 다루는 솜씨가 뛰어나기 때문에 아무 어려움 없이 자신의 몸에 이런 유액을 갖고 있을 수 있습니다.

식물의 상처를
아물게 하는 유액

사람이나 동물에게 해로운 유액도 있지만 그렇지 않은 유액도 많습니다. 남아메리카 지방, 특히 콜롬비아에는 '젖소나무' 또는 '우유나무'로 불리는 나무가 있습니다. 사람들은 젖소에게 하듯 이 나무에서 젖을 짜냅니다. 다만 짜내는 방법이 좀 다르지요. 좀 잔인하긴 하지만 나무껍질을 칼로 도려냅니다. 그러면 하얀 유액이 흘러나옵니다. 이것을 받아 은근한 불로 증발시키면 향긋한 식물성 우유가 됩니다. 향기나 맛, 영양 면에서 우유와 다를 바가 없고 빵을 만들 때 우유처럼 넣기도 합니다. 오래 두면 엉겨서 노란 치즈처럼 되고 나중에 상하게 되면 신맛이 납니다. 그리고 너무 많이 마시면 살이 찌는 것도 우유와 비슷합니다.

멕시코 남부, 과테말라, 온두라스에는 사포딜라가 있습니다. 나무 줄기에 상처를 내면 유액이 나오는데 이것을 모아 끓인 것이 치클입니다. 치클은 사람의 체온과 비슷한 온도에서 적당하게 물러지는 성질이 있어서 껌의 원료가 됩니다. 이 때문에 사포딜라 나무를 추잉껌나무라고도 부릅니다. 15세기 말 콜럼버스가 신대륙을 발견했을 때 이미 그곳 사람들은 이 껌을 씹고 있었습니다.

젖소나무와 사포딜라의 유액이 사람들의 입맛에 맞는다고는 하지만 이것은 아주 특별한 예입니다. 많은 식물의 거의 모든 유액은 적든 많든 독이 있다는 사실을 잊지 말아야 합니다.

그런가 하면 유액 가운데에는 고무액과 같은 특별한 물질도 있습니다. 동남아 지방, 특히 말레이의 섬 지방에서 자라는 고무나무는 질 좋은 고무액을 매우 많이 품고 있습니다. 이 나무의 나무껍질에 칼집을 내면 상처에서 끈적거리는 고무액이 흘러나옵니다. 이때 오목한 그릇을 받쳐 두면 고무액이 고여서 엉기고 굳어집니다. 그러면 그릇 모양 그대로 두꺼운 탄성 고무 덩어리가 되지요. 처음에는 액체였다가 곧 크림 상태가 되고 더 굳어져 탄성 고무가 되는 것입니다.

고무나무 껍질에 상처를 내 유액을 받아내는 모습.

고무액은 줄기 속에 있을 때는 액체입니다. 하지만 밖으로 나와 공기를 만나면 굳고 한번 굳어지면 다시는 액체로 돌아가지 않습니다. 끓여도 마찬가지입니다. 탄성 고무를 열로 녹여 봐야 헛수고입니다. 녹이는 방법은 단 한 가지, 열보다 더 강력한 액체가 있어야 합니다. 물론 이 액체도 식물한테서 얻습니다. 바로 소나무 껍질에서 얻는 테레빈 기름입니다. 이것만이 굳어진 탄성 고무를 녹일 수 있습니다. 예외적으로, 우리 생활에서 쉽게 볼 수 있는 고무 장갑, 장화 등의 고무 제품은 다른 물질과 섞인 합성 고무이기 때문에 불에 녹습니다.

그런데 고무나무는 어떻게 고무를 액체 상태로 몸속에 갖고 있을까요? 아쉽게도 그 답은 아직 찾지 못했습니다. 사람들은 온갖 방법을 다 써서 고무를 녹이려 했지만 결국 실패했는데, 나무는 아무렇지 않게 액체 상태로 몸속에 품고 있습니다. 그런 것만 보아도 나무의 과학은 감탄할 만합니다.

이처럼 나무껍질에 여러 가지 물질이 들어 있는 것을 이야기하며 파브르는 나무껍질 속에 향수 기술자, 염색 기술자, 약사, 가죽 기술자, 화학자가 살고 있다고 표현했습니다. 재미있는 표현이지요? 나무가 먹는 것이라곤 물과 영양분밖에 없습니다. 고작 그것을 가지고도 나무껍질은 좋은 냄새를 만들기도 하고, 먹을 것과 쓸 것을 만들기도 하고, 영양분이 있는 액과 독이 든 액을 훌륭하게 잘 만들어 냅니다. 그러니 나무껍질은 훌륭한 기술자임에 틀림이 없습니다.

이런 일을 사람들이 하려면 많은 노력과 시간을 들여야 합니다. 그래서 파브르는 자연으로부터 얻는 것과 배워야 할 것이 많다는 것만으로도 사람은 자연 앞에서 겸손해야 한다고 말했습니다. 그런데 겸손한 쪽은 오히려 식물입니다. 식물은 나무껍질부터 목재, 열매에 이르기까지 모조리 사람에게 거저 주면서도 생색내는 법이 없습니다. 집안의 대들보, 가구, 책, 신문, 코르크마개, 고무, 향수, 약품, 옷감, 악기……. 헤아릴 수 없이 많은 것들이 식물에서 왔습니다. 식물은 부자이건 가난한 사람이건 따지지 않고 자신의 몸을 내어 줍니다. 식물이 거저 준 것을 공짜로 받아 쓰면서도 값비싼 것과 그렇지 않은 것으로 나누어 허세와 자랑을 일삼는 사람들이 부끄러울 뿐이지요.

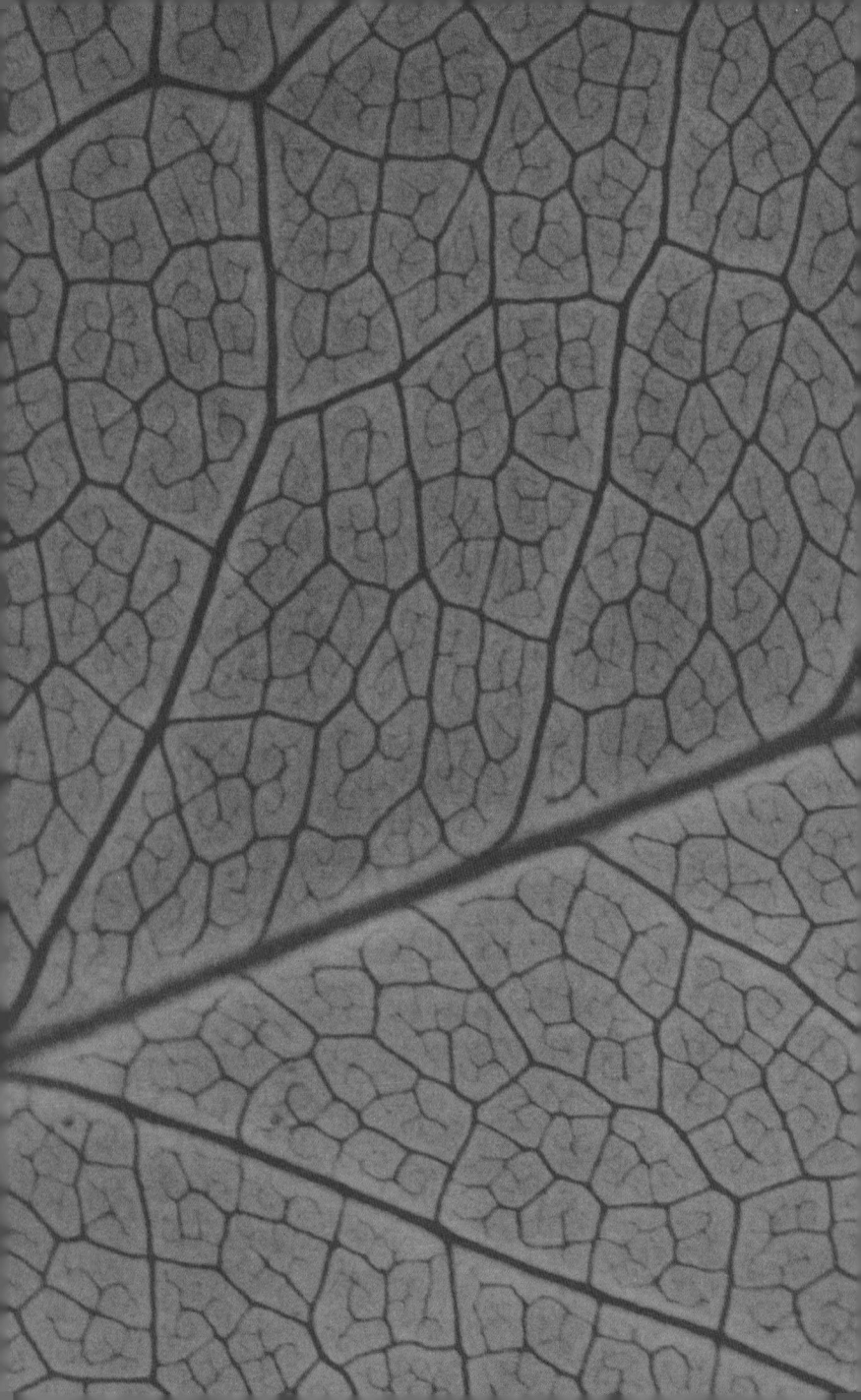

chapter 7
줄기의 변신

속을 비우는 지혜

커다란 자연 안에서 식물은 작은 존재에 지나지 않습니다. 하지만 그 어떤 다른 생명체에 뒤지지 않게 최선을 다하여 살고 있습니다. 누가 알아주지 않아도 갖가지 아이디어를 내서 뿌리를 뻗고 줄기를 세우며 잎을 피웁니다.

그 가운데 식물의 줄기에는 어떤 아이디어가 들어 있는지 살펴볼까요?

쌍떡잎식물인 참나무, 너도밤나무, 양버즘나무는 우람한 줄기로 점잖게 서 있습니다. 굵직한 가지는 그늘을 넉넉하게 만들어 사람들에게 휴식처를 주곤 합니다. 이들의 줄기는 밑둥치에서 위로 올라갈수록 가늘어지지요. 그리고 큰 가지에서 작은 가지, 잔가지로 뻗어 나갑니다. 그렇게 뻗어 나간 참나무의 가지는 돔 모양이 됩니다. 그런가 하면 수양버들은 늘어뜨린 머리카락처럼 긴 가지를 펼치고 사시나무는 하늘을 향해 가지를 쭉 뻗어 올립

쌍떡잎식물의 일반적인 나무 모양인 참나무 　　외떡잎식물의 일반적인 모양인 강아지풀

니다. 이처럼 쌍떡잎을 가진 나무들은 줄기와 가지를 늠름하고 도 곧게 펼칩니다. 이런 줄기를 '곧은줄기'라 합니다. 오랜 세월 을 한자리에 서서 살기에 모자람이 없게끔 당당한 모습이지요.

그런데 외떡잎식물은 그렇지 못합니다. 줄기와 가지는 보잘것 없습니다. 하지만 그렇다고 해서 외떡잎식물을 얕보아서는 안 됩니다. 그들도 나름대로 지혜롭게 살고 있으니까요.

대부분의 외떡잎식물은 줄기에 정성을 쏟기보다는 꽃을 사치스럽게 꾸미는 편입니다. 줄기 하나에 딱 한 송이의 꽃눈만 다는 것도 있습니다. 언뜻 보아도 외떡잎식물의 줄기는 아주 단순합

외떡잎식물이지만 쌍떡잎식물처럼
가지를 여러 갈래로 뻗는 판다누스

외떡잎식물로는 드물게 큰 나무로 자라지만,
가지를 늘리지는 않는 야자나무

니다. 온대에서 잘 자라는 판다누스처럼 더러 가지를 뻗는 외떡잎식물이 있긴 하지만 그마저도 매우 조심스럽게 뻗어 나갑니다. 사막의 오아시스에서 자주 보는 야자나무도 껑충 키만 컸지 가지를 늘려 나가지는 않습니다. 그런 까닭에 대부분의 외떡잎식물은 굵은 줄기를 가지지 않고, 가구 따위를 만들 때에도 잘 쓰이지 않습니다.

이번에는 새의 날개 뼈를 한번 생각해 봅시다. 먼저, 날개는 뼈이지만 매우 가벼워야 합니다. 무거우면 나는 데 힘이 듭니다. 하지만 가볍다고 해서 약하면 안 됩니다. 가벼우면서도 매우 강해야 합니다. 새가 날갯짓을 할 때 공기 속에서도 부러지지 않고 잘 버텨야 하니까요. 심지어 갑자기 일어나는 바람이나 계속되는 바람에도 버틸 수 있어야 합니다. 이러한 모든 조건에 딱 들어맞는 새의 날개 뼈는 어떤 모습일까요? 바로 속이 빈 상자처럼, 속이 빈 원통꼴입니다.

속이 빌수록 튼튼한 줄기

속이 빈 원통꼴은 가볍고 튼튼할 뿐만 아니라 재료를 아낄 수 있어서 좋습니다. 가을날 강가를 아름답게 꾸미는 갈대를 떠올려 보세요. 이들이 사는 곳은 매우 가난한 곳입니다. 거름이 많은 곳에 사는 밤나무와는 사정이 사뭇 다릅니다. 가진 재산을 될 수 있는 대로 아끼며 슬기롭게 잘 써야 합니다. '필요는 발명의 어머니'라는 말이 있는데, 그렇다면 가난한 갈대가 바람에 견디기 위해 발명해 낸 기술은 무엇일까요? 다름 아닌 '속이 빈 원통꼴의 줄기'입니다.

밀과 보리 같은 알곡류, 갈대류, 대나무류, 들판의 수많은 잡풀들도 모두 이와 같은 방법을 쓰고 있습니다.

벼는 기다란 줄기 끝에 무거운 이삭을 매달고 있습니다. 그런데 벼 줄기가 왜 기다란지 생각해 보았나요? 다 익은 벼를 거둘 때 이삭이 흙에 닿지 않도록 하기 위해서입니다. 줄기가 가느다란 까닭도 이웃에 있는 벼에게 피해를 주지 않으면서 어떻게든 빽빽하게 이삭을 매달기 위해서입니다. 게다가 벼 줄기는 이삭의 무게를 견딜 수 있을 만큼 튼튼하고, 바람에 꺾이지 않을 만큼 부드럽게 휘어집니다. 벼 줄기가 이런 조건을 다 갖출 수 있었던 것도 역시 줄기가 속이 빈 원통꼴이기 때문입니다.

그런데 이것 말고도 눈여겨보아야 할 것이 하나 더 있습니다. 벼의 줄기 군데군데에는 마디가 있습니다. 이 마디가 있는 곳은 잎이 펼쳐지는 곳으로, '잎집'이라고 부릅니다. 이 잎집의 아랫부분이 줄기를 감싸고 있어서 줄기는 더욱 튼튼해집니다.

그것이 다가 아닙니다. 벼는 여기에다 한 가지 지혜를 더 보탭니다. 줄기 속에 특별한 물질을 갖고 있습니다. 가장 단단하면서도 잘 썩지 않는 광물질, 바로 규소입니다. 규소는 조약돌이나 모

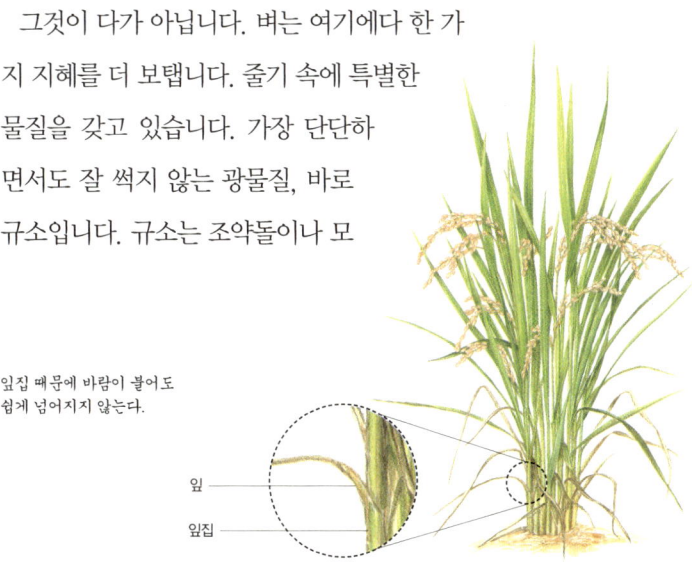

잎집 때문에 바람이 불어도
쉽게 넘어지지 않는다.

잎
잎집

래, 동물의 뼈에 들어 있습니다. 열대 지방에 사는 벼과식물 가운데에는 칼이 닿으면 금속이 서로 부딪칠 때처럼 줄기에서 불꽃이 튀는 것도 있습니다. 규소를 그만큼 많이 가지고 있다는 증거이지요. 속이 빈 원통꼴 줄기를 가진 식물로 대나무를 빼 놓을 수 없습니다. 열대 지방의 어떤 큼직한 대나무는 마디와 마디 사이만 잘라도 그대로 커다란 물통으로 써도 될 만큼 탄탄합니다.

이처럼 모든 외떡잎식물은 조금씩 다르기는 해도 한 가지 규칙을 지키고 있습니다. 줄기의 바깥 부분을 튼튼하게 만들고 속은 텅 비워 두는 것입니다. 쌍떡잎식물은 이런 규칙에 대해서는 알지도 못한 채 그 반대로 해 놓습니다. 오히려 나무의 속을 탄탄하게 해 놓고 바깥 부분을 약하게 만듭니다. 파브르는 이것이야말로 쌍떡잎식물의 어리석은 고집이라고 말하였습니다. 참나무는 늠름하게 서 있을 때는 많은 사람들의 눈길을 끌지만, 갑작스러운 태풍에 시달리기라도 하면 줄기가 꺾이거나 통째로 뽑히고 맙니다.

기어오르고 휘감는 덩굴식물

속을 비우거나, 마디를 만들어 놓거나, 규소와 같은 특별한 물질을 사용하는 것은 외떡잎식물의 아이디어입니다. 줄기를 튼튼하게 세워 햇빛을 잘 받으려는 속셈이지요. 하지만 꼭 이 방법이 아니더라도 식물은 저마다 햇빛을 잘 받기 위해 노력합니다.

식물의 잎은 이슬보다는 햇빛을 더 원합니다. 화분에 심은 식물을 창가에 두면 창 쪽으로 줄기를 뻗어 가는 것만 보아도 알 수 있습니다. 심지어 어떤 식물은 햇빛을 받기 위해서 몸을 비틀기도 합니다. 왜냐하면 하늘을 우러러 줄기를 뻗고 잎을 펼치는 것은 식물에게는 크나큰 기쁨이자 행복이기 때문입니다. 그래서 식물들은 햇빛을 받기 위해 온갖 방법을 다 찾아냅니다.

햇빛을 받기 위하여 아예 줄기의 모양마저 바꾸는 식물도 있습니다. 기어오르거나 휘감아 오르는 '덩굴식물'이지요. 대부분의 식물은 자신의 힘으로 줄기를 뻗어 올리지만 덩굴식물은 이웃 식물의 도움 없이는 줄기를 뻗지 못합니다. 자신의 약점을 잘 아는 덩굴식물은 어떻게든 지혜를 짜내서 이 문제를 풀려고 합니다.

아시아에서 잘 자라는 칡은 스스로 줄기를 세울 수 없습니다. 그렇다고 땅바닥을 기어 봐야 자신이 좋아하는 햇빛을 욕심껏 받을 수 없다는 것도 잘 압니다. 그래서 조금이라도 키가 큰 나무가 있다 싶으면 가리지 않고 기어오릅니다. '큰키나무_{줄기가 곧고 굵으며 높이가 8미터를 넘는 나무이다. 교목이라고도 한다}'나 '떨기나무_{보통 사람의 키보다 작은 나무들을 일컫는다}' 할 것 없이 숲 속 나무의 이 가지 저 가지를 기어오

칡

산과 들에서 흔하게 자라는 덩굴지는 나무이다.
줄기로 주위에 있는 나무든 전봇대든 무엇이든
감고 올라간다. 7~8월에 붉은빛이 도는
자주색 꽃을 피운다. 꽃을 말려 차를 만들기도 하고,
칡덩굴로 광주리나 바구니를 만든다.
뿌리도 차를 만들거나 약재로 쓴다.

르지요. 그러다 보니 뒤엉킨 그물처럼 숲 속의 나무들을 엮어 놓곤 합니다. 칡은 뿌리와 꽃이 건강에 좋은 식품으로 알려져 있습니다. 하지만 요즘은 감는 줄기의 특성 때문에 곳곳에서 골칫거리가 되어 버렸습니다. 미국 남부에서도 큰 골칫거리로 통합니다. 처음에는 언덕 따위의 흙이 깎이는 것을 막기 위해, 일본에서 일부러 들여와 심었습니다. 한동안은 괜찮았습니다. 그런데 칡이 너무 많이, 너무 빠르게 줄기를 뻗어 나가는 바람에 언덕을 너머 계곡, 숲, 심지어는 사람이 살지 않는 집이나 정원까지 모두 뒤덮어 버리고 말았습니다. 제법 빨리 자라는 줄기는 1시간에 5센티

돌콩
오른쪽 감기

박주가리
오른쪽 감기

환삼덩굴
왼쪽 감기

등나무

붉은인동덩굴

미터 정도나 자라지요. 이렇게 되자 칡 때문에 햇빛을 보지 못해 죽는 식물들이 생겨났습니다. 오죽했으면 '남부를 집어삼킨 식물'로 불렸을까요? 칡은 햇빛을 향해 기어올라 자신의 잎을 마음껏 펼치지만 정작 칡이 감고 올라간 그 나무는 햇빛을 보지 못하고 가지와 잎을 펼치지 못해 죽고 마는 것입니다.

칡과 같은 콩과식물인 등나무도 칡 못지않게 감아 오르기 선수입니다. 그래도 등나무는 꽃과 향이 아름다워 뜰이나 공원에서 정원사의 보살핌을 받습니다. 알맞은 때에 손질을 받기 때문에 칡처럼 큰 문제를 일으키지는 않지요.

돌콩, 환삼덩굴, 박주가리, 나팔꽃, 붉은인동덩굴도 다른 식물이나 물체를 감아 오르는 덩굴식물입니다. 이들은 고집스럽게도 한 방향으로만 휘감고 올라가려 합니다. 나팔꽃은 오른쪽에서 왼쪽으로만, 붉은인동덩굴은 왼쪽에서 오른쪽으로만 휘감습니다.

기는줄기와 살찐줄기식물

덩굴식물 가운데는 줄기로 다른 식물을 감는 식물도 있지만, 줄기의 한쪽 면에 붙음뿌리같이 기어오를 수 있는 장치를 따로 만들어 벽을 기어오르는 줄기도 있습니다. 송악이나 담쟁이덩굴이 나무나 담장, 가파른 절벽에 기어오를 수 있는 것은 줄기에 이런 장치가 있기 때문입니다.

'기는줄기'를 가진 식물이라 해서 모두 높은 곳을 좋아하는 것은 아닙니다. 벽이 아니라 땅바닥만을 기어 다니는 식물도 있습니다. 게으르기 때문일까요? 아니면 '붙음뿌리' 같은 특별한 장치를 만들 만한 상상력이 없는 것일까요? 기는줄기의 대표인 뱀딸기는 도무지 올라가는 일에 마음을 쓰지 않습니다. 그 대신 가늘고 긴 줄기를 계속 뻗으며 뱀처럼 땅을 기어 다닙니다. 그렇게 낮은 자세를 좋아하는 데에는 그럴 만한 까닭이 있습니다. 뱀딸기의 기는줄기에는 다른 식물의 줄기에는 없는 특별한 능력이 숨어 있기 때문입니다. 바로 줄기를 뻗어 나가면서 자식을 퍼뜨리는 능력입니다. 기는줄기는 웬만큼 뻗어나갔다 싶으면 줄기의 끝에서 작은 잎을 몇 장 펼칩니다. 그리고 그 자리에서 뿌리도 뻗습니다. 새로 잎과 뿌리를 내기 시작한 자식그루는 어미로부터 곧 독립합니다. 그리고 무럭무럭 자라나 이번에는 이 자식그루가 다시 기는줄기를 새로 뻗습니다. 이것이 뱀딸기가 땅을 기어 다니면서 잎과 뿌리를 내고 아울러 자식을 퍼뜨리며 사는 방법입니다.

선인장은 뱀딸기보다 좀 더 빼어난 방법으로 줄기의 모양을 바꿉니다. 다른 식물의 줄기와 견줄 때 선인장의 줄기는 좀 괴상하게 생겼습니다. 살집이 많아서 보통의 식물줄기에 비해 뚱뚱하지요. 그래서 이런 줄기를 '살찐줄기식물'이라 합니다. 그런데 살찐줄기식물이 이런 모습이 된 것은 물을 모아 두어야 하기 때문입니다. 물이 모자라는 곳에서 살기 때문에 줄기의 모양을 바꾸지 않을 수 없지요.

멕시코나 브라질의 메마른 땅에서 노새는 식물의 수액으로 목마름을 달랩니다. 노새가 먹는 그 식물은 작은 공 모양입니다. 그 공 모양의 식물에는 손질된 밭처럼 고랑이 파여 있는가 하면 두둑한 부분도 있습니다. 그리고 뻣뻣한 가시가 돋아나 있습니

뿌리

담쟁이덩굴
6~7월에 작은 흰 꽃을 피우고, 가을에 검은 열매를 맺는다. 붙음뿌리로 다른 물체에 달라붙으며 자란다. 이런 특성 때문에 관상용으로 건물 주변에 심으면 아름다운 담쟁이덩굴이 건물 벽을 뒤덮는다.

붙음뿌리

다. 바로 선인장이지요. 맨 먼저 노새는 앞발로 가시를 짓뭉갭니다. 그리고 조심스럽게 입술을 내밀어 용감하게 수액을 마십니다. 그런데 갈증을 푸는 것은 좋지만 가끔 위험이 뒤따릅니다. 여러분이 만약 남아메리카의 메마른 땅을 여행할 때 앞발을 절

뱀딸기
풀밭이나 논둑에서 쉽게 볼 수 있다. 4~5월에 노란 꽃을 피우고 딸기처럼 붉은 열매를 맺는다. 줄기 마디마다 뿌리를 내리며 옆으로 기어가듯 길게 뻗으면서 자란다.

뿌리

줄기의 변신 | 131

뚝이는 노새를 보게 된다면 선인
장의 가시 때문이라고 생각해
도 틀리지 않습니다.

선인장

땅속을 기어다니는 땅속줄기

그런가 하면 마땅히 땅 위에 있어야 할 줄기가 땅속으로 숨어든 것도 있습니다. 이렇게 땅속줄기 식물들이 살아남기 위해 나름대로 짜낸 지혜는 사람의 지혜보다 낫습니다.

사람들은 겨울철 추위를 피하기 위해 따뜻한 곳으로 멀리 휴양을 떠나기도 합니다. 하지만 발이 없는 식물이 사람처럼 여기저기 옮겨 다닐 수는 없지요. 여름내 아무리 푸르렀다 하더라도 겨울이 되면 줄기는 추위와 맞서거나 아니면 죽음을 맞이해야 합니다.

이 운명을 피할 수 있는 딱 한 가지 방법은 줄기가 따뜻한 땅속으로 들어가는 것입니다. 하지만 줄기가 땅속에서 사는 것은 식물로서는 정상이 아닙니다. 식물의 줄기는 무엇보다 햇빛을 받으며 대기 속에 자랑스럽게 뻗어 나가야 하니까요. 그래서 생각해 낸 것이 있습니다. 해마다 줄기의 반쪽만 살아남고 나머지 줄

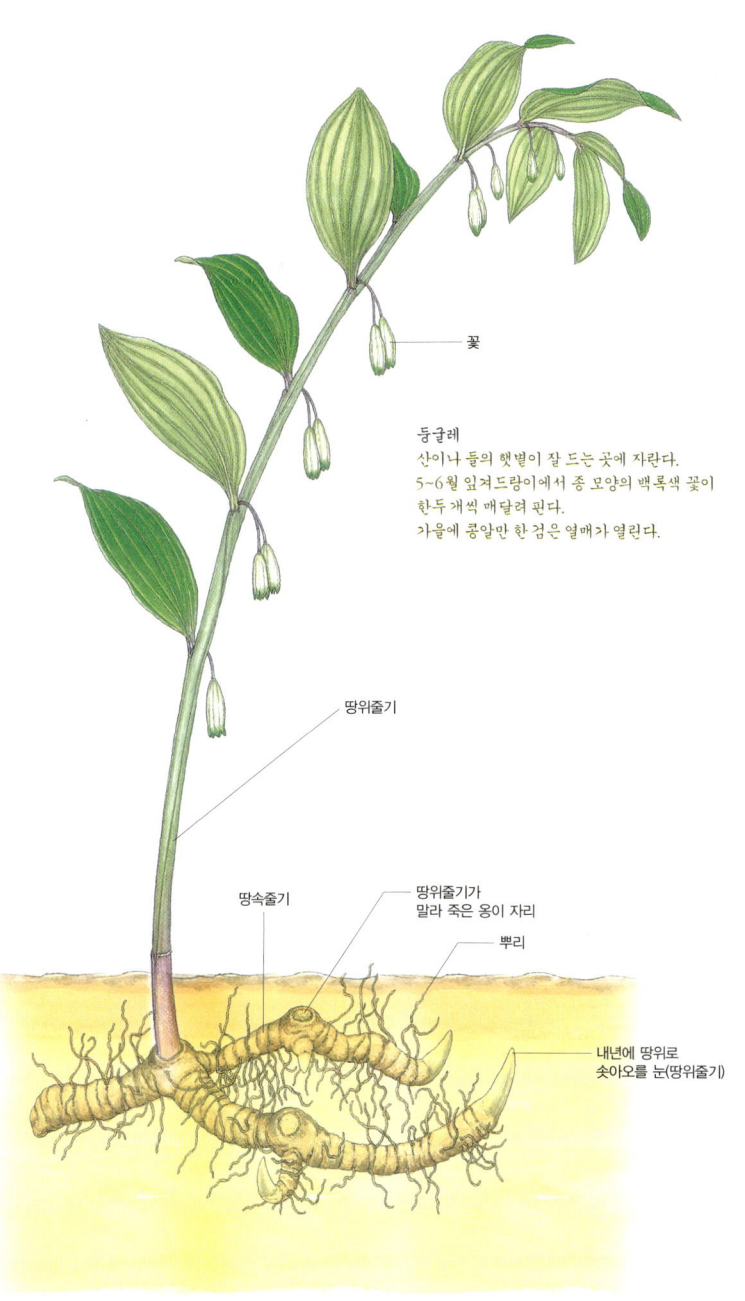

둥굴레
산이나 들의 햇볕이 잘 드는 곳에 자란다.
5~6월 잎겨드랑이에서 종 모양의 백록색 꽃이
한두 개씩 매달려 핀다.
가을에 콩알만 한 검은 열매가 열린다.

히아신스　　　　　히아신스 비늘 속　　　히아신스 꽃

기의 반쪽은 죽는 것입니다. 다시 말해 반쪽은 땅속에 머무르면서 살아 있고, 나머지 반쪽은 땅 위로 나가 잎을 펼치고 꽃을 피운 다음에 말라 죽는 것입니다.

　작은 종 모양의 꽃을 피우는 둥굴레도 땅속줄기를 가지고 있습니다. 땅속줄기 여기저기 제법 큼직한 옹이 자국은 땅위줄기가 말라 죽은 자리입니다. 이듬해에 다시 자라날 눈은 땅속줄기 끝에 달려 있지요. 그럼 뿌리는 어디에 있을까요? 땅속줄기 여기저기에 실처럼 붙어 있는 게 바로 뿌리입니다. 둥굴레는 이 가르다란 뿌리로 영양분을 빨아올립니다.

　땅속줄기 가운데 가장 조심스러운 줄기는 비늘줄기일 것입니다. 이 줄기가 항상 비늘의 모습을 하고 있는 것은 아닙니다. 준비가 다 되면, 줄기는 비늘의 다발 속에서 꽃줄기를 뽑아 올려 꽃을 피웁니다. 그동안 땅속에서 조용히 때를 기다려 온 꽃을 훌륭하게 피워 내지요. 히아신스, 수선화, 튤립, 용설란이 꽃을 매단 줄기, 곧 꽃줄기를 갖고 있습니다.

  이처럼 식물의 줄기는 그저 곧게 자라나 평화롭게 선 채로 바람을 즐기기만 하는 것은 아닙니다. 자신에게 주어진 환경에서 살아남기 위하여 지혜롭게 변신과 변형을 거듭하지요. 이웃 식물과 담장을 감아 오르거나 기어오르기도 하고, 땅 위나 땅속을 기어 다니는가 하면, 영양분이나 물을 모아 두기도 합니다. 그러므로 누가 지켜보지 않아도, 누가 시키지 않아도 자신의 일을 묵묵히 해 나가는 그들을 동물이나 사람보다 못하다고 말할 수는 없습니다.

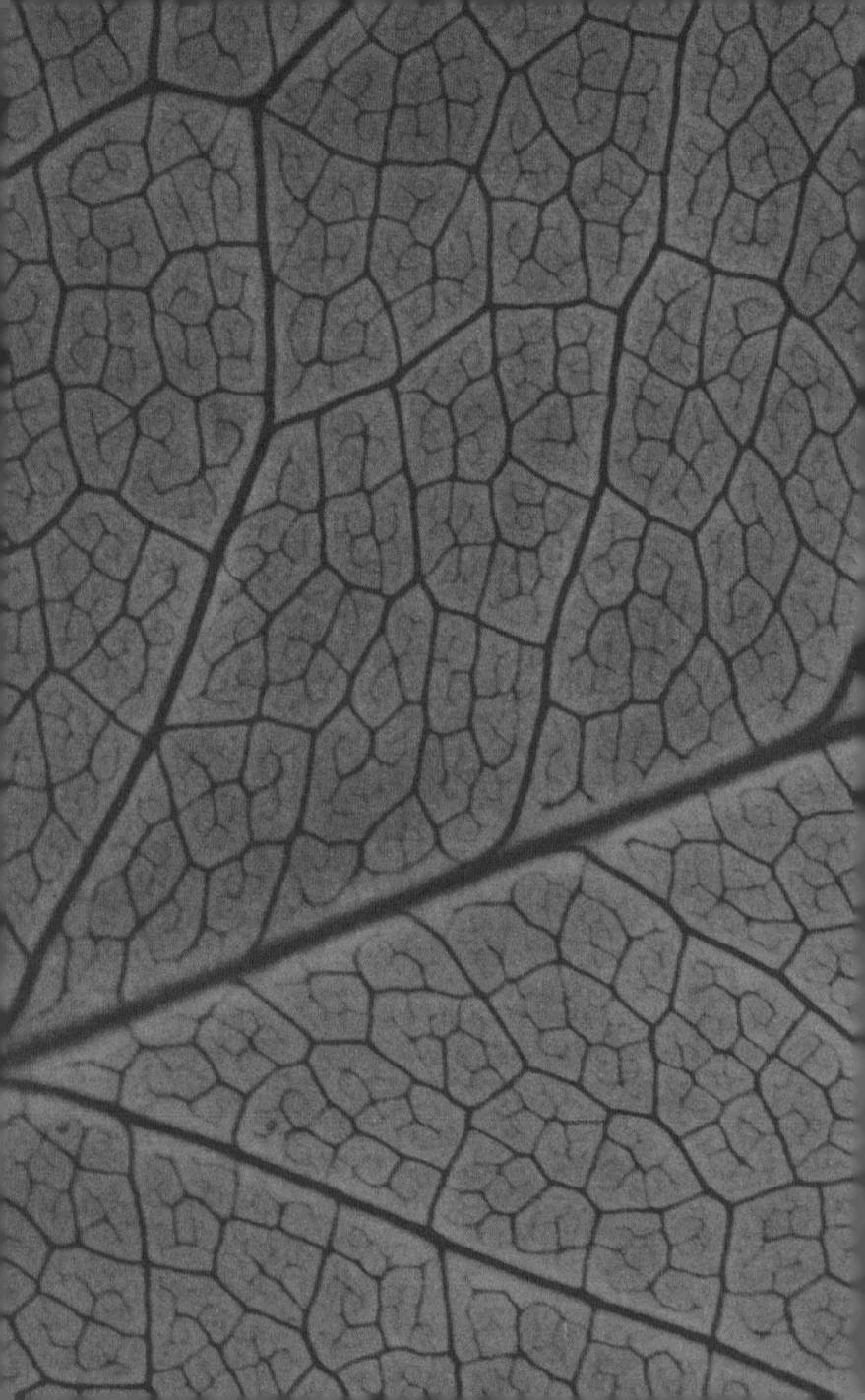

chapter 8
식물은 고집쟁이

뿌리를 고르는 고집

줄기와 뿌리는 한 식물에 같이 있지만 둘의 성질은 완전히 반대입니다. 줄기는 무슨 일이 있어도 햇빛을 향하여 일어섭니다. 제 힘으로 일어설 수 없으면 남의 줄기를 감아서라도 일어섭니다. 체면은 좀 깎이지만 그렇게 해서라도 햇빛을 찾아 나섭니다. 그 반대로 뿌리는 어두워야만 살 수 있습니다. 부드러운 흙뿐 아니라, 어떤 방해물이 가로막고 있어도 뿌리는 제 뜻을 꺾지 않습니다. 심지어는 다칠 것을 뻔히 알면서도 바위 틈 어두운 곳으로 들어갑니다.

이러한 본능은 아주 어릴 적부터 나타납니다. 씨앗 하나가 흙 속에서 싹을 틔우면 싹은 씨앗의 껍질을 뚫고 나오자마자 망설임 없이 자신의 일을 합니다. 뿌리는 아래로 뻗어 땅속으로 파고들고, 줄기는 위로 뻗습니다.

씨앗을 거꾸로 뒤집어 놓아도 그 고집을 꺾지 않습니다. 낚싯

바늘처럼 몸을 뒤틀어서라도 자신이 갈 길을 찾아갑니다. 거꾸로 뒤집어 놓은 것을 한 번 더 뒤집어 놓아도 결과는 같습니다.

뿌리는 아래로 자라나게 마련입니다. 그런데 한 가지 원칙이 더 있습니다. 이 원칙 때문에, 흙에서 식물을 뽑아 보면 어떤 뿌리는 쉽게 뽑히지만 어떤 뿌리는 캐내기가 몹시 힘듭니다.

식물은 뿌리를 뻗되, 정해진 방법대로만 뻗습니다. 다시 말해 '곧은뿌리' 아니면 '수염뿌리'입니다. 곧은뿌리는 뿌리의 가운데 부분에 원뿌리가 있어서 땅속으로 곧게 내려 뻗고, 거기서 곁

뿌리가 생깁니다. 주로 쌍떡잎식물이 곧은뿌리를 가지지요. 그런가 하면 수염뿌리는 그다지 깊지 않은 땅속에 굵기가 비슷한 가냘픈 뿌리 여러 개를 옆으로만 뻗어 나갑니다. 그래서 수염뿌리는 쉽게 쑥 뽑힙니다. 뿌리 하나하나가 버티는 힘이 세지 않으므로 개수를 많게 해서 모자라는 힘을 챙기지요. 대개 외떡잎식물이 수염뿌리를 가집니다.

식물의 뿌리는 조상 대대로 내려오는 이 두 가지 방법 가운데 하나를 고릅니다. 그리고 반드시 지킵니다. 예를 들어 볼까요? 북아프리카의 알제리에 사는 난쟁이야자나무는 키가 겨우 1미터 남짓입니다. 이 나무는 조금만 더 크고 싶어도 그럴 수 없습니다. 약한 수염뿌리여서 튼튼하게 서 있지 못하니 강한 바람이 불면 쓰러지고 마니까요. 그런데 이 나무에게 버팀대를 세워 주고 바람을 막아 주면서 정원에서 키우면 20미터나 되는 큰 나무로 키울 수 있습니다. 하지만 정원이 아니라 바람 부는 모래땅에서도 더 튼튼하게 버틸 수 있는 방법이 있습니다. 바로 자신의 수염뿌리를 포기하고 곧은뿌리를 고르면 되는 것입니다. 하지만 이 나무는 자신의 뿌리를 바꿀 마음이 전혀 없습니다. 큰키나무로 자랄 수 없다 하여도 오로지 한번 정해진 원칙대로 밀고 나가는 것입니다.

한편 참나무, 느릅나무, 단풍나무는 땅속 깊이 들어가는 곧은뿌리가 최고인 줄 알고 그것만 고집합니다. 덕분에 모진 비바람

뿌리가 굵은 무

에도 끄떡없이 버티며 해마다 푸르름을 뽐냅니다.

그런가 하면 나무도 아닌 키 작은 풀인데도 곧은 뿌리만 고집하는 식물도 있습니다. 말로우는 키가 그리 크지 않으니 바람을 두려워할 까닭이 없습니다. 당근이나 무도 굵은 줄기는커녕 잎마저 몇 장밖에 되지 않습니다. 그런데 고작 그런 줄기와 잎을 피우기 위해 땅속에 팔뚝만 한 뿌리를 갖고 있습니다.

이처럼 식물은 수염뿌리이든 곧은뿌리이든 자기가 고른 것에 만족하며 살기에, 사람이 그것을 말릴 수는 없습니다. 심지어 식물 자신은 그 원칙 때문에 때때로 피해를 보기도 하건만 그래도 고집을 꺾지 않습니다.

외떡잎식물인 벼도 수염뿌리를 가지고 있습니다. 그래서 어쩌다 바람이라도 세게 불면 힘없이 쓰러지고 맙니다. 줄기는 그토록 튼튼히 세웠던 똑똑한 벼건만 뿌리는 이렇게 힘없는 것을 선택하고 말았습니다.

한편, 곧은뿌리를 가진 나무라고 해서 불편함이 없는 것은 아닙니다. 곧은뿌리를 가진 큰키나무를 옮겨 심으려 할 때 뿌리가 깊게 뻗어 있을수록 옮기기가 무척 힘듭니다. 하나뿐인 원뿌리를 다치지 않게 하려면 땅을 아주 깊이 파야만 합니다. 만일 원뿌리를 다쳤는데 괜찮겠거니 하고 새로운 땅에 심는다면 나무는 죽게 됩니다. 원뿌리를 대신할 뿌리가 없으니까요. 적어도 옮겨 심을 때는 곧은뿌리 식물보다는 수염뿌리 식물이 낫습니다. 뽑기도 쉽고, 옮겨 심다가 뿌리를 조금 다쳐도 남은 뿌리가 다친 뿌리를 대신합니다. 그렇지만 이런 피해를 알면서도 식물은 자신이 고른 뿌리 모양에 대해 후회가 없습니다.

식물의 고집을 꺾다

그런데 사람들이 억지로 식물의 고집을 꺾어 놓을 때가 있습니다. 잔꾀 많은 사람들의 손길에 식물들이 오랜 원칙을 그만 포기하고 마는 것이지요.

식탁에 자주 오르는 채소나 과일이 사람의 손길을 받아 고집을 꺾은 경우도 많습니다. 마음이 여린 식물이거나 환경에 자신을 잘 맞추는 식물은 자신의 본디 성질이 크게 바뀌지만 않는다면 사람들이 새로 길들이려 하는 대로 재빨리 자신을 맞추어 나갑니다.

감자가 사람들을 기쁘게 하기 위해 처음부터 땅속줄기에 넉넉한 녹말을 쌓아 두었을까요? 무가 옛날부터 굵직한 뿌리를 가졌을까요? 양배추가 본디 그렇게 희고 깨끗한 잎사귀를 겹겹이 포개었을까요? 아닙니다. 사람에게 길들여져서 그렇게 된 것입니다. 배나무도 처음부터 맛있고 커다란 열매를 매달았던 것은 아닙니다. 요즘의 포도는 노아가 주스를 짜던 때의 포도 그대로가 아닙니다. 옥수수, 호박, 당근, 순무 할 것 없이 모든 채소가 처음부터 사람을 위해 기꺼이 최고의 모습이었던 것은 아닙니다.

이 식물들은 한때 사람들에게는 전혀 쓸모없는 야생의 모습이었습니다. 하지만 사람들이 갖은 노력과 시간을 들여 자신들에게 좋을 대로 식물을 바꾸어 놓았습니다. 예를 들어 감자는 본디 칠레와 페루의 산속에서 살았습니다. 그때는 크기가 도토리 열매만 했고 독이 있는 덩이줄기였지요. 사람들은 잡풀이나 다름없는 이 식물을 밭으로 다정하게 불러들였습니다. 사람들의 밭은 기름지고 촉촉할뿐더러 다른 풀과 싸우지 않아도 되었습니다. 살기가 편해진 감자는 조금씩 습관을 바꾸기 시작했습니다. 해가 지날수록 감자의 모습은 변해 갔습니다. 알은 조금씩 굵어졌고 영양분도 많아져서 마침내는 오늘날의 감자처럼 두 주먹을 합해 놓은 것만큼 큰 녹말 덩어리가 되었습니다.

야생의 양배추는 바다를 내려다보는 낭떠러지에서 온갖 바람을 다 맞으며 자랐습니다. 줄기는 길쭉했으며 뻣뻣한 녹색 잎은 제멋대로 뻗어 있었죠. 게다가 매운 냄새가 몹시 강하게 풍겼습

야생 양배추　　　　　　　　개량 양배추

니다. 그런데 야생의 이 양배추를 누군가 자신의 밭에 옮겨 놓고 기르기 시작했습니다. 이 사람은 볼품없는 이 풀이 어떻게 먹음직한 채소가 될 수 있다는 것을 알았을까요? 어찌되었든 이 사람의 갖은 노력으로 마침내 양배추는 모습을 바꾸었습니다. 줄기는 땅딸막해졌고 잎은 겹겹이 우거져서 희고 부드럽게 되었습니다. 더 나중에는 잎이 너무 많아서 서로 겹치게 되었고 끝내는 오늘날의 모습처럼 둥글게 속이 꽉 찬 모습이 되었습니다.

　배나무도 마찬가지입니다. 야생의 배나무는 뻣뻣하고 사나운 가시를 갖고 있었습니다. 열매는 작은 데다 시고 떫고 딱딱했습니다. 씹으면 모래 같아서 잇몸을 들뜨게 할 정도였지요. 상상력이 남다른 한 사람이 고약한 이 배나무 열매를 오늘날 먹는 달콤한 과일로 바꾸어 놓았습니다. 포도도 처음에는 딱총나무 열매만 한 작은 포도알을 갖고 있었습니다. 그런데 사람들의 땀과 손길이 끊임없이 닿아 지금의 포도송이가 되었습니다.

이처럼 사람들의 지혜와 부지런한 손길이 닿아서 야생의 풀과 나무는 오늘날처럼 훌륭한 채소와 과일나무로 변신하게 되었습니다.

빌모랑의 실험

사람이 어떻게 야생 식물을 길들였는지, 파브르가 들려주는 좋은 예가 있습니다. 1832년 빌모랑이 야생 당근을 가지고 한 실험입니다.

길가나 들판에 자라던 야생 당근은 겨우 연필 굵기의 곧은뿌리를 가진 한해살이식물이었습니다. 빌모랑은 첫 해에 거름이 넉넉한 밭에 야생 당근의 씨앗을 뿌렸습니다. 영양분을 많이 주면 뿌리가 뚱뚱해지리라 생각했지요. 하지만 실패였습니다. 야생 당근은 오로지 줄기와 꽃줄기에만 영양분을 보냈습니다.

빌모랑은 이듬해에 다른 실험을 하였습니다. 야생 당근이 자라는 데는 3월에서 10월까지 얼추 여덟 달이 걸리는데, 씨앗을 일부러 4월에 뿌렸습니다. 그런 다음 식물의 줄기가 자랄 때마다 잘라내고 아래쪽의 잎만 남겨 두었습니다. 줄기와 꽃줄기를 자라지 못하게 하여 영양분을 뿌리로 보내려는 속셈이었지요. 하지만 이것도 실패였습니다.

3년째 되던 해에, 빌모랑은 씨앗을 더 늦게 6월 말에 뿌렸습니다. 야생 당근이 자라니 꽃피울 수 있는 시간을 딱 반으로 줄인 것입니다. 하지만 이번에도 뿌리에는 아무런 일도 일어나지 않았습니다.

그런데 그 가운데 대여섯 그루가 조금 이상했습니다. 다른 것에 비해 더디 자라고 줄기를 잘 뻗지 못했습니다. 뿌리에 영양분을 쌓아 두려는 눈치도 보였습니다. 드디어 지름이 약 1.3센티미터 되는 덩이뿌리가 만들어졌지요.

이듬해 봄에 빌모랑은 이 대여섯 그루를 좋은 밭으로 옮겼습니다. 이사를 간 덩이뿌리는 줄기를 마음껏 펼치며 씨앗을 맺었습니다. 그 씨앗을 이듬해에 뿌려 좀 더 살진 덩이뿌리를 얻고 그것의 씨앗을 그 이듬해에 다시 뿌렸습니다. 몇 년을 계속하여 이 일을 하였습니다. 드디어 1839년, 빌모랑의 밭에 있는 대부분의 당근은 아주 훌륭하게 변하였습니다. 어떤 것은 1킬로그램이 넘기도 하였지요. 마침내 야생 당근이 훌륭한 채소 당근이 된 것입니다.

생각해 보세요. 빌모랑은 야생 당근의 고집을 꺾기 위해 7년 동안 끈질기게 실험했습니다. 그리하여 야생으로 돌아가려는 움직임을 막았고 바뀐 모습을 자손에게 물려주도록 만들었습니다.

이처럼 갖가지 원칙을 정해 놓고 살아가는 식물을 아주 조금이라도 고치려 드는 것은 여간 힘들지 않습니다. 식물은 조상들이 지켜온 원칙을 최고로 아는 데다 사람들이 바라는 것 따위에는 관심이 없으니까요.

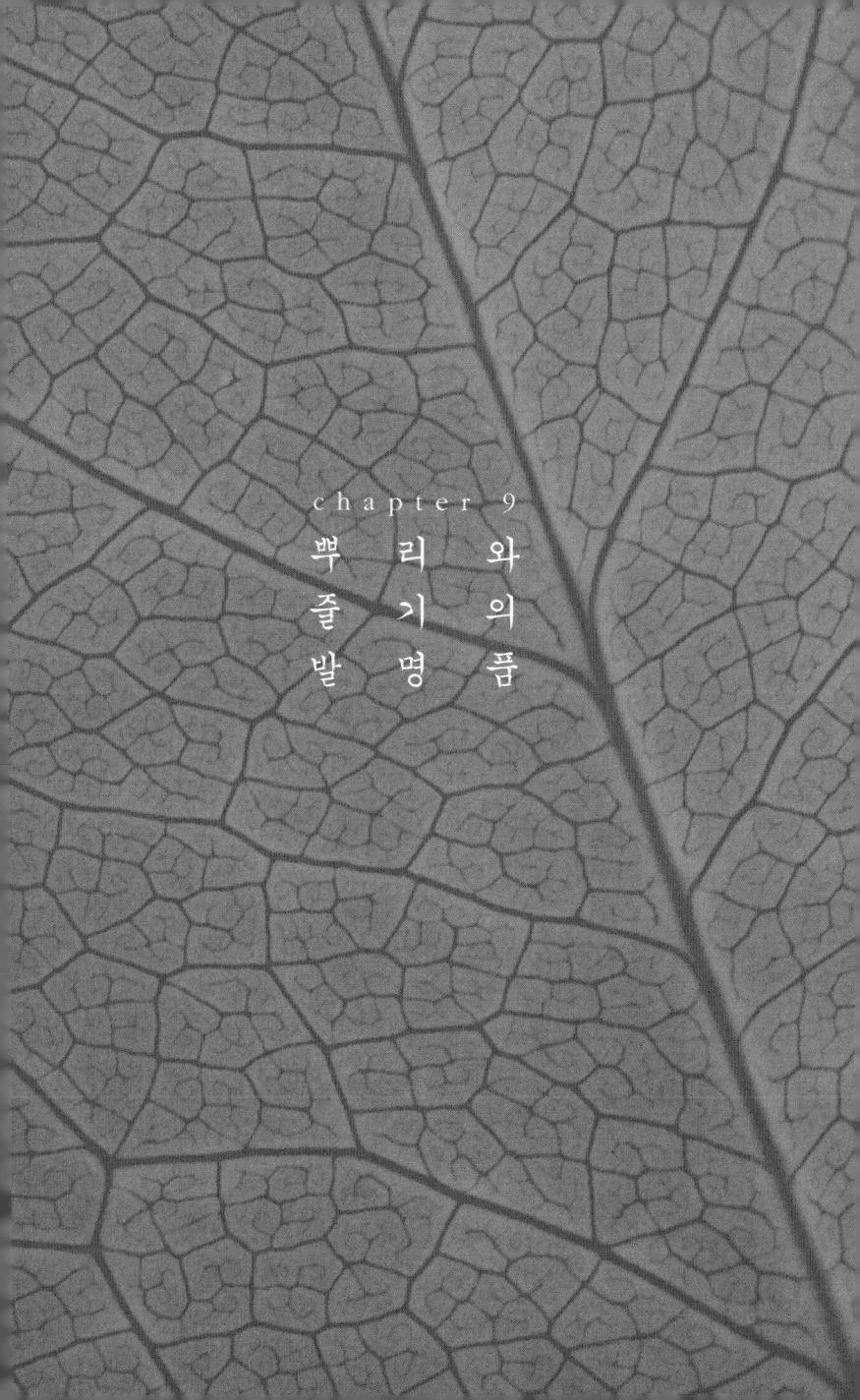

chapter 9
뿌리와의
줄기의
발명품

뿌리의 다양한 변신 '막뿌리'

뿌리는 똑바로 서 있을 수 있게 지지대 역할을 하고, 물과 영양분을 빨아들이는 역할을 합니다. 우리는 뿌리를 떠올리면 대개 앞에서 보았던 원뿌리나 수염뿌리를 떠올립니다. 모두 땅속에서 얌전히 뿌리를 내리고 있는 모습입니다. 하지만 뿌리는 땅속뿐만 아니라 땅 위까지 올라와 다양한 모습으로 변신하여 식물을 좀 더 튼튼하게 지탱하고, 움직이듯 여러 갈래로 뻗고, 숨을 쉬기 곤란한 곳에서는 공기 중으로 뻗어 나와 숨을 쉽니다. 그리고 다른 식물의 몸에 들러붙어 영양분을 빨아들이기 좋은 뿌리로 변신하기도 합니다 _{붙살이식물의 뿌리}. 그리고 사람의 힘으로 만들어 낸 뿌리도 있습니다. 이렇게 변신한 뿌리를 '막뿌리' 라고 합니다.

줄기가 땅 위를 기다 뿌리를 내린 부분

토끼풀
여름이면 풀밭에서 쉽게 볼 수 있다.
토끼가 잘 먹는 풀이라서 '토끼풀'이라는 이름이 붙었다. 흰색 꽃이 공처럼
둥글게 모여 핀다. 꽃이 붉은색 토끼풀은 '붉은토끼풀'이라고 한다.

수십 갈래로 뻗어 나가는 줄기와 막뿌리

토끼풀은 줄기에서 막뿌리를 내어 여러 방향으로 줄기를 뻗습니다. 어디가 시작이고 어디가 끝인지 도무지 알 수 없을 만큼 복잡합니다. 마치 줄기에 발이 달린 것처럼 보입니다. 이렇게 정신 없이 줄기와 막뿌리를 내어 퍼뜨리다 보니 토끼풀은 늘 큰 무리를 이루고 있습니다. 이렇게 줄기에서 나온 막뿌리는 새롭게 터를 잡고 물과 양분을 빨아올립니다. 또한 토끼풀은 이런 막뿌리를 통해서 번식을 하기도 합니다.

모진 추위와 바람을 이겨 내기 위한 막뿌리

남극이나 북극에 사는 극시 식물도 바닥에 납작 엎드려 막뿌리를 냅니다. 아이슬란드, 라플란드, 그린란드에서는 몇 종류 안 되는 식물들이 너른 들판을 덮고 있습니다. 그런데 그 어느 식물도 키를 키우려

북극장구채
카네이션처럼 석죽과이지만, 북극에서는 다른 특성을 보인다. 혹독한 추위에 견디기 위해 한 개체의 뿌리에서 수백에서 수천 개의 가지를 뻗어 무덤의 봉분같은 지상부(땅 위 모습)를 만든다. 치밀하게 만든 이 지상부 덕분에 추위뿐만 아니라 초식동물에게 먹히는 것도 막을 수 있다. 이 꽃은 지상부의 남쪽면에서 먼저 꽃을 피우고 나중에 북쪽면에서 꽃을 피워 '나침반식물'이라는 별명이 붙었다.

하지 않습니다. 만약 키를 키운다면 칼날 같은 바람을 맞아 곧바로 쓰러지고 마니까요. 그리고 한 가지 더, 튼튼한 막뿌리를 만들어 죽을힘을 다해 땅에 매달립니다. 남극과 북극의 식물은 눈, 바람 등 모진 날씨 때문에 그렇게 살아갈 수밖에 없습니다.

숨을 쉬기 위한 낙우송의 막뿌리

낙우송은 물을 좋아해서 물가에서만 삽니다. 그래서 뿌리도 자연스럽게 물속으로 뻗게 되지요. 그런데

아무리 물이 좋아도 숨을 쉬어야만 살 수 있습니다. 하지만 물속에서는 숨을 쉴 수가 없지요. 그래서 낙우송은 울퉁불퉁한 막뿌리를 땅 위로 올려 보내 숨을 쉽니다.

줄기일까, 뿌리일까? 맹그로브의 막뿌리

열대나 아열대에 사는 맹그로브는 공기뿌리를 가지고 있습니다. 바닷물과 강물이 만나는 곳에 쌓여 있는 진흙땅을 좋아하지요. 마치 복잡하게 뒤엉킨 활처럼 생긴 맹그로브의 공기뿌리는 진흙 속에 박혀 있는 부분도 있지만 땅 위나 물 위로 나와 있는 부분도 2미터 남짓 됩니다. 공기뿌리는 줄기 또는 가지의 아랫부분에서 벋어 나와 물이나 진흙에 박히게 되지요.

땅 위나 물 위로 나와 있는 공기뿌리에는 작은 껍질눈들이 있어서 공기를 들이마실 수 있습니다. 이곳으로 들어온 공기는 진흙이나 물속에서 숨도 쉬지 못하고 있는 뿌리로 공기를 보내 줍니다.

대부분의 맹그로브는 한 그루가 아니라 여러 그루의 공기뿌리들이 서로 얽혀 전체가 숲을 이루는 경우가 많습니다. 이것은 맹그로브의 씨앗이 특이하게 싹 트기 때문에 일어나는 일입니다.

나무에 달린 채 싹을 틔운 씨앗이 그대로 떨어져 어미나무 바로 밑에서 자라난다.

맹그로브 공기뿌리
진흙 위나 물 위에 나와 있는 공기뿌리로 숨을 쉬며 이들이 얽히고설켜서 하나의 맹그로브 숲을 이룬다. 중간 중간 맹그로브 열매가 싹 튼 채 진흙에 떨어져 있다.

맹그로브의 열매는 더러 어미 나무에서 떨어져 나와 바닷물에 떠다니다가 다른 곳에서 싹 트기도 합니다. 하지만 어떤 열매는 어미 나무에 붙은 채 싹 틉니다. 이때 50센티미터 남짓 어린뿌리를 기른 모습으로 아래로 떨어져 내리는데, 아무래도 어미 나무와 가까운 곳에 떨어지게 되니 여러 그루가 얽힐 수밖에 없지요.

나무 한 그루로 숲을 만든 인도고무나무

그런가 하면 인도에는 매우 특이한 나무가 있습니다. 새 가지가 자꾸만 늘어나서 줄기가 버틸 수 없을

인도고무나무
인도고무나무는 줄기에서 수천 개가 넘는 막뿌리를 만들어 낸다.
이렇게 만들어진 막뿌리는 땅에 내려오면
물과 양분을 빨아들여 줄기로 운반한다.
그리고 기둥처럼 단단한 지지대 역할을 하기도 한다.

나무의 가지에서
곧바로 뻗어나온
막뿌리

만큼 무거워지면 나무의 위쪽 가지에서 곧바로 막뿌리가 뻗어 나오는 나무입니다. 바로 인도고무나무입니다. 인도고무나무의 막뿌리는 처음에는 밧줄처럼 공중에 매달려 있습니다. 하지만 얼마 안 가 땅에 닿아 흙 속에 뿌리를 내리는데, 땅에 닿은 막뿌리는 마치 무거운 가지를 떠받치고 있는 기둥처럼 보입니다. 해마다 가지는 뻗어가고 그것을 받치는 기둥도 해마다 내려와 땅과 닿습니다. 그래서 나중에는 여러 개의 기둥이 전체 나무를 받치고 있는 모양이 됩니다. 한 그루의 나무이지만 몇 천 개의 기둥 때문에 마치 우거진 푸른 숲처럼 보입니다. 이때 아래로 뻗은 기둥들은 모두 막뿌리이지만 시간이 흐르면서 진짜 줄기와 같아집니다. 이런 나무는 영원에 가까운 오랜 세월을 별 어려움 없이 살 수 있지요.

이렇게 어떤 식물은 본디 자신이 가진 줄기와 뿌리에 만족하지 않습니다. 사는 곳의 사정에 따라 막뿌리를 내고 막뿌리를 줄기로 바꾸기도 합니다. '필요는 발명의 어머니'라는 말처럼 식물은 재치 있는 발명을 척척 해냅니다. 어떤 어려운 환경에서도 살아남기 위하여 끈질기게 노력하는 식물이야말로 어려움 앞에서 쉽게 꿈을 포기하는 사람들에게 좋은 본보기가 될 것입니다.

농부의 손길로 만들어지는 막뿌리

그런데 스스로 알아서 발명품을 만드는 식물이 있는가 하면 사람의 손길을 받아야 막뿌리를 내는 식물도 있습니다.

가장 쉬운 예로, 파브르는 옥수수를 가리킵니다. 키만 멀쑥한 옥수수는 그대로 내버려 두면 막뿌리를 내지 않습니다. 그런 옥

옥수수
수천 년 전부터 남북 아메리카 대륙에서 널리 재배되던 작물이다.
우리나라에는 16세기에 중국을 통해 들어왔다.

막뿌리

수수를 바라보는 농부들의 마음은 좋지 않습니다. 비바람이 불어 줄기가 쓰러지기라도 하면 맛있는 옥수수 열매를 거둘 수 없게 되니까요. 그래서 농부들은 옥수수의 줄기와 뿌리가 만나는 곳에 흙을 좀 더 끼얹어 줍니다. 그러면 얼마 안 가 줄기의 아랫부분에 막뿌리 다발이 나타나고 이 막뿌리가 멀쑥한 줄기를 더 튼튼하게 받쳐 주지요.

이것 말고도 막뿌리를 나게 하는 다른 방법이 있습니다. 나무의 가지를 휘어서 땅에 묻는 방법이지요. 그러면 막뿌리가 생겨나 어린나무를 빨리 독립시킬 수 있습니다. 이를 휘묻이라 합니다.

카네이션의 가지는 잘 구부러지기 때문에 휘묻이하기에 좋습니다. 먼저, 잔가지가 나 있는 카네이션의 어린 줄기를 눕혀서 구부립니다. 그런 다음 구부러진 부분을 흙 속에 넣어 꺾쇠로 단단히 잡아맵니다. 줄기의 나머지 부분은 흙 위쪽으로 나오게 합니다. 이렇게 하면 흙에 눌려 힘들어하는 줄기가 안쓰러워 어미

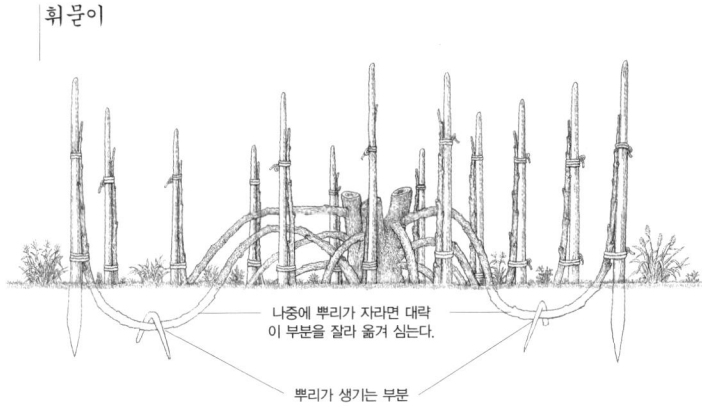

휘묻이

나중에 뿌리가 자라면 대략 이 부분을 잘라 옮겨 심는다.

뿌리가 생기는 부분

그루는 재빨리 수액을 보내 막뿌리 만드는 일을 돕습니다.

솔직히 말해, 바라지도 않았는데 흙 속에 파묻히거나 휘묻이당한 식물은 불쌍합니다. 사람의 속임수에 꼼짝없이 당하고 말았으니까요. 하지만 어떤 식물은 억지로 휘게 하거나 파묻지 않았는데도 곧바로 뿌리를 내리기도 합니다.

사람의 수고를 덜어 주는 그런 식물로 파브르는 버드나무를 가리킵니다. 버드나무의 가지를 베어 내어 잔가지를 잘라내고 막대처럼 만듭니다. 그리고 이 막대의 한쪽을 흙 속에 묻습니다. 위쪽이든 아래쪽이든 괜찮습니다. 버드나무는 바로 꽂아도 거꾸로 꽂아도 며칠 만에 뿌리를 내리지요. 버드나무는 고집이 세지 않아서 물기 있는 흙만 주면 곧바로 즐겁게 뿌리를 내립니다.

이렇게 하는 것을, 어미나무에서 가지를 잘라 땅에 꽂는다 하여 꺾꽂이라 부릅니다. 그런데 아무 나무나 꺾꽂이를 하는 것은 아닙니다. 꺾꽂이하기에 좋은 나무는 따로 있습니다. 나뭇결이 부드럽고 물을 많이 머금은 나무는 꺾꽂이를 하면 쉽게 뿌리를 내립니다. 그래서 버드나무나 제라늄의 꺾꽂이에 실패하는 사람은 거의 없습니다. 반대로 나뭇결이 단단한 식물은 꺾꽂이를 좋아하지 않습니다. 이런 식물은 고집이 얼마나 센지 유리 인큐베이터나 온실 따위에서도 끝까지 버팁니다. 기운이 다 빠져 누르스름한 얼굴이 되어도 새로운 환경을 받아들이지 않지요. 참나무를 꺾꽂이해 보세요. 죽었으면 죽었지 결코 새로운 뿌리를 내지 않을 것입니다.

chapter 10
잎은
아무렇게나
피어나지
않는다

| 식물의
| 건축 기술,
| 잎차례

　　　　　　　사람들의 집짓기와 식물의 집짓기는 서로 같은 점도 있고 다른 점도 있습니다.

　집을 지을 때 건축가들은 설계도 그리는 것을 끝내면 그것을 바탕으로 집을 짓습니다. 이때 건축가는 집을 똑바로 세우기 위해 애씁니다.

　사람이 집을 지을 때 이토록 많은 정성을 기울이고 온갖 기술을 쓰는 것과 마찬가지로 식물도 질서 있게, 그리고 특별한 기술을 바탕으로 잎을 피웁니다.

　한 가지 예로, 파브르는 바위 아래 아주 좁은 곳에 피어 있는 하찮은 잡풀을 가리킵니다. 눈에 잘 띄지도 않는 이 자그마한 잡풀의 줄기는 흠 잡을 데 없는 소용돌이 모양으로 잎을 펼치고 있습니다. 그러고 보면 이 세상 그 어떤 것도 조화를 벗어나 만들어진 것은 없지요. 무게나 길이, 두께 따위도 제멋대로 정해진 것이 아닙니다. 반드시 그만한 까닭이 있고 그것이 가장 잘 어울리기 때문에 그렇게 정해졌습니다.

다시, 집 짓는 이야기를 조금 더 해 보겠습니다. 집을 지으려면 먼저 땅을 깊게 파고 기초를 다져야 합니다. 그래야 기울어지지 않는 튼튼한 집을 지을 수 있습니다. 그런데 한 가지 문제점이 있습니다. 집을 지을 땅의 넓이가 정해져 있다는 것이지요. 적은 땅을 가지고도 넉넉하게 집을 짓는 방법은 집 위에 집을 올리는 것입니다. 사람들이 층층이 높은 건물을 짓는 까닭이 여기에 있습니다.

식물도 마찬가지입니다. 식물에게도 영양분은 정해져 있고 뿌리를 뻗어 나갈 땅도 그리 넉넉하지 않습니다. 이웃 식물에게 피해를 주지 않으면서 될 수 있는 대로 땅을 지혜롭게 사용해야 합

큰개불알풀

니다. 그래서 식물들도 층층이 높은 집을 지을 수밖에 없습니다.

물론 큰개불알풀이나 잔디처럼 높이 올라가는 것을 싫어해서 옆으로만 자라고, 남의 땅마저 함부로 빼앗는 식물도 있습니다. 다행히 이런 식물이 그리 흔하지는 않지요. 사람이건 식물이건 옆으로만 늘어놓는 건축 기술을 그다지 달가워하지 않나 봅니다. 대부분의 식물은 햇빛 아래에서 씩씩한 모습으로 자신의 집을 높이 세워 나갑니다.

그런데 건물을 높이 세운다고 해서 전혀 문제가 없는 것은 아닙니다. 사람이 쌓아 올린 높은 건물에서는, 위층에 사는 사람이 시끄럽게 굴면 아래층 사람이 피해를 봅니다. 식물도 비슷한 문제가 생깁니다. 위의 잎이 바로 아래 잎과 겹치면 위에 있는 잎의 그림자 때문에 아래 잎은 햇빛을 받지 못하게 됩니다. 식물은 햇빛을 보지 못하면 살 수가 없지요. 그래서 어떻게 잎을 펼쳐야 햇빛을 잘 끌어모을까 고민합니다. 하지만 식물은 썩 훌륭하게 햇빛과 그림자 문제를 풀었습니다.

| 식물마다 다른
잎차례

그럼, 식물이 줄기에 어떤 모양으로 잎을 붙여 나가는지 그 기술을 알아보기로 할까요? 줄기에 차례대로 잎을 붙여 나가는 모양을 '잎차례'라고 합니다.

먼저, 줄기 마디마다 잎을 한 장씩 피우되 서로 어긋나게 피우는 방법이 있습니다. 이것을 '어긋나기'라 합니다. 그런데 국수나무처럼 평행하게 어긋나기만 하는 식물이 있는가 하면, 해바라기처럼 소용돌이 모양으로 돌려나면서 어긋나는 식물도 있습니다. 해바라기를 위에서 내려다볼까요? 줄기 둘레에서 잎이 소용돌이 모양으로 돌면서 피어납니다. 소용돌이 모양은 어떻게 보면 '나사를 돌릴 때 그려지는 곡선'과 같아서 이렇게 어긋나는 잎차례를 '나선잎차례'라고도 부릅니다.

이와는 달리 줄기 한 마디에 두 장의 잎이 마주 보는 '마주나기'도 있습니다. 단풍나무나 화살나무 잎을 살펴볼까요? 두 장의 잎이 사이좋게 마주 보고 있습니다. 그리고 마주난 잎들이 마디마다 서로 어긋나지 않고 평행합니다. 하지만 누리장나무나 영춘화는 좀 다릅니다. 두 장의 잎이 서로 마주나는 것은 같지만, 아랫마디와 윗마디의 잎이 서로 어긋나 있습니다. 영춘화의 가지를 위에서 아래로 내려다볼까요? 저마다의 마디가 서로 십자 모양으로 어긋나 있습니다.

그런가 하면 한 마디에 석 장 이상의 잎이 돌려나는 잎차례가 있습니다. 이런 잎차례를 '돌려나기'라고 합니다. 우산나물과 갈퀴나물, 꼭두서니, 갈퀴꼭두서니는 마디마다 잎이 여섯 장에서 여덟 장씩 돌려나기로 핍니다. 또 쇠뜨기류는 매우 많은 잎이

잎차례

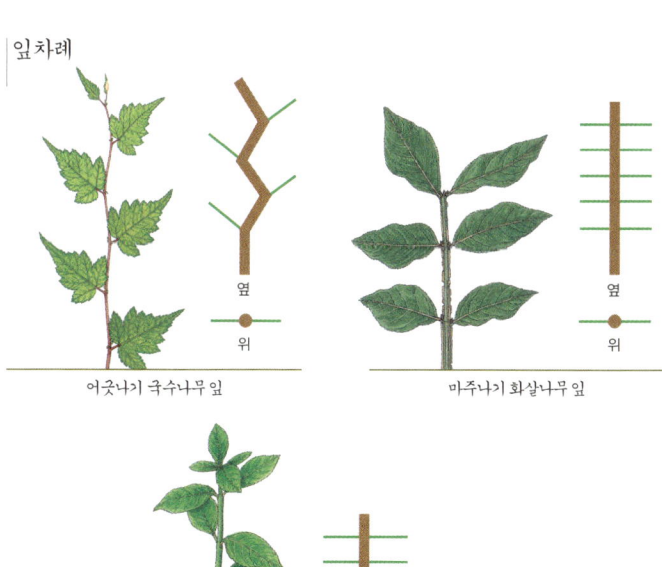

어긋나기 국수나무 잎   마주나기 화살나무 잎

마주나면서 엇갈리는 영춘화 잎

돌려나기 갈퀴꼭두서니 잎   모여나기 은행나무 잎

마디마다 돌려나기로 핍니다.

끝으로 은행나무처럼 잎이 한곳에서 모여 나는 '모여나기'가 있습니다.

여러 가지 잎차례 가운데 식물에게 특히 인기 있는 잎차례가 따로 있을까요? 어긋나기 잎차례, 그 가운데서도 소용돌이 모양의 나선잎차례가 가장 인기 있습니다. 그런데 이 어긋나기 잎차례는 연달아 핀 두 장의 잎이 일정한 각도를 이룹니다. 두 장의 잎이 햇빛을 향하여 '열린 각도'를 식물학자들은 '열 개(開)' 자를 써서 '개도'라고 부릅니다.

나선잎차례와 개도를 좀 더 알아볼까요? 다시 해바라기를 예로 들어보겠습니다. 가지의 가장 아래에 맨 처음 생긴 잎이 달려 있습니다. 이것을 1번 잎이라 하겠습니다. 2번 잎은 1번 잎에서 살짝 비켜 올라가 달려 있습니다. 3번 잎 역시 2번 잎에서 조금 어긋난 곳에 나 있습니다. 이런 식으로 열네 장의 잎이 달려 있습니다.

이제, 가지 맨 아래에서 꼭대기까지 붙어 있는 잎 자리를 하나의 선으로 죽 이어보겠습니다. 마치 소용돌이처럼 나선형 계단 모양이 됩니다. 나선형 계단을 돌고 돌다 보면, 위쪽 잎과 아래쪽 잎이 똑같은 방향으로 겹치는 부분이 나옵니다. 해바라기는 9번 잎 자리에서 1번 잎과 똑같이 겹칩니다. 하지만 이때는 두 잎의 사이가 멀리 떨어져 있는 데다 위로 올라갈수록 잎의 크기가

나선잎차례 해바라기 잎(위)

나선잎차례 해바라기 잎(옆)

작아져서 1번 잎에 그늘이 질 걱정은 없습니다. 놀랍지 않은가요? 식물은 집 안 구석구석까지 햇빛을 들게 하는 뛰어난 건축 기술을 가진 것입니다. 이처럼 식물은 아무렇게나 피어 있는 것 같아도 정해진 규칙을 묵묵히 따르며 건축해 나갑니다.

지금까지 잎차례에 얽힌 이야기들을 들려주었는데, 식물은 건축의 달인임에 틀림이 없지요? 식물의 잎은 이웃을 방해하지 않으면서도 햇빛을 가장 잘 받기 위해 이렇게 멋진 설계를 하였습니다. 어떤 식물도 아무렇게나 잎을 피우지 않는다는 것은 틀림이 없습니다. 그러므로 식물뿐 아니라 이 세상의 모든 현상에 대하여 연구한다는 것은, 어떤 일이든 저절로 일어나지 않는다는 사실을 믿고 그 비밀이 무엇인지 밝혀내는 것입니다.

갖춘잎과 안갖춘잎

여러 장의 잎이 잎차례라는 규칙을 따르며 피어나는 것을 알았으니 이제 한 장의 잎에 대하여 자세히 살펴보겠습니다. 잎은 '잎몸', '잎자루', '턱잎' 이렇게 세 부분으로 되어 있습니다.

잎몸은 흔히 잎사귀라 부르는 넓은 부분을 말합니다. 잎자루는 '잎꼭지'라고도 하는데 잎몸과 줄기를 이어 주는 부분입니다. 잎자루는 식물 종에 따라, 또는 잎이 붙는 자리에 따라 길이와 모양이 다릅니다. 턱잎은 잎자루와 줄기가 만나는 곳에 달려 있는 두 장의 잎조각입니다. 어린눈을 보호하기 위해 갖고 있던 것이어서 턱잎은 잎이 자라면서 떨어져 나가는 경우가 많습니다.

잎몸, 잎자루, 턱잎을 모두 지녔으면 '갖춘잎', 그렇지 않으면 '안갖춘잎'이라 부릅니다. 예를 들면 턱잎이 있는 벚나무와 장미는 갖춘잎입니다. 동백나무와 오이는 턱잎이 없어서 안갖춘잎입니다.

| 잎의 구조

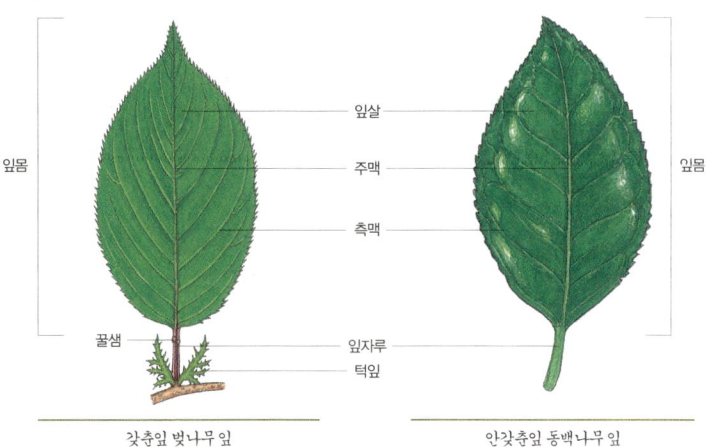

갖춘잎 벚나무 잎   안갖춘잎 동백나무 잎

| 나란히맥과
| 그물맥

  이번에는 잎몸을 자세히 살펴보겠습니다. 사람에게 앞모습과 뒷모습이 있듯 잎몸에도 앞면과 뒷면이 있지요. 앞면은 대부분 짙은 초록색을 띠고 질감이 매끄러우며 하늘을 올려다보고 있습니다. 뒷면은 색깔이 옅고 질감이 거칠며 땅을 내려다보고 있습니다.

 잎몸에는 굵고 뚜렷한 선들이 복잡하게 퍼져 있습니다. 산의 뼈대를 산맥이라 하듯이, 잎의 뼈대를 이루는 이 선들을 '잎맥'

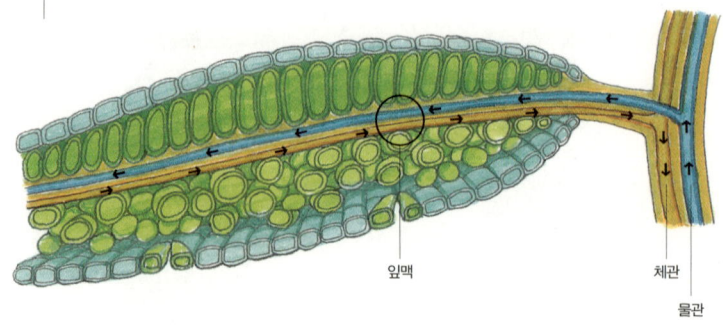

잎맥 속의 물관과 체관

잎맥 체관 물관

이라 부릅니다. 잎맥 속으로는 물과 영양분이 흘러 다닙니다. 잎 속에 난 길이면서 잎의 '관다발 물관과 체관으로 이루어져 있다' 이지요.

이 잎의 관다발과 줄기의 관다발은 서로 만납니다. 만날 수밖에 없습니다. 생각해 보세요. 뿌리에서 물과 영양분이 올라오면 줄기 속 물관을 따라 올라가다가 잎맥 속 물관으로 들어갑니다. 그런 다음 잎 속에 있는 저마다의 세포로 들어갑니다. 반대로, 잎의 세포가 수액을 만들면 이번에는 수액이 잎맥 속의 체관을 따라 줄기의 체관으로 내려가고, 마침내 뿌리의 체관으로 흘러 내려갑니다.

잎몸에서 잎맥을 뺀 나머지 부분을 잎살이라 합니다. 잎살은 잎맥과 잎맥 사이에 들어차 있는 초록색의 세포입니다. 이 세포는 햇빛을 받아들여 식물이 자라는 데 필요한 에너지를 만듭니다. '햇빛으로 에너지를 합성' 하는 '광합성' 이 바로 이곳에서 일어나지요.

잎살은 벌레가 먹기 쉬운 부분이기도 합니다. 또 잎이 땅에 떨어지면 잘 썩는 부분입니다. 그와는 달리 잎맥은 버티는 힘이 강해서 오래도록 썩지 않고 남아 있습니다. 더러 잎살이 모두 없어지고 잎맥만 남은 낙엽을 볼 수 있는데, 세상 어디에서도 찾아볼 수 없는 아름다운 레이스처럼 보입니다.

잎맥만 남은 잎

그나저나 식물 세계의 두 민족이라 할 수 있는 외떡잎식물과 쌍떡잎식물은 떡잎의 수, 줄기 속 모습, 뿌리의 모양이 서로 뚜렷이 다른 것을 앞에서 살펴보았습니다. 그리고 한 가지 더, 잎맥도 매우 다르게 생겼습니다.

외떡잎식물은 잎맥을 만드는 솜씨가 조금 서툽니다. 아니, 복잡하게 만들지 않는다는 말이 더 어울리지요. 세로로 가지런하게 정리만 해 둡니다. 그래서인지 외떡잎식물의 잎은 잘 찢어집니다. 이런 잎맥을 '나란히맥'이라 부릅니다. 바나나, 보리, 옥수수, 강아지풀, 종려죽, 붓꽃, 수선화, 대나무가 모두 나란히맥을 갖고 있습니다.

특히 파브르는 바나나의 잎을 딱하게 여겼습니다. 그토록 넓고 큰 잎을 가지고 있으면서도 잎이 찢어져 있는 경우가 많기 때문이죠. 잎맥을 세로로만 정리한 탓에 태풍이 불지 않았는데도 그런 안쓰런 모습을 하고 있는 것입니다.

반대로 쌍떡잎식물은 잎맥을 어떻게 얽어 놓아야 버티는 힘이 강한지 잘 알고 있습니다. 이들은 잎맥을 그물 모양으로 솜씨 있게 짜 두었습니다. 그래서 잎이 잘 찢어지지 않고 튼튼합니다. 이런 잎맥을 '그물맥'이라 합니다. 강낭콩, 배추, 상추, 호박, 철쭉, 봉선화, 질경이, 베고니아, 피마자 따위는 모두 그물맥을 갖고 있습니다.

그런가 하면 은행나무는 매우 특별한 잎맥을 가지고 있습니다. 나란히맥인 듯하지만 좀 더 자세히 들여다보면 같은 굵기의 잎맥이 끝까지 그대로 가는 것이 아니라 어딘가에서 와이Y 자로 갈라져 두 갈래가 됩니다. 그래서 식물학자들은 은행나무의 잎맥을 '두갈래꼴맥'이라 따로 일컫지요. 하지만 이건 아주 특별한 예입니다. 대부분의 외떡잎식물은 나란히맥을 가지며 쌍떡잎식물은 그물맥을 가집니다.

한편 그물맥이라도 잎맥을 펼친 모습에 따라 다시 세 가지로 나눌 수 있습니다.

첫 번째, 새의 깃털 모양과 닮은 '깃꼴맥'입니다. 깃꼴맥은 잎몸 가운데에 주맥잎 한가운데 있는 가장 큰 잎맥이 있고 이 주맥에서 좀 더 가는 측맥잎 한가운데 가장 큰 잎맥에서 좌우로 벋어 나간 잎맥들이 잎의 가장자리를 향해 뻗어갑니다. 이때 주맥은 잎자루와 자연스럽게 이어지지요. 참나무, 벚나무, 느티나무 잎이 깃꼴맥입니다.

잎맥의 종류

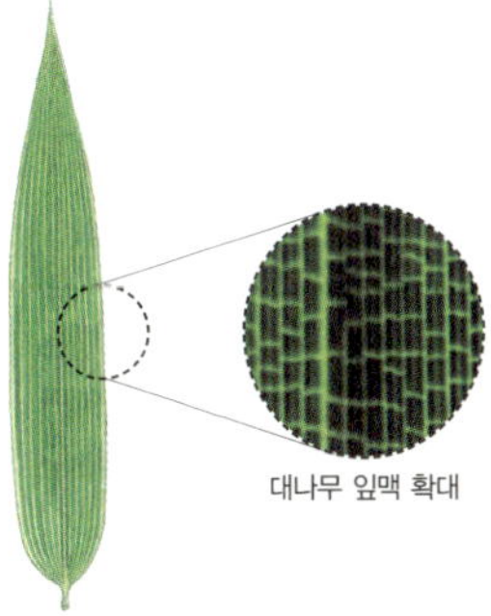

나란히맥 대나무 잎 · 대나무 잎맥 확대

그물맥 호박 잎

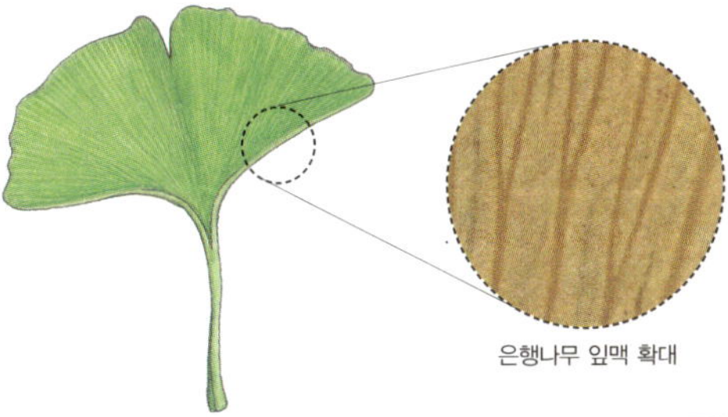

두갈래끝맥 은행나무 잎 · 은행나무 잎맥 확대

주맥 · 측맥
깃끝맥 느티나무 잎

손끝맥 단풍나무 잎

방패끝맥 연꽃 잎

두 번째, 손바닥을 펼친 모양으로 퍼져 나가는 것은 '손꼴맥'입니다. 손꼴맥은 눈에 띄는 주맥이 없고 크기가 비슷한 몇 개의 큰 잎맥이 이리저리 여러 곳으로 퍼져 있는 모양입니다. 단풍나무, 마로니에, 팔손이나무가 손꼴맥입니다.

세 번째, 마치 방패의 가운데에서 잎맥이 퍼져 나가는 듯한 '방패꼴맥'이 있습니다. 방패꼴맥은 잎자루가 잎몸의 시작 부분과 만나는 것이 아니라 잎몸의 가운데에서 바로 만납니다. 이곳에서 잎맥이 모든 방향으로 퍼져 나가지요. 한련화, 연꽃 따위가 방패꼴맥입니다.

| 잎몸의 모양을
| 나타내는
| 여러 가지 말

잎맥의 모양 말고도 잎을 가름하는 방법은 더 많이 있습니다. 잎몸 전체의 생긴 모양, 개수, 윗부분 모양, 아랫부분 모양, 가장자리 톱니 모양에 따라 더 자세하게 가를 수 있습니다. 예를 들어 잎몸 전체의 생긴 모양만 해도 '바늘꼴', '달걀꼴', '거꿀달걀꼴', '주걱꼴', '심장꼴', '콩팥꼴', '창꼴', '화살꼴', '삼각꼴', '긴삼각꼴', '혀꼴', '원꼴', '타원꼴', '선꼴' 따위를 들 수 있습니다.

잎몸의 개수로 나누자면 '홑잎'과 '겹잎'으로 나눕니다. 잎몸이 하나인 것은 홑잎, 두 개가 넘는 것은 겹잎입니다. 예를 들어 배나무, 포도나무, 단풍나무, 은행나무, 라일락, 버드나무, 월계수, 베고니아는 홑잎입니다. 이에 견주어 아까시나무, 장미, 호두나무, 싸리, 칠엽수, 자귀나무, 유자나무의 잎은 겹잎입니다.

홑잎을 좀 자세히 살펴볼까요? 홑잎은 잎몸이 한 장뿐이니 종류가 얼마 되지 않을 거라고 짐작할 테지만 그렇지 않습니다. 홑잎의 종류도 아주 많습니다.

잎의 가장자리 모양에 따라 '밋밋한 모양', '톱니 모양', '이빨 모양', '물결 모양' 따위로 나눌 수 있습니다. 감나무, 회양목, 수수꽃다리, 월계수, 올리브나무, 한련화 같은 식물

원꼴 청미래덩굴 잎

삼각꼴 참마 잎

심장꼴 먼나무 잎

콩팥꼴 계수나무 잎

거꿀달걀꼴 백목련 잎

바늘꼴 소나무 잎

창꼴 버드나무 잎

선꼴 주목나무 잎

타원꼴 이나무 잎

달걀꼴 은사시나무 잎

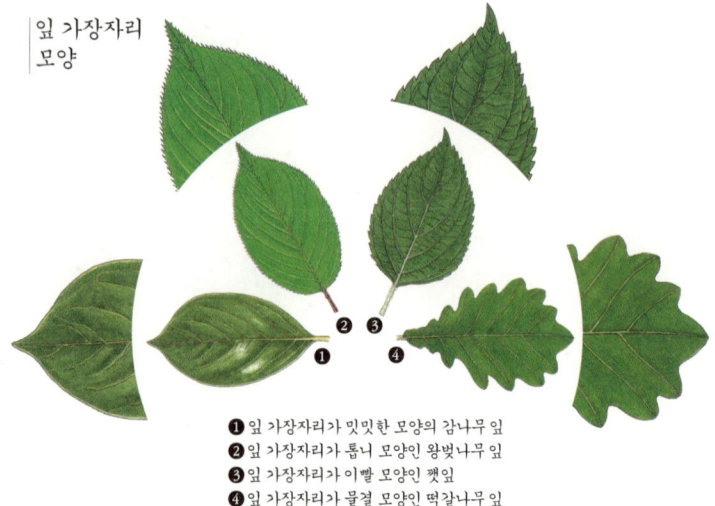

잎 가장자리 모양

❶ 잎 가장자리가 밋밋한 모양의 감나무 잎
❷ 잎 가장자리가 톱니 모양인 왕벚나무 잎
❸ 잎 가장자리가 이빨 모양인 깻잎
❹ 잎 가장자리가 물결 모양인 떡갈나무 잎

은 잎몸 가장자리가 파인 곳 없이 밋밋한 모양입니다. 하지만 대부분의 잎 가장자리는 울퉁불퉁한 톱니 모양을 띠게 마련이지요. 톱니 모양은 '보통 톱니', '깔끄러운 톱니', '겹친 톱니', '날카로운 톱니', '둔하고 가는 톱니', '거칠고 큰 톱니', '거칠고 날카로운 톱니' 따위가 있습니다. 이때 톱니가 널찍하게 벌어지면 이빨 모양이 되고, 거기에서 더 벌어져 있으면 물결 모양이 됩니다.

또 잎몸이 얼마나 갈라져 있느냐에 따라 '얕게갈라진꼴', '보통으로갈라진꼴', '깊게갈라진꼴'로 나눕니다. 잎몸의 반 정도까지 갈라진 잎을 '보통으로갈라진꼴'이라 합니다. 이보다 조금

| 홑잎과 겹잎

홑잎 은사시나무 잎 겹잎 등나무 잎

덜 갈라졌으면 얕게갈라진꼴, 거의 한가운데 잎맥까지 깊게 갈라져 있으면 깊게갈라진꼴입니다.

이제 겹잎을 살펴볼까요? 겹잎이란 여러 장의 작은 잎이 한데 모여 이루어진 잎을 이르는 말입니다. 주위에서 흔히 찾을 수 있는 겹잎으로는 등나무나 아까시나무의 잎이 있습니다. 등나무는 작은 잎이 양쪽으로 마주 보며 달려 있고, 마지막으로 위쪽 끄트머리에 한 장이 더 달려 있습니다. 마치 한 가지에 열다섯 장의 잎이 가지런히 달려 있는 것처럼 보이지요. 하지만 놀랍게도 이 전체가 한 장의 잎입니다. 분명히 열다섯 장의 잎이 있는데 왜 한 장의 잎이라고 할까요? 가지와 잎의 특징을 생각하면 그 답을 찾을 수 있습니다. 먼저 가지의 끄트머리에는 어떤 일이 있어

홑잎 쪽동백나무 잎　　　세갈래겹잎 싸리 잎　　　다섯갈래겹잎 으름덩굴 잎

도 잎이 달리지 않습니다. 잎이 아니라 눈이나 꽃이 달리지요. 그리고 가지는 스스로 떨어지는 법이 없습니다. 이 사실을 머릿속에 떠올리며 등나무 잎을 다시 한 번 살펴보겠습니다. 잎 끄트머리에 눈이나 꽃이 붙어 있지 않습니다. 또 가을에는 열다섯 장의 잎뿐만 아니라 가지처럼 보이는 잎자루까지 한꺼번에 떨어집니다. 그래도 이해가 안 간다면 한 가지 방법이 더 있습니다. 열다섯 장의 작은 잎 하나하나가 달려 있는 잎자루를 잘 살펴보세요. 잎겨드랑이로 오해할 수 있는 자리에 단 하나의 눈도 생기지 않습니다. 눈은 잎겨드랑이에만 생기거든요. 그러므로 이 전체가 한 장의 잎입니다.

　달리 말하자면, 등나무의 잎은 한 개의 잎자루에 무려 열다섯 장의 작은 잎이 마주보며 붙어 있는 겹잎입니다. 여기에서 잎의 등뼈 같은 잎자루는 다른 식물의 잎몸에 있는 주된 잎맥주맥인 셈이지요. 그리고 작은 잎의 개수가 홀수이고, 작은 잎이 붙어 있

홀수깃꼴겹잎 산초나무 잎

는 모양이 새의 깃털과 닮았으므로 '홀수깃꼴겹잎'이라고 부릅니다. 그런가 하면, 싸리 잎은 석 장의 작은 잎이 한데 모여 한 장의 잎을 이루고 있어 '세갈래겹잎'이라고 합니다.

그리고 잎자루의 끝에 손바닥을 펴듯 잎이 달린 식물도 있지요. 잎이 손 모양을 닮았다 하여 '손꼴겹잎'이라 합니다. 홍콩야자나 으름덩굴이 손꼴겹잎입니다.

이처럼 잎의 모양을 나타내는 말을 모두 합치면 무려 3백 가지가 넘습니다. 하지만 식물은 자신에게 가장 잘 어울리는 모양을 찾고 나면 그 모양을 좀처럼 바꾸지 않습니다. 파브르는 이것을 보고 식물은 유행을 만들거나 좇아가지 않는다고 말했습니다.

그나저나 잎몸의 모양을 가리키는 여러 가지 용어를 마주칠 때 여러분은 힘들지 않았나요? 식물 세계의 신비로움을 보고 배우는 것은 즐거운 일이지만 그것을 배울 때 마주치는 용어는 정말 어렵고 까다롭습니다. 파브르도 이런 점을 안타까워했습니다.

"식물학자들은 그리스 어나 라틴 어를 막무가내로 끌어와 이름을 붙입니다. 그래서 낯선 용어들이 자꾸 생겨나 마침내 식물학은 식물의 과학이 아니라 용어의 과학이 되어 버렸습니다. 그런데 한 번 더 생각해야 할 것이 있습니다. 식물학자들이 어려운 용어를 쓰는 것은 그들의 잘못만은 아닙니다. 식물 종은 셀 수도 없이 많습니다. 그 특성 하나하나를 설명하려 할 때 생활 속에서 흔히 쓰는 말로는 분명하게 나타낼 수 없습니다."

이처럼 파브르도 식물 세계로 들어가는 두 갈래 길을 모두 인정했습니다. 하나는 학자들이 열어 놓은 어렵고 외롭고 좁은 길입니다. 나머지 하나는 보통 사람들이 지나다니는 편안하고 쉽고 널찍한 길입니다. 이 두 갈래 길에서 파브르는 마땅히 보통 사람들이 다니는 길에 섰지요. 그러면서도 식물학자들이 다니는 길과 어떻게든 이어 보려고 애썼습니다. 그래서 쉽고도 친근한 말로 깊고 넓고 아름다운 식물의 세계를 친절하게 안내하려고 노력했지요. 여러분이 『파브르 식물 이야기』를 만날 수 있는 것도 그와 같은 파브르의 남다른 노력이 있었기 때문입니다.

잎자루와 떨켜

이번에는 잎자루와 턱잎에 대해 살펴보겠습니다.

잎의 꼭지라고 할 수 있는 '잎자루'는 줄기와 잎몸을 이어 줍니다. 이곳에는 관다발이 좁다랗고 단단하게 묶여 있습니다. 잎자루는 자라면서 알맞게 구부러지는데, 이렇게 하면 자연스레 햇빛이 드는 쪽으로 잎몸이 기울게 됩니다.

사시나무나 은사시나무는 잎자루가 가늘고 길며 팽팽하게 버티는 힘이 있어 잔잔한 바람에도 아주 잘 흔들리지요. 그래서 어떤 사람이 춥거나 무서워서 벌벌 떨면 사시나무 떨듯 한다고 말합니다.

잎자루는 식물 종에 따라 긴 것도 있지만 매우 짧은 것도 있고 아예 없을 수도 있습니다. 잎자루가 없는 잎은 가지에 곧바로 붙어 있지요. 그림의 배롱나무를 보면 잎자루가 없습니다.

잎자루는 가을날 낙엽과 관계가 깊습니다. 가을에 잎이 떨어지기 전 잎자루에는 '떨켜' 가 만들어집니다. '잎이 떨어져 나가는 자리' 라는 뜻입니다. 여름내 잎의 관다발과 줄기의 관

잎자루가 길다 — 은사시나무

잎자루가 없다 — 배롱나무

단풍이 되는 과정

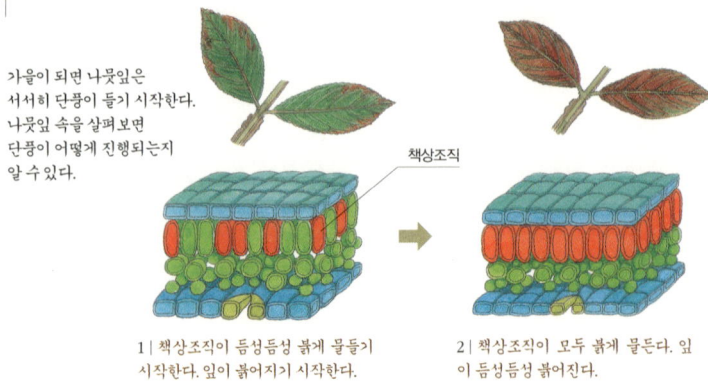

가을이 되면 나뭇잎은
서서히 단풍이 들기 시작한다.
나뭇잎 속을 살펴보면
단풍이 어떻게 진행되는지
알 수 있다.

책상조직

1 | 책상조직이 듬성듬성 붉게 물들기 시작한다. 잎이 붉어지기 시작한다.

2 | 책상조직이 모두 붉게 물든다. 잎이 듬성듬성 붉어진다.

다발은 서로 이어져 있지만 어느새 떨켜가 그 사이를 가로막지요. 그러면 자연스레 잎과 줄기는 물과 영양분을 주고받지 못합니다. 그래서 잎에서 만들어진 영양분은 떨켜에 가로막혀 줄기로 흐르지 못하고 잎 안에 쌓입니다. 시간이 더 흐르면 잎에 쌓인 영양분은 안토시안이라는 색소로 바뀝니다. 이 색소는 잎을 붉게 물들이는데 이것이 바로 붉은빛 단풍의 원인이 되지요.

단풍 이야기가 나왔으니 조금 더 이야기해 볼까요? 단풍의 '단丹' 자에 한자로 '붉다'는 뜻이 있어, 흔히들 단풍을 붉은색으로만 생각하지만 단풍이 붉은색만 있는 것은 아닙니다. 그렇다면 단풍의 갖가지 색깔은 어떻게 생기는 것일까요? 떨켜가 만들어지면 어떤 잎이든 물과 영양분이 모자라 새로운 엽록소를 만들지 못합니다. 더욱이 잎에 있던 엽록소마저 분해되면서 잎을 채우

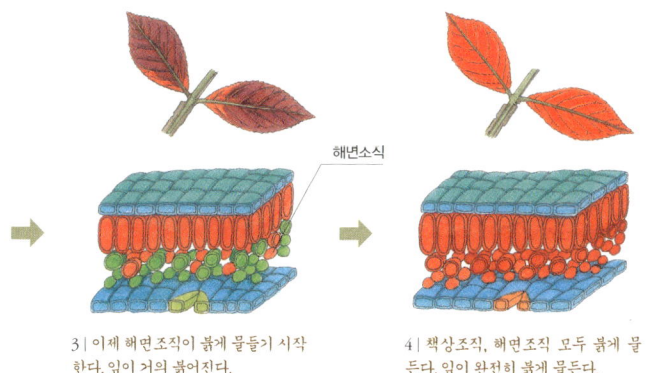

3 | 이제 해면조직이 붉게 물들기 시작한다. 잎이 거의 붉어진다.

4 | 책상조직, 해면조직 모두 붉게 물든다. 잎이 완전히 붉게 물든다.

고 있던 초록색이 점점 줄어들게 되지요. 이렇게 되면, 그동안 초록색 때문에 드러나지 않던 카로틴과 크산토필, 타닌이라는 색소가 점점 드러나기 시작합니다. 주황색 단풍은 카로틴이, 노란색 단풍은 크산토필이 보여 주는 색깔입니다. 갈색이나 회갈색은 타닌이 보여 주는 색깔이지요.

그런데 식물마다 잎자루에 떨켜를 만드는 것은 아닙니다. 외떡잎식물 대부분은 떨켜를 만들지 않습니다. 이것은 봄날의 들판만 보아도 알 수 있지요. 봄날의 들판에는 새로이 싱그럽게 피어난 초록 식물만 있는 것이 아닙니다. 겨우내 누렇게 말라 죽은 억새나 강아지풀이 그대로 바람에 흔들리고 있지요. 그런가 하면 쌍떡잎식물인 상수리나무, 밤나무, 떡갈나무 같은 참나무과 식물들도 누런 잎을 그대로 매달고 있습니다. 이런 모습으로 남아 있는 까닭은 이들이 떨켜를 만들 줄 모르기 때문입니다. 특히 참나무과 식물은 본디 남쪽의 따뜻한 곳에서 자라던 식물이라 굳이 떨켜를 만들어 낙엽을 떨어뜨릴 필요가 없었지요. 그래서 지금도 참나무는 거센 겨울바람이 억지로 떼어 내어야 낙엽을 떨어뜨립니다. 심지어는 봄이 되어 새로이 어린눈이 잎을 펼치는데도 묵은 잎을 매달고 있기도 합니다.

여러 가지 일을 하는 턱잎

이제, 턱잎에 대해 알아보겠습니다. '턱잎'은 줄기와 잎자루가 만나는 자리에 조그맣게 나 있지요. 식물은 종에 따라 턱잎을 가지기도 하고 가지지 않기도 합니다.

국수나무
숲 가장자리에서 쉽게 볼 수 있는 나무이다.
5월에 하얀 꽃을 피운다. 가지를 잘라 보면 하얗게 보이는 부분이 있는데 이 부분을 가는 막대로 밀면 국수 가락처럼 밀려나온다. 그래서 '국수나무'라고 한다.

가지고 있더라도 일찍 떨어뜨리기도 합니다. 또 턱잎의 모양과 크기도 제각각입니다.

대부분의 턱잎이 하는 일은 어린잎이 잘 자라도록 돕거나 필요할 때면 덩굴손이나 가시로 변하기도 합니다.

그리고 벚나무나 국수나무의 턱잎처럼 턱잎이 서로 떨어져 있는 것도 있고, 며느리배꼽처럼 턱잎이 이어져 있는 식물도 있습니다. 며느리배꼽은 턱잎을 이어 놓되 마치 멋진 목도리처럼 만들어 놓았습니다.

멋을 부리려 애쓰는 턱잎이 있는가 하면, 덩굴손이나 가시로 변해 식물을 돕는 턱잎도 있습니다. 덩굴손은 줄이나 실 모양이어서 가까이 있는 것이면 무엇이든 소용돌이 모양으로 휘감지요. 만약 덩굴손으로

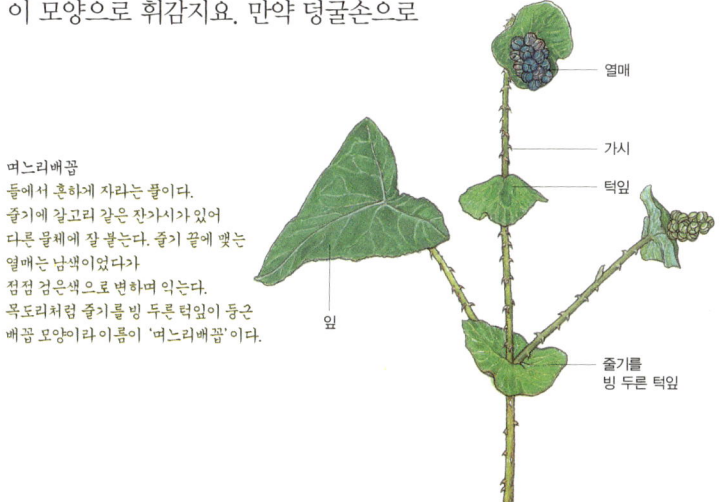

며느리배꼽
들에서 흔하게 자라는 풀이다.
줄기에 갈고리 같은 잔가시가 있어
다른 물체에 잘 붙는다. 줄기 끝에 맺는
열매는 남색이었다가
점점 검은색으로 변하며 익는다.
목도리처럼 줄기를 빙 두른 턱잎이 둥근
배꼽 모양이라 이름이 '며느리배꼽'이다.

열매
가시
턱잎
잎
줄기를 빙 두른 턱잎

청미래덩굴
숲에서 자라는 덩굴나무이다.
줄기는 마디마다 굽으면서 갈고리 같은
가시가 있다. 가을에 붉은 열매를
맺는데 이를 '명감' 또는
'망개'라고 하며 먹을 수 있다.

덩굴손으로 변한 턱잎

변한 턱잎이 없다면 청미래덩굴은 숲 속에서 살아가는 데 큰 어려움을 겪을 것입니다. 한편, 아까시나무, 대추나무는 턱잎을 가시로 바꾸었습니다. 이렇게 턱잎을 가시로 바꾸면 가시 때문에 누구도 잎을 함부로 건드리지 못합니다. 그래서 잎을 보호할 수 있습니다.

  이처럼 턱잎은 특별히 눈에 띄는 모양을 하고 있기도 하고, 다른 기관으로 바뀌기도 합니다. 그런가 하면 대부분의 턱잎은 눈에 잘 띄지도 않고 때로는 일찍 시들어 떨어져 버립니다. 어쩌면 덤처럼 붙어 있다고 여길 수도 있지요. 하지만 식물을 이루는 모든 부분이 그렇듯이 턱잎도 자신의 자리에서 책임을 다하고 있습니다. 턱잎이 없다면 잎은 제대로 자라지 못할 터이고, 그러면 가지도 줄기도 잘 자라지 못합니다. 이렇게 아주 작은 턱잎 하나도 맡은 일이 있고 그 속에 생명의 신비로움이 깃들어 있습니다.

그래서 잎몸, 잎자루, 턱잎은 저마다 맡은 일을 묵묵히 해내며 완전한 하나의 잎을 이루는 것입니다.

그건 그렇고, 턱잎 이야기를 할 때 변신 이야기가 잠깐 나왔으니 그 이야기를 마저 더 해 볼까 합니다.

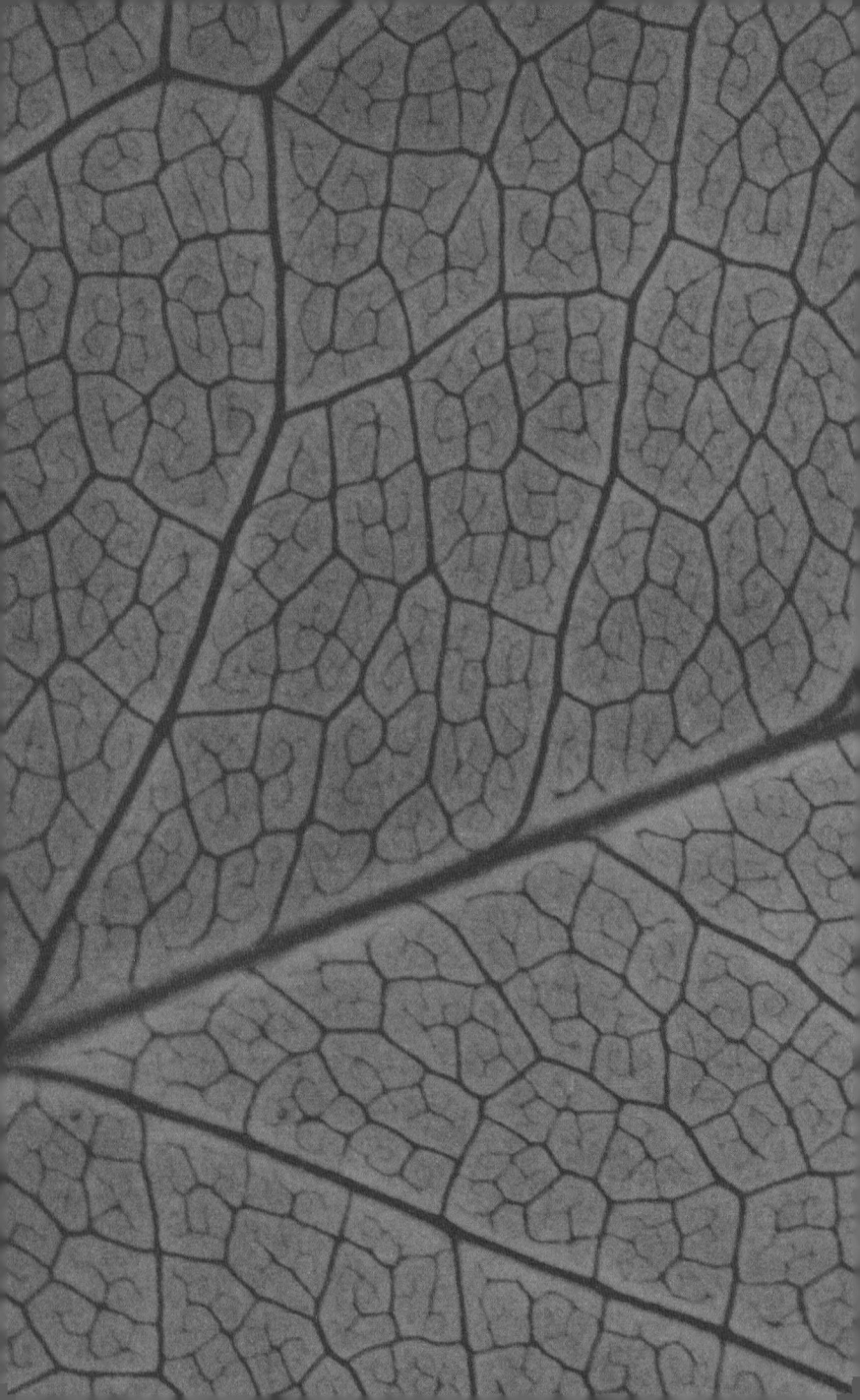

chapter 11
식 물 의
놀 라 운
변 신

식물 나라의 신데렐라

　　　　　　자기의 본디 모습을 바꾸어 가며 자라는 것은 곤충들이 고른 방법입니다. 곤충은 알에서 깨어나 어른벌레가 되기까지 여러 가지 모습으로 변신하지요.

그런데 뜻밖에 식물도 적지 않은 변신을 합니다. 청미래덩굴은 턱잎을 덩굴손으로 변신시켰지만, 그것 말고도 변신의 예는 많습니다. 환상 같기도 하고 마법 같기도 하지만 이것은 우리 눈앞에서 일어나는 사실이지요.

파브르는 식물의 변신을 보면서 동화 『신데렐라』에 나왔던 요정을 떠올렸습니다. 그 요정이 현재 보이지는 않지만 식물 세상에는 여전히 요정이 등장하는 동화 같은 일이 일어난다고 말하였지요.

| 잎을 마음대로
| 바꾸는 식물

　　　　　　　　오이는 곁가지나 잎을 덩굴손으로 바꿔 높이 높이 올라가려고 합니다. 그런데 오이는 열매를 매단 무거운 몸으로 왜 굳이 올라가려고 할까요? 바로 광합성 때문입니다. 대부분의 식물은 될 수 있는 한 햇빛을 많이 쬐려고 합니다. 그리하여 가지와 잎을 더 높이, 더 넓게 펼치려 하지요. 광합성을 많이 하여 넉넉한 영양분을 만들려는 욕심 때문입니다. 오이도 마찬가지입니다. 더 높이, 더 멀리 뻗으려고 곁가지나 잎을 덩굴손으로 바꿉니다. 그런데 이 덩굴손은 보기보다 아주 튼튼합니다. 주렁주렁 오이가 아무리 많이 달려도 덩굴손은 쉽게 풀리지 않습니다.

　그렇지만 광합성에 도움이 된다고 해서 모든 식물이 덩굴손을 가질 수는 없습니다. 그렇게 되면 식물 세계는 덩굴끼리 뒤엉킨 이상한 세계가 되고 말 테니까요. 다행히 햇빛을 충분히 받는 나무들은 덩굴손이 필요 없습니다. 대신 자신의 단점이나 좋지 않은 환경을 이겨 내기 위해 나름대로 다르게 변신을 합니다.

| 꽃을 대신해
| 곤충을 유인하는 잎,
| 꽃턱잎

　　　　　　　　산딸나무는 잎을 꽃턱잎으로 바꾸었습

오이
박과의 한해살이 덩굴풀로,
5~6월에 노란 꽃이 핀다.
인도가 원산지이고, 세계 각지에 분포한다.
덩굴손으로 다른 물체를 감고 올라가며
길게 자란다.

산딸나무 꽃 확대
좁은 공간에 아주 작은 꽃들이 모여 피어 있다.

산딸나무
6월에 꽃이 피고, 10월에 딸기처럼 생긴 붉은 열매를 맺는다. 산에서 자라고 딸기처럼 생긴 열매를 맺기 때문에 '산딸나무'라는 이름이 붙었다. 단맛이 나는 열매는 먹을 수 있고, 약재로도 쓰인다.

니다. '꽃턱잎'은 꽃의 밑에 있는 작은 잎을 말하는데, 산딸나무는 마치 갓난아기를 감싸는 포대기처럼 네 장의 흰색 꽃턱잎이 꽃을 감싸고 있지요. 얼핏 보면 흰색의 꽃턱잎이 꽃잎처럼 보이고 꽃은 암술이나 수술 같아 보입니다. 산딸나무의 꽃은 꽃차례 가운데에 있는 둥근 부분으로, 작은 꽃들이 뭉쳐 피어납니다. 꽃잎이 있긴 하지만 너무 작아 잘 보이지도 않는 데다 밋밋한 녹황색입니다.

산딸나무가 잎을 꽃턱잎으로 바꾼 까닭은 곤충을 불러 모으기 위해서입니다. 온갖 꽃이 피는 오뉴월 숲 속에서 눈에 띄지도 않는 작은 꽃으로는 곤충들을 불러 모을 수가 없으니까요.

포인세티아는 붉은 꽃잎 같이 보이는 것이 꽃턱잎이고 노란색

포인세티아
크리스마스 꽃으로도 유명하다.
이 꽃의 원산지인 멕시코에서 11~1월에 꽃을 피워,
크리스마스 장식에 주로 이용되었기 때문이다.
더운 지방에서 자라는 식물이라서 우리나라에서는
온실에서 키운다. 포인세티아의 꽃턱잎 색깔은
붉은색뿐만 아니라 흰색, 분홍색, 자주색도 있다.

잎
꽃턱잎
꽃

의 수술처럼 보이는 것이 진짜 꽃입니다. 역시 이 꽃도 곤충을 끌어들이기에는 역부족입니다. 그래서 곤충을 끌어들이기 위해 잎을 꽃턱잎으로 바꾸어 화려하고 아름답게 꾸몄지요.

벌레를 잡는 잎

하지만 이런 변신은 네펜데스에 비하면 아무 것도 아니지요. 잎을 변신시킨 식물 가운데 사뭇 돋보이는 것이 네펜데스입니다. 네펜데스는 보르네오 섬이나 수마트라 섬과 같은 열대 지방에 많이 삽니다. 영어 이름으로는 '주전자 식물' 또는 '원숭이 컵' 이라는 뜻을 가지고 있습니다. 그렇게 부르는 이유는 네펜데스의 생김새 때문입니다. 줄기 끝에 벌레를 잡는 항아리가 달려 있기 때문이지요. 이런 벌레 잡는 항아리는 잎이 변형되어 만들어진 것입니다. 영양분이 매우 부족한 곳에서 살아남아야 하기 때문에 곤충을 잡아 영양분을 섭취하려고 잎을 변형시켜 벌레 잡는 항아리를 만든 것이지요. 이 항아리를 '곤충을 잡는 잎'이라고 하여 잡을 포捕, 벌레 충蟲, 잎 엽葉 자를 써서 '포충엽捕蟲葉'이라고 합니다.

포충엽에는 뚜껑이 달려 있는데, 이 뚜껑은 밤에는 닫히고 낮에는 열립니다. 또 비가 올 때도 뚜껑이 닫혀 빗물이 들어가지 못하도록 막아 주지요. 벌레가 어쩌다 이 항아리에 빠지면 다시는 바깥으로 빠져 나오지 못합니다. 항아리 안쪽 벽에 점액이 발려 있기 때문입니다. 빠져 나오려 발버둥 치다 힘을 잃은 벌레는 항아리 바닥으로 떨어지지요. 그런데 여기에는 물이 고여 있습니다. 빗물이나 이슬일까요? 아닙니다. 강한 산성을 띠는 소화액이지요. 이 소화액 때문에 벌레는 소화되고 맙니다. 그러므로 항아리 속 소화액은 네펜데스가 살아가는 데 아주 중요합니다. 그런데 낮에는 이 소화액이 많이 증발해 버립니다. 어느 정도는 스스로 마시기도 하고요. 네펜데스는 소화액을 넉넉히 갖고 있을 수 있도록, 밤이 되면 뚜껑을 닫습니다.

네펜데스처럼 벌레잡이식물이 사는 곳은 양분이 적은, 무척 척박한 땅입니다. 대부분 거름기가 없는 늪지이거나 습지이므로 흙 속에 물은 많지만 질소와 같은 영양분은 많지 않습니다. 더욱

네펜데스
보르네오 섬, 중국 남부, 인도차이나 등지에 사는 식물로
우리나라에서는 온실에 관상용으로 많이 심는다.
여느 잎 모양과 다를 바 없는 잎이 있고, 그 잎의 끝에
벌레 잡는 주머니가 달려 있다.
꽃은 암꽃과 수꽃이 각각 다른 나무에서
따로 피는 암수딴그루이다. 동남아시아를 중심으로
전 세계 열대 지방에 퍼져 있으며 80여 종이 있다.

잎

포충엽 안에는 끈끈한
소화액이 차 있어서, 곤충이
한 번 들어가면 다시 나올 수 없다.
이 소화액으로 곤충을 녹여
그 영양분을 얻는다.

포충엽

이 이웃한 큰 나무들 때문에 햇빛을 넉넉하게 받을 수도 없지요.
다시 말해, 영양분을 넉넉하게 빨아들일 수 없는 데다 광합성마
저 마음껏 할 수 없습니다. 그래서 이렇게 불리한 조건에서 어떻
게든 영양분을 얻어 살아남기 위해, 곤충을 잡아 소화액으로 녹
여서 모자라는 질소를 얻는 것입니다. 실제로 벌레잡이식물들은
벌레를 못 잡아먹어도 살 수는 있습니다. 그러나 벌레를 먹은 것
에 비해 크기도 작고 빛깔도 좋지 않지요.

식물의 무기, 가시

그런가 하면 선인장은 잎을 날카로운 가시로 바꾸어서 온몸에 빼곡히 두르고 있습니다. 마치 고슴도치 같습니다. 그런데 선인장은 무엇을 지키려 잎을 가시로 만들었을까요? 열매일까요? 꽃일까요?

정말로 중요한 까닭은 따로 있습니다. 바로 물 때문이지요. 선인장의 줄기는 그 속 구조가 스펀지 같아서 물을 될 수 있는 대로 많이, 오랫동안 모아 둘 수 있습니다. 줄기는 어떻게든 물을 모아 두려 애쓰는데 잎이 그것을 방해해서는 안 되겠지요. 사막에서 식물의 잎이 넓으면 물을 많이 빼앗기게 마련입니다. 잎이

선인장
잎이 날카로운 가시로 변형되었고 다른 식물처럼 잎(가시)이 녹색을 띠지도 않는다. 따라서 광합성을 할 수 없다. 반면 줄기는 온통 녹색이다. 잎이 할 수 없는 광합성 작용을 줄기가 대신한다.

선인장의 줄기 속
선인장 줄기 속을 들여다보면 물을 잔뜩 머금고 있다. 물이 귀한 사막에서 자라기 때문에 줄기에 물을 저장한다.

호랑가시나무
잎맥을 쭉 따라가 보면 가시와 연결되어 있다.
잎맥이 가시로 변형된 것이다.

잎맥

끊임없이 증산 작용을 해 기공으로 물을 빼내니까요. 그런 점에서 가시야말로 물을 가장 적게 빼앗길 수 있는 잎의 모양입니다. 게다가 물을 마음껏 먹을 수 없는 동물들이 선인장 줄기에 물이 들어 있다는 사실을 알고 선인장을 먹으려고 하기 때문에 선인장은 자신을 지키기 위해서라도 가시가 꼭 필요하지요.

그렇다면 잎을 가시로 바꾸어 버렸으니 잎이 해야 할 일을 누가 대신할까요? 바로 줄기입니다. 다시 말해, 선인장은 줄기에서 광합성이 이루어집니다.

선인장의 예에서 알 수 있듯이 몸을 움직이지 못하는 식물에게 가시만큼 좋은 무기는 없습니다. 호랑가시나무는 잎맥을 가시로 바꿨습니다. 그러니까 잎맥이 잎몸 밖까지 뻗어 있는 셈이지요. 잎의 가장자리마다 가시를 매단 모습이 얼마나 무서웠으면 호랑

가시

아까시나무
턱잎이 나야 할 자리에 가시가 돋아 있다.

이 발톱처럼 무섭다는 뜻으로 호랑가시나무라는 이름이 붙었을까요?

이처럼 잎을 가시로 바꾼 식물이 있는가 하면 가지를 가시로 바꾼 식물도 있습니다. 쥐엄나무로도 불리는 주엽나무죠. 중국의 사막 지역이 고향인 이 나무는 낙타가 자신의 잎이나 열매를 먹지 못하도록 낙타의 키 정도까지만 가시를 내고 그 위쪽으로

주엽나무
굵고 날카로운 가시가 수없이 박혀 있다.

는 가시를 내지 않습니다.

또 다른 경우로는 턱잎이 가시로 변한 아까시나무입니다. 아까시나무는 잎을 먹으려는 동물로부터 자신을 지키려고 잎 가까이에 있는 턱잎을 가시로 바꾸었습니다. 대추나무도 잎자루의 시작 부분에 가시 두 개가 있는데 역시 턱잎이 변한 것입니다.

식물이 가시로 자신을 지키려 하여도 사람의 손은 그 가시보다 더 무서운가 봅니다. 배나무와 모과나무도 야생에서 살던 시절에는 가시 무기를 지니고 있었습니다. 하지만 과일나무를 키우는 사람들이 손을 대자 언제부턴가 본디의 모습을 잃고 말았습니다. 가지를 가시로 바꾸는 습관을 아예 잊어버린 것입니다. 이제 두 나무는 가시를 내밀어야 할 가지에 먹음직한 배와 모과를 매달아 달콤한 즙을 채워 넣고 있습니다. 사람의 교육이 거칠고 사나운 가시를 얌전한 가지로 바꾸어 놓았으니, 기적이나 다름없지요.

동물과 식물은 참 많이 닮았죠? 동물처럼 식물도 변신을 하고, 자기를 지키기 위해 가시와 같은 무기를 만들기도 합니다. 동물과 식물의 닮은 점은 이것뿐일까요?

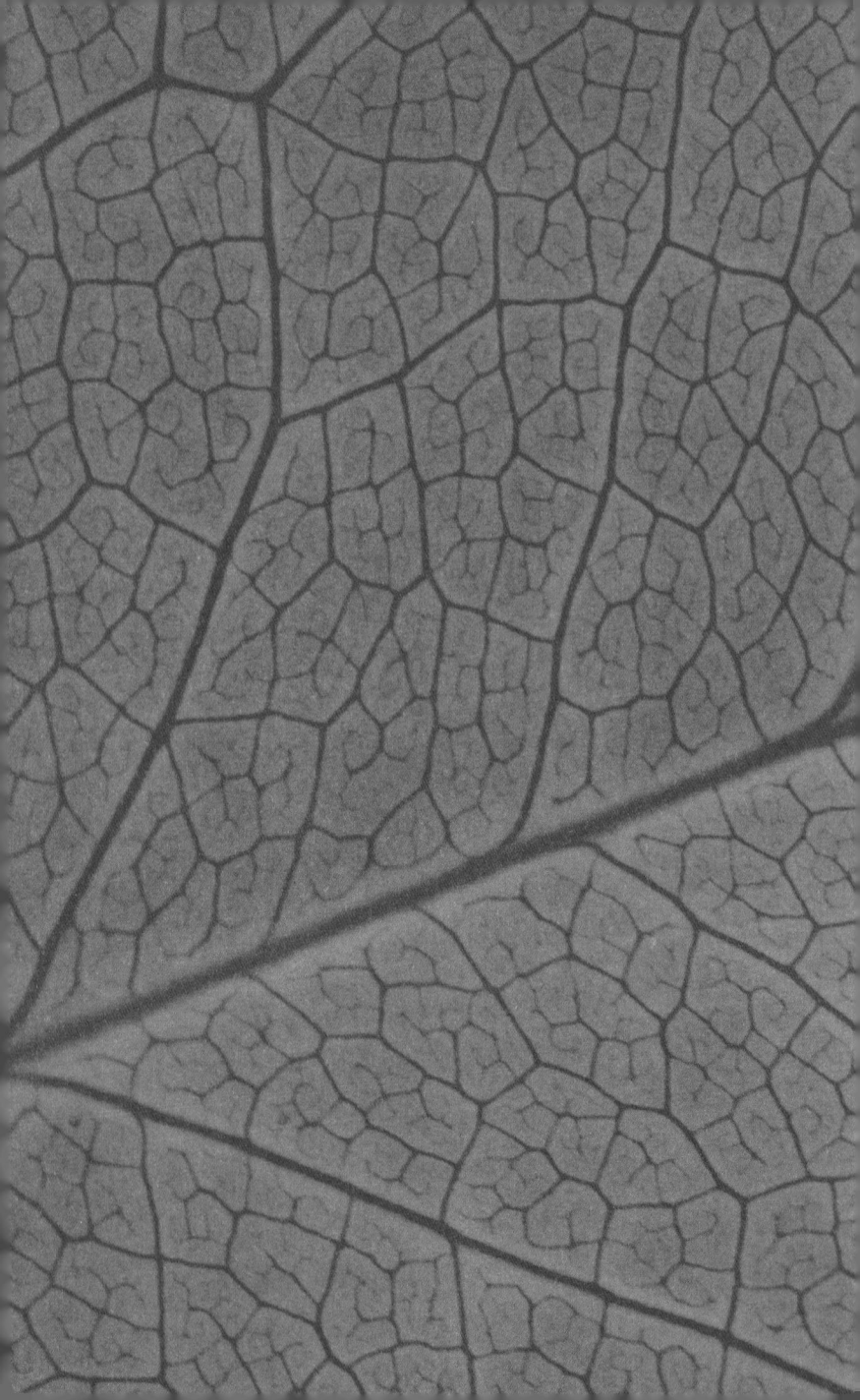

chapter 12
잠 자 는
식 물 들

동물처럼 살고 싶은 식물들

파브르가 들려주는 재미난 우화 한 편을 들어볼까요? 아주 먼 옛날, 식물은 식물대로 동물은 동물대로 주어진 삶에 만족하며 살았습니다. 그러던 어느 날, 식물들은 동물들이 부러워지기 시작했습니다.

늙은 버드나무의 썩은 구멍에 붙어사는 버섯은 이웃에 사는 이끼에게 자신의 마음을 털어놓았습니다.

"이끼님. 할 수만 있다면 여기를 떠나고 싶어요."

그 말에 이끼도 맞장구를 쳤습니다.

"나도 이곳에 사는 것에 지쳤어요. 시냇가로 달려가서 맑고 시원한 물을 실컷 마시고 싶어요."

그때 덤불 아래에 있던 별꽃도 한마디 거들었습니다.

"저 하늘을 마음껏 나는 방울새가 정말 부러워요."

그러자 미나리아재비, 찔레나무, 호랑가시나무가 모두 한목소리로 숲 속 생활이 지겹다고 말했습니다. 전나무나 참나무 같은 아름드리 큰 나무들도 성큼성큼 걷고 싶다며 불만을 터뜨렸습니다. 그러자 숲은 더할 나위 없이 시끄러워졌습니다. 식물들은 신에게 돌아다니며 살게 해 달라고 아우성을 쳤습니다.

숲이 시끄러워지자 마침내 신은 식물들의 소원을 들어주라며 요정을 보냈습니다. 요정은 먼저 나무들에게 소원을 물어보았습니다. 그런데 너도나도 목소리를 높이던 나무들이 어찌 된 일인지 고개를 숙이고 입을 다물었습니다. 사람들도 그렇지 않던가요? 가장 요란하게 불평하던 사람이 막상 기회를 주면 언제 그랬느냐는 듯 조용한 법이지요.

그러나 떨기나무^{보통 사람의 키보다 낮은 나무를 일컫는다. '관목'이라고도 한다}들과 풀들은 그렇지 않았습니다. 이들은 살아가기가 여간 힘들지 않았습니다. 큰 나무에 가려 햇빛을 받지도 못하고, 물을 마음껏 빨아올릴 수도 없었으니까요. 이들은 끝까지 뜻을 굽히지 않았습니다. 그들의 이야기를 들으며 요정은 빙그레 웃었습니다.

"동물처럼 살고 싶다고요? 그런데 동물처럼 산다는 것이 어떤 것인지 알고 있나요? 먼저, 동물은 잠을 자요. 동물이 쉬지 않고 움직인다면 지쳐서 죽고 말 테니까요. 게다가 동물은 먹지 않으면 힘을 쓰지 못해요. 그래서 하루도 빠짐없이 먹이를 찾아 헤맨답니다. 심지어는 서로를 잡아먹기도 해요. 또 동물은 식물처럼 오래 살 수가 없어요. 하지만 당신들은 쉬지 않아도 되고, 먹이를 찾지 않아도 되고, 느긋하게 몇 백 년을 살 수도 있어요. 그런데도 정말 동물처럼 살기를 원하나요?"

요정의 말에도 아랑곳하지 않고 몇몇 식물들은 기어코 고집을 부렸습니다.

"할 수 없군요. 소원이라면 잠시 동물이 되게 해 줄게요. 먼저 잠이란 게 어떤 건지 느껴 보세요."

요정이 손가락으로 무언가를 그리자 이 식물들은 깊은 잠에 빠져 들었습니다. 그러자 잎은 힘없이 오그라들었고, 잎자루는 가지 쪽으로 쓰러졌습니다. 꽃은 꽃잎을 다물었으며 마치 뜨거운 햇볕을 너무 많이 쬔 것처럼 시들어 버렸습니다. 지켜보던 나무들이 깜짝 놀랐습니다. 그때 요정이 다시 말했습니다.

"자, 잠에서 깨어나 다시 눈을 떠 봐요. 여러분 소원대로 되었어요. 만족스러운가요?"

그 말에 눈을 뜬 식물들은 변해 버린 자신들의 모습에 깜짝 놀랐습니다. 그러자 요정이 다시 말했습니다.

"동물처럼 살려면 잠을 자는 것만이 다가 아니에요. 이제 움직여야 해요. 하지만 움직이는 일은 생각보다 쉽지 않아요. 어쩌다 넘어지면 가지가 부러질 수 있고 돌부리에 뿌리가 다칠 수도 있어요. 바위가 나타나면 이마를 찧을 수도 있고 어떤 땐 벼랑으로 굴러 떨어지기도 하겠죠. 동물은 이런 것을 부모에게 배워서 몸에 익힌답니다. 하지만 여러분은 스스로 그걸 배워야 해요."

요정의 말에 식물들은 서로 눈치만 살폈습니다. 그런데 그때 조그만 풀 한 포기가 나섰습니다. 아주 작은 풀이었습니다. 어느 세상이건 가진 것 없고 눈에 잘 띄지도 않는 이들이 중요한 때에 용기를 내는 법이지요.

요정은 그 풀에 손을 댔습니다. 그러자 기적이 일어났습니다. 식물이 움직이기 시작한 것입니다. 처음에는 작은 잎이 흔들리더니 뒤이어 몸 전체가 흔들렸습니다. 그런데 그때 흔들리는 잎들이 모두 비명을 터뜨리는 게 아니겠어요? 그제야 그 풀은 깨달았습니다. 움직이는 순간 새로운 삶이 시작될지는 몰라도 상상할 수 없는 아픔을 견뎌야 한다는 것을······.

요정이 다시 손을 대자 작은 풀은 좀 전의 모습으로 되돌아왔습니다. 작은 풀은 움직이는 게 얼마나 아프고 힘겨운지 곁에 있는 친구들에게 이야기했습니다. 그 말을 들은 식물들은 마음이 흔들리기 시작했습니다. 마침내 숲 속의 모든 식물들이 움직이지 말고 지금 이대로 사는 것이 더 행복하다는 결론을 내렸지요.

일을 마친 요정은 환한 웃음을 지으며 하늘로 올라갔습니다. 숲 속은 다시 평화로워졌습니다. 모든 것이 제자리로 돌아왔습니다. 그런데 홀로 아픔을 맛보았던 작은 풀은 아직도 바람이 살짝 건드리기만 해도 오므라들곤 한답니다. 사람들은 이 용기 있는 풀에게 '신경초'라는 이름을 지어 주었지요.

아픔을 느껴 본 신경초

　　　　　한 편의 우화일 뿐이지만, 동물과 식물이 여러 가지로 다르다는 것은 사실입니다. 생각해 보세요. 고양이와 양배추를, 소와 참나무를……. 너무나 달라서 어느 누구도 고양이를 보고 양배추라고 하지 않습니다. 그래요. 동물과 식물은 닮지 않은 것처럼 보입니다. 그런데 정말 그럴까요? 식물과 동물이 형제 관계라고 하면 전혀 틀린 말일까요? 아니랍니다. 식물 세계를 좀 더 자세히 살피면 동물과 닮은 점이 꽤 있습니다.

　폴립 같은 생물은 식물인지 동물인지 가름이 잘 되지 않습니

신경초의 신경 반응

보통 때 신경초의 모습

건드렸을 때 신경초의 모습

다. 오죽하면 옛날 사람들은 꽃처럼 피어 있는 폴립의 어미를 보고 식물로 생각했을까요? 게다가 바닷속에는 얼핏 보아서 식물인지 동물인지 가려내기 어려운 종들이 여럿 있습니다.

예를 들면 바위 위에 빨간 꽃처럼 피어 있는 생명체도 있고, 물속을 흐느적거리며 흘러 다니는 버섯처럼 생긴 생명체도 있습니다. 바로 해파리입니다. 이들은 생긴 모습 그대로 정말로 꽃일까요? 버섯일까요? 아니, 식물일까요? 동물일까요?

이럴 때 식물과 동물을 가름하는 간단한 방법이 있습니다. 바로 아픔입니다. 만약 바늘로 찔러 보아 몸을 움츠리면 동물입니다. 그리고 아무런 움직임 없이 그대로 있다면 식물이지요. 앞서 들려 준 우화에서 신경초가 느껴본 것도 바로 아픔입니다.

여러분의 앞날에도 분명 갖가지 아픔과 시련이 기다리고 있을 것입니다. 하지만 파브르는 마음을 굳게 먹고 견뎌 나가라고 말합니다. 아픔을 견디지 못하고 한 발 물러난 신경초는 자신의 꿈을 이루지 못한 채 살고 있습니다. 여러분은 신경초보다 더 고귀한 운명을 받지 않았나요? 아픔이나 시련 따위를 두려워해서는 안 됩니다.

아픔과 시련의 깊은 뜻을 더 헤아리다 보면 철학 이야기가 될 것 같으니 이쯤만 하겠습니다. 다시 식물 이야기로 돌아가 볼까요? 앞서 식물과 동물의 차이점이 아픔이라고 했는데, 그렇다면 잠은 어떨까요?

잠자는 식물

동물은 밤에 자는데 식물도 밤에 잘까요? 아니면 낮에 잘까요? 식물은 한창 일하는 낮에도, 일하지 않고 쉬는 밤에도 같은 자세로 있습니다. 그래서 겉으로는 잠을 자는지 알 수가 없습니다. 하지만 식물도 잠을 잡니다. 그렇다고 모든 식물이 다 잠자는 것은 아닙니다. 참나무, 호랑가시나무, 월계수 같이 튼튼한 잎을 가진 나무들은 잠을 자지 않습니다. 주로 부드럽고 여린 잎을 가진 식물들이 잠을 잡니다. 잠을 잔다고 표현하지만, 좀 더 정확히 말하자면 잎을 펼친 모습이 낮과 달라서

괭이밥

토끼풀

잠을 자는 것처럼 보이는 것이지요.

  동물은 잠자는 모습이 저마다 다릅니다. 암탉은 높은 가지에 올라가서 한쪽 다리를 올려 털 속에 감춘 채 머리를 날개에 파묻고 잡니다. 양은 무릎을 꿇어 배를 감싸듯 웅크리고 잡니다. 고양이는 난로 앞 양탄자 위에서 몸을 동그랗게 말고 자지요. 또 소는 옆구리를 대고 눕고, 고슴도치는 동그란 공처럼 웅크리고, 뱀은 똬리를 틀고 잡니다.

  동물처럼 식물도 저마다 잠자는 법이 다릅니다. 하트 모양으로 생긴 석 장의 작은 잎을 가진 괭이밥은 잎맥을 따라 잎을 접어 넣습니다.

  여름이면 풀밭에서 동그란 흰색 꽃을 피우는 토끼풀은 어떻게 잘까요? 이 풀은 토끼가 잘 먹는 풀이라서 토끼풀이라는 이름이 붙었습니다. 토끼풀은 작은 잎 석 장으로 이루어진 세갈래겹잎

아까시나무

입니다. 해가 지고 어두워지면 양쪽 잎을 가지런히 접고 가운데 작은 잎이 그 위를 덮습니다.

흰색의 눈부신 꽃과 달콤한 향기로 사람들의 사랑을 듬뿍 받는 아까시나무의 잎을 살펴볼까요? 낮에는 작은 잎을 모두 펼치되 잎자루 양 옆으로 평평하게 펼칩니다. 싱그럽고 생명력 넘치는 모습입니다. 그러나 밤이 되면 잎을 모조리 오므립니다. 자고 있을 때의 아까시나무 잎은 가지런하고 다소곳하지요. 낮에 햇살 아래 있는 아까시나무의 모습을 사랑하는 사람이라면 밤에 그윽한 달빛 아래 있는 아까시나무의 모습도 사랑하게 될 것입니다.

신기한 이야기를 하나 더 해 볼까요? 여러분은 밤에 멋진 꿈을 꾸며 곤히 잘 것입니다. 나이가 어린 아이일수록 단잠을 자지요. 하지만 어른이 되어 생각이 많아지면 깊은 잠을 자기가 어렵습니다. 자고 일어나도 개운하지 않은 것을 가리켜 파브르는 베개에 가시가 돋친 듯하다고 표현했습니다. 여러분도 어른이 되면 달게 자고 일어나는 일이 얼마나 큰 축복인지 깨닫게 될 것입니다.

식물도 마찬가지입니다. 어린 잎은 아무 걱정이 없습니다. 지나간 일이든 앞으로 닥칠 일이든 별로 마음 쓰지 않고 살지요. 그래서인지 날이 밝도록 단잠을 잡니다. 하지만 어른 잎은 걱정거리가 많아 깊이 잠들지 못합니다. 가족이 다 같이 먹을 수액도 만들어야 하고, 특히 어린눈이 잠을 깨자마자 먹을 수 있도록 식사 준비도 해야 하며, 어린눈의 앞날에 대해 생각도 많을 것입니다. 그래서 나이 많은 어떤 어른 잎은 심지어 전혀 잠을 안 자기도 합니다.

드캉돌의 움직이는 식물 실험

빛은 식물의 잠에 아주 많은 영향을 줍니다. 빛이 있을 때 식물은 열심히 일하고 어둠이 깔리면 편안하게 쉽니다. 심지어 낮인데도 안개가 끼거나 구름이 짙게 드리우거나 비가 오는 날이면 잠을 자기 위해 잎을 접습니다. 또 밝은 곳에 두었다가 어두운 방 안으로 옮겨 놓아도 식물은 쉬는 자세가 되지요. 반대로 밤이라도 불을 밝혀 대낮처럼 환하게 해 놓으면 식물은 햇빛 아래 있을 때처럼 잎을 활짝 펼칩니다.

식물의 이러한 성질을 알고 재미있는 실험을 했던 한 사람의 이야기를 파브르가 들려줍니다. 바로 식물학자 드캉돌의 이야기입니다. 드캉돌은 빛에 아주 예민한 신경초를 방 안에 넣어 놓고, 낮에는 빛을 막아 캄캄하게 하고 밤에는 밝은 등불로 환하게 밝혔습니다. 자연의 질서와 반대되는 실험을 한 것입니다. 처음에 신경초는 밤과 낮이 뒤죽박죽되어 어지러워하는 듯했지만, 마침내 습관을 바꾸었습니다. 낮에는 자고 밤에는 깨어 있게 된 것이지요. 이 실험으로 신경초의 잎이 밤과 낮에 따라 다른 모습을 하는 까닭이 빛 때문이었음을 알게 되었습니다.

드캉돌은 뒤이어 다른 실험을 해 보았습니다. 한 신경초는 밝은 곳에만, 다른 신경초는 어두운 곳에만 오랫동안 놓아두었습니다. 그랬더니 두 신경초는 잠들었다가 깨기를 되풀이했습니다. 마치 선잠을 자는 것 같았지요. 그리고 실험이 끝났을 때는 약해져서 거의 시든 모습이 되었습니다. 밤샘을 계속하거나 낮에 잠을 많이 자는 것은 사람에게도 좋을 리가 없지요. 신경초든 사람이든 규칙적인 생활이 좋습니다.

그런데 생각해 보세요. 사람들이 꼭 밤에만 자는 것은 아닙니다. 재미없는 연설을 계속 듣거나 지루한 음악을 듣고 있으면 자신도 모르게 졸음이 쏟아집니다. 또 단순한 동작을 오랫동안 거듭할 때도 몸이 나른해지면서 졸음이 오지요. 식물도 마찬가지입니다. 지루한 소리와 움직임이 계속되면 식물은 꾸벅꾸벅 좁니다. 예를 들어 산들바람이 잎을 스치며 부드럽게 매만져 주면 식물은 졸음에 겨워 잎을 오므립니다. 심지어 강한 바람이라도 계속 불어대면 졸음을 느낍니다. 거센 바람에 부대끼는 자귀나무의 잎을 관찰해 보세요. 잠잘 때처럼 잎을 닫고 있습니다. 이것은 바람 소리보다는 거듭되는 움직임 때문에 잎을 닫은 것입니다.

 어떤 식물은 가벼운 충격이 오래 되풀이되어도 잠을 잡니다. 괭이밥을 계속해서 가볍게 두드려 주면 작은 잎이 가운데의 잎맥을 따라 반쯤 닫히면서 잠자는 모양이 됩니다. 마치 어머니가 아기를 안고 토닥토닥 재우면 어느새 아기가 스르르 잠드는 것과 같습니다. 이렇게 보면 식물이 잠에 빠져드는 모습은 동물과 많이 닮았습니다.

 그건 그렇고, 신경초가 벌벌 떨며 잎을 오므릴 때 여러분은 어떤 생각을 했나요? 신경초가 보여 주는 묘기가 신기하다고만 느끼는 것으로 끝나 버렸나요? 식물학자의 마음으로 몇 가지 물음을 던져 보는 건 어떨까요? 예를 들면 '정말 동물만이 아픔을 느끼는 것일까?', '식물과 동물의 공통점이 좀 더 없을까?' 와 같은 물음들 말입니다.

 그나저나 신경초는 식물로서 마지막 체면은 가진 듯 보입니다. 곤충이 공격을 해도 점잖게 받아 주고만 있으니……. 그런데 체면도 아랑곳하지 않는, 곤충보다 더 잔인한 식물도 있습니다. 곤충이 다가오면 그 곤충을 아예 잡아먹는 식물이지요. 앞서 말한 네펜데스처럼 벌레를 잡아먹는 벌레잡이식물들입니다.

 파리지옥은 미국 노스캐롤라이나 주가 고향입니다. 파리지옥

2 | 벌레가 들어온다.

1 | 잎이 열려 있다.

3 | 잎을 닫아 버린다.

파리지옥
벌레가 들어오면 잎을 닫고 안쪽에 돋은 선에서 산과 소화액을 분비하여 벌레를 분해·흡수한다.

의 잎은 둥글게 생겼고, 잎 가장자리에는 가시 같은 톱니가 나 있습니다. 그리고 가운데 잎맥이 잎을 두 부분으로 나누고 있습니다. 이 가운데 잎맥은 문짝의 경첩처럼 움직여서 양쪽 잎을 닫을 수 있지요. 곤충이 잎에 앉으면 잎의 양쪽 끝이 닫힙니다. 그리고 곤충이 죽을 때까지 잎을 열지 않습니다. 닷새가 걸릴 수도 있고 열흘이 걸릴 수도 있지요. 반드시 벌레가 죽고 나서야 잎을 다시 엽니다.

　신경초나 파리지옥은 동물처럼 움직이는 몇몇 특별한 식물일까요? 그렇지 않습니다. 이 식물들의 움직임이 다른 식물보다 크기 때문에 사람의 눈에 잘 띄어서 특별하게 보일 뿐이지요. 대부분의 다른 식물도 스스로 움직이고 있습니다. 다만 그 움직임이 너무 비밀스러워서 사람이 알아채기가 쉽지 않을 뿐입니다.

chapter 13
여러 가지 일을 하는 잎

잎 속은 어떻게 생겼을까?

식물이 영양분을 얻는 곳은 두 군데입니다. 흙과 대기이지요. 흙의 영양분은 뿌리가 빨아올리고, 대기의 영양분은 잎이 빨아들입니다. 잎이 영양분을 빨아들이는 이야기를 하려면 먼저 잎이 어떻게 생겼는지 그 생김새부터 알아보아야 합니다.

그런데 지금까지 살펴본 것은 잎의 겉모습입니다. 식물의 잎을 살펴볼 때에는 겉모습만으로는 모자랍니다. 잎의 덮개를 열고 그 안에 있는 기관을 하나하나 살펴보아야 합니다. 이것을 해부라고 하지요. 파브르는 이제부터 눈으로는 잘 볼 수 없고, 현미경으로만 볼 수 있는 세계로 여러분을 안내합니다. 자, 그럼 따라가 볼까요?

잎을 해부하기 위해서는 도구가 있어야 합니다. 잎의 껍질을 벗기기 위한 작은 칼, 바늘 그리고 현미경이 필요합니다. 사람의 눈으로 볼 수 없는 아주 미세한 부분을 보아야 하기 때문입니다.

준비한 작은 칼로 잎을 살짝 긁어 보세요. 얇은 비닐 같은 투명한 막이 벗겨집니다. 잎몸의 위아래 표면, 아니면 잎자루의 위쪽, 어느 쪽에서 떼어 내도 마찬가지입니다. 이 얇은 막이 '표피'입니다. 잎의 '가장 바깥쪽에 있는 겉껍질'이라는 뜻입니다.

잎의 겉껍질, 표피가 하는 일

표피는 잎 표면 전체에 고루 펴 바른 광택제와 같습니다. 광택제를 바르면 가구에 물이 스미지 않을뿐더러 가구가 매끄럽고 윤기 있어 보입니다. 그런데 잎은 무엇 때문에 이런 광택제가 필요할까요? 왜냐하면 공기로부터 잎을 보호해야 하기 때문입니다. 뜻밖의 말로 들릴지 모르지만, 공기는 식물이 숨 쉬는 데 꼭 필요하면서도 한편으로는 큰 아픔을 주거나 위험에 빠뜨리기도 합니다. 식물뿐만 아니라 모든 생물에게 다 그렇지요.

이것에 대해 파브르가 가르쳐 주는 예는 손바닥에 생기는 물집입니다. 물집은 살갗의 바깥층, 다시 말해 표피가 들떠 있는 것입니다. 이것이 터지면 표피 아래로 공기가 들어가서 살갗을 아프게 합니다. 그렇지만 상처를 물속에 넣으면 아프지 않지요. 공기와 살갗이 바로 맞닿지 않기 때문입니다.

개구리와 같은 동물은 물과 가까이 살기 때문에 굳이 두꺼운 표피가 필요하지 않습니다. 없는 것이나 마찬가지인 얇은 표피로 물속과 땅을 오가며 살고 있습니다. 만약 사람에게 표피가 없다면 너무 아픈 나머지 개구리처럼 물가에서만 살려고 할 것입니다.

이처럼 식물도 표피라는 겉옷으로 공기와 맞닿는 것을 피하고 있습니다. 한 가지 까닭을 더 찾는다면, 수분을 갑자기 잃어버리는 것을 막기 위해서라도 겉옷인 표피가 필요합니다. 모든 잎은 언제나 물을 머금고 있지요. 얼핏 보아 바짝 마른 듯 보이거나 심지어 시들어 보이는 잎에도 물은 있습니다. 그런데 만약 잎에 물을 보호하는 장치가 없다면 어떻게 될까요? 해가 뜨자마자 물은 증발해 버리고 잎은 금방 시들어 버릴 겁니다. 그래서 표피가 있어야 식물이 안전합니다.

잎의 숨구멍, 기공이 하는 일

잎의 표피에는 단춧구멍 모양의 세포가 있습니다. 식물 세포는 어느 하나도 그냥 노는 법이 없습니다. 이 단춧구멍 모양의 세포도 아주 특별한 일을 맡아 열심히 일합

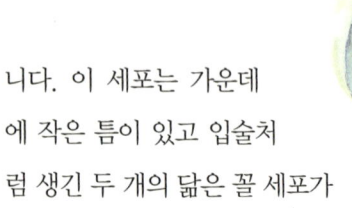

어리연꽃
늪이나 연못에서 자라는 뜬잎식물이다.
7~8월에 흰색 꽃을 피우는데 가운데 부분이 노랗다.
물 위에 뜨는 잎은 심장 모양이다.

니다. 이 세포는 가운데에 작은 틈이 있고 입술처럼 생긴 두 개의 닮은 꼴 세포가 마주 보고 있습니다. 입술 모양의 세포는 열리고 닫히기를 되풀이하지요. 이것이 식물의 숨구멍인데 표피 세포가 변한 것입니다. 학자들은 이 숨구멍을 '기공'이라 부르고, 열렸다 닫히는 이 두 세포를 '기공의 변두리'에 있다 하여 '공변세포'라 부릅니다.

기공은 잎에 수없이 많이 있습니다. 특히 '뭍살이식물^{땅 위에서 자라는 식물}'은 잎의 뒷면에 많이 있고, '뜬잎식물^{물에 떠서 자라는 식물}'은 잎의 윗면에 많이 있습니다. 기공은 너무 작아서 바늘로 찔러 생긴 구멍도 기공에 견주면 아주 큰 편이라 할 수 있습니다.

그런데 이렇게 많은 숨구멍이 있어야 하는 까닭이 무엇일까요? 기공이 하는 일이 그만큼 중요하기 때문입니다. 기공은 공기가 들어오고 나가는 입구이자 출구입니다. 하지만 그저 숨만 쉬는 것은 아니지요. 매우 중요한 일을 하나 더 맡고 있습니다. 그것은 바로 식물이 지니고 있는 물을 수증기로 내뿜는 일입니다.

특히 햇빛이 비칠 때, 식물들은 계속해서 수증기를 내뿜습니

잎의 속

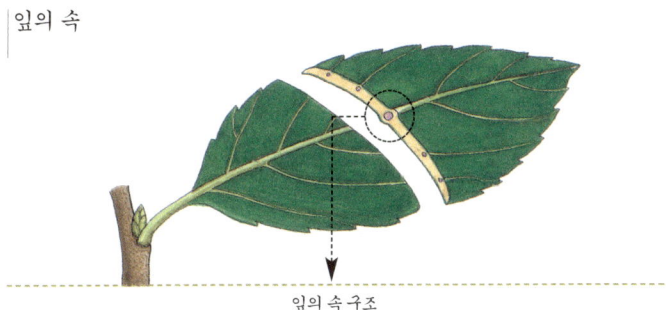

잎의 속 구조

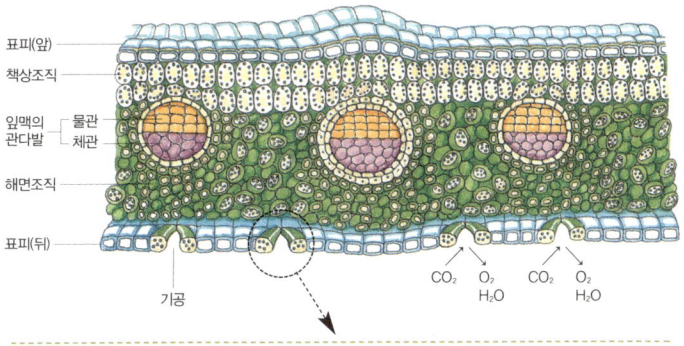

기공

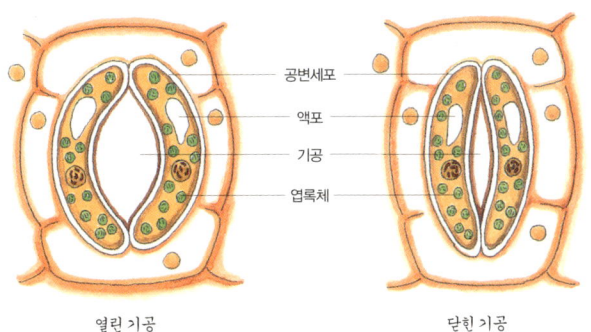

식물의 증산 작용
나뭇가지를 꺾어 투명한 비닐에 넣어 두면 비닐에 물방울이 맺히는 것을 볼 수 있다.
기공에서 수증기를 내뿜는 증산 작용을 하고 있다는 증거이다.

다. 식물뿐만 아니라 사람도 숨 쉴 때 물을 내뿜지요. 차가운 유리창에 대고 숨을 내뿜으면 숨이 유리에 닿아 뿌옇게 됩니다. 이것이 나중에는 작은 물방울로 흘러내리지요. 숨을 쉴 때 몸속에 있던 물이 나간 것입니다. 식물의 기공이 수증기를 내뿜는 것도 이와 같습니다. 살아 있는 나뭇가지를 꺾어 투명한 비닐이나 맑은 유리병에 넣어 두면 얼마 지나지 않아 비닐 표면이나 유리병의 벽에 작은 물방울이 맺혀 흐릅니다. 기공이 눈에 보이지 않는 수증기를 내뿜는 것을 '증산 작용'이라 합니다.

하나하나의 기공이 내뿜는 수증기의 양은 아주 적습니다. 그러나 식물의 어마어마한 기공 개수를 생각하면 뿜어내는 전체 물의 양은 엄청나지요. 보통 크기의 나무는 하루에 약 10리터의 물을 내뿜습니다. 덥고 메마른 날씨에 보통 크기의 해바라기 한 그루는 12시간 동안 900그램의 물을 내뿜습니다. 기공의 증발은 밤보다는 낮에, 응달보다는 양달에서, 춥고 습한 날씨보다는 덥고 메마른 날씨에 더 많이 일어납니다.

| 식물은 왜
| 물을 내뿜을까?

그런데 기공은 왜 그토록 열심히 물을 내뿜을까요? 첫 번째로 액체의 증발은 식물의 열을 식혀 줍니다. 쉬운 예로 목욕을 마치고 욕실을 나올 때 몸이 시원해지는 것을 느낍니다. 몸을 덮고 있던 물이 날아가면서 몸의 열을 빼앗아 가기 때문입니다. 식물도 열이 너무 높으면 살아갈 수 없습니다. 그래서 기공을 통해 물을 뿜어내 온도를 알맞게 떨어뜨리는 것입니다.

그런데 한 가지 궁금한 것이 있습니다. 온도가 그리 높지 않은 그늘에서나 밤에도 증발이 멈추지 않는다는 사실입니다. 왜 그럴까요? 식물 자신에게 영양분을 주기 위해서입니다. 이것이 증발이 주는 두 번째 효과입니다. 식물이 뿌리를 통해 빨아올리는 물에는 흙에 있는 모든 영양분이 녹아 있습니다. 이 물은 물관을 통해 잎으로 올라갑니다. 그런데 물에 섞인 영양분의 양은 아주

식물의 증산 작용

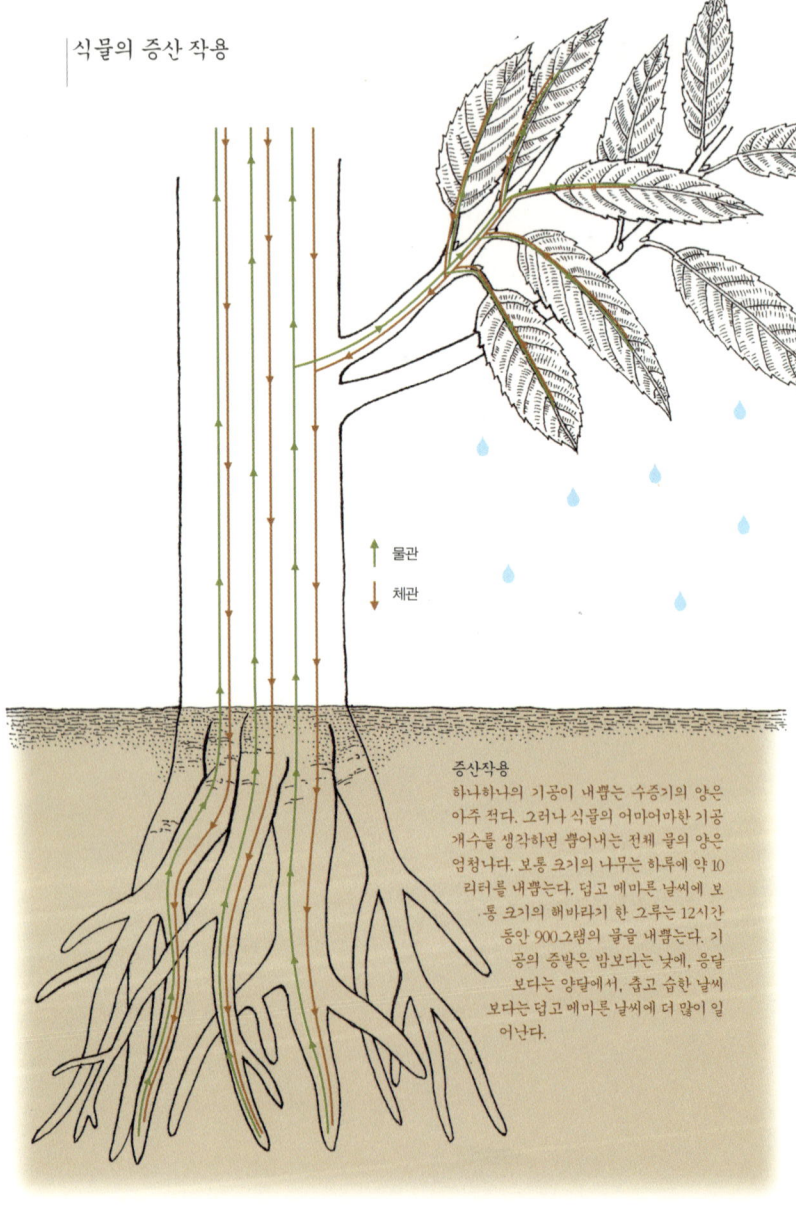

↑ 물관
↓ 체관

증산작용

하나하나의 기공이 내뿜는 수증기의 양은 아주 적다. 그러나 식물의 어마어마한 기공 개수를 생각하면 뿜어내는 전체 물의 양은 엄청나다. 보통 크기의 나무는 하루에 약 10리터를 내뿜는다. 덥고 메마른 날씨에 보통 크기의 해바라기 한 그루는 12시간 동안 900그램의 물을 내뿜는다. 기공의 증발은 밤보다는 낮에, 응달보다는 양달에서, 춥고 습한 날씨보다는 덥고 메마른 날씨에 더 많이 일어난다.

적지요. 그러니 넉넉한 영양분을 얻기 위해서 식물은 되도록 많은 양의 물을 빨아들일 수밖에 없습니다. 그래서 잠시도 쉴 틈이 없지요.

영양분은 아주 조금씩 뿌리를 통해 올라가서 잎까지 다다릅니다. 그리고 이 영양분은 잎의 기공으로 들어온 다른 물질과 뒤섞입니다. 이때 햇빛의 힘을 빌려 화학 변화를 일으키고 영양액을 만들지요. 이러한 화학 작용을 '광합성'이라고 합니다. 광합성을 통해 만들어진 영양액이 바로 식물의 피인 '수액'인데, 이 수액이 체관을 통해 뿌리로 내려가면서 식물의 생명을 지켜 주고 식물을 자라게 합니다.

한편, 뿌리에서 올라온 영양분이 잎 속의 세포에서 화학 변화를 일으키고 나면, 영양분을 잎까지 실어 나른 물은 더 이상 쓸모가 없게 됩니다. 더욱이 뿌리로부터 물이 계속해서 올라오므로 쓸모없는 물은 버릴 수밖에 없습니다. 바로 이런 까닭으로 기공은 그늘에 있을 때나 밤에도 쉬지 않고 물을 내뿜는 것입니다.

잎을 초록색으로 보이게 하는 엽록소

잎을 세로로 자른 단면을 살펴볼까요? 표피 조직 아래로 내려가면 '책상조직'이 나오고 좀 더 들어가

식물의 광합성과 호흡

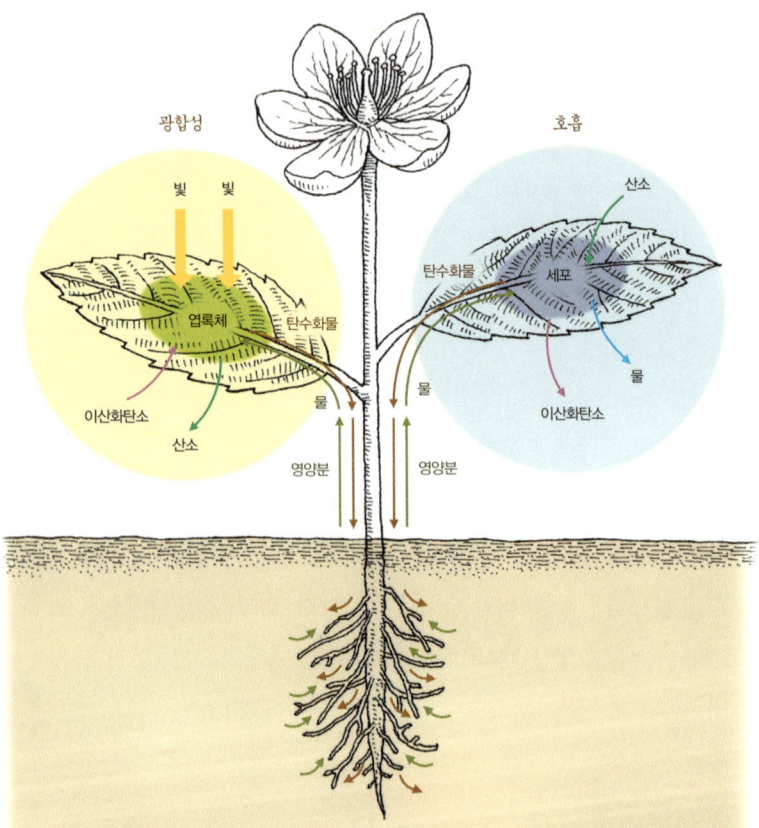

식물의 광합성과 호흡은 잎에서 동시에 일어난다. 낮에 일어나는 광합성은 뿌리에서 올라오는 물이 태양으로부터 빛을, 공기 중에서 이산화탄소를 받아 탄수화물을 만드는 작업이다. 이때 식물은 산소를 내뿜게 된다. 그리고 이렇게 만들어진 탄수화물은 식물을 키우는 영양분이 되어 다시 줄기를 타고 뿌리로 내려가면서 식물체의 이곳저곳으로 영양분을 전해 준다. 이와 함께 식물의 잎은 밤낮없이 호흡작용도 한다. 호흡은, 뿌리에서 올라온 영양분과 물이 잎으로 올라와 잎의 세포에서 이산화탄소와 물을 내뿜고, 한편으로 산소를 받아들이면서 숨을 쉬는 작업이다. 이렇게 잎은 식물을 숨쉬게 하고, 식물에게 영양분을 제공하는 중요한 일을 함께 하고 있다.

면 '해면조직'이 나옵니다. 책상조직은 마치 책꽂이에 책을 꽂아 둔 것처럼 세포들이 빽빽하게 들어 있어서 붙여진 이름입니다. 해면조직은 바닷가 바위에 붙어사는 해면처럼 짜임새가 느슨하여서 붙여진 이름입니다(227쪽을 참고하세요.).

해면조직과 책상조직에는 둥근 세포가 매우 많은데 이 세포들은 녹색을 띱니다. 이 물질은 무엇일까요?

이 세포를 짓눌러 터뜨리면 액이 흐르는데, 이것을 현미경으로 들여다보면 녹색을 띠는 아주 작은 알갱이라는 것을 알게 됩니다. 이 녹색의 알갱이가 바로 '엽록소 클로로필'이지요. '잎을 녹색으로 보이게 하는 색소'라는 뜻입니다. 알갱이가 어찌나 작은지 $1mm^3$ 크기의 세포 하나에 2백만 개의 엽록소가 들어 있습니다. 잎 말고도 어린 가지의 껍질, 덜 익은 과일도 녹색으로 보이는데, 여기에도 엽록소가 들어 있어서 그렇습니다. 식물의 어느 기관이든 그 안에 엽록소만 있으면 녹색을 띠지요.

엽록소는 햇빛을 좋아합니다. 엽록소에게 햇빛은 물레방아에 필요한 물과 같습니다. 물레방아를 물가에 세우듯, 이 녹색의 알갱이는 햇빛이 닿는 곳에 있어야 합니다. 햇빛을 좋아하는 엽록소는 햇빛을 이용해 광합성 작용을 하여 탄수화물을 만들어 냅니다. 식물에게 중요한 영양분을 제공하는 역할을 하는 것입니다.

햇빛과 엽록소

정말로 햇빛이 모자라면 식물은 죽을까요? 그렇습니다. 햇빛이 모자라면 엽록소는 녹색을 잃고 누렇게 변합니다. 그리고 식물 공장은 더 이상 바쁘게 돌아가지 않거나 서 버립니다. 어떻게든 햇빛을 찾으려고 안간힘을 쓰지만 계속 햇빛을 받지 못하면 식물은 죽게 됩니다.

파브르는 이와 같은 예를 잔디밭에서 찾습니다. 어쩌다가 기왓장 같은 물건을 잔디에 덮어 놓을 때가 있습니다. 얼마 지나 기왓장을 들추어 보면 잔디가 누렇게 변한 것을 볼 수 있습니다. 기왓장 밑에서 무슨 일이 있었을까요? 잔디는 햇빛이 모자라니 아무 일도 하지 못했습니다. 이렇게 되는 것을 '누렇게 된다' 하여 '황화' 라고 부릅니다.

가을에도 비슷한 일이 일어납니다. 대부분의 식물들이 녹색을 잃어버리지요. 가을은 녹색 세포가 일하기 싫어하는 때라서 그렇습니다. 여름내 열심히 일했

느리나무 단풍   자작나무 단풍

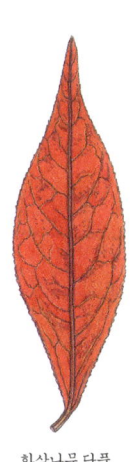
화살나무 단풍

벚나무 단풍

상수리나무 단풍

으니 이제 쉬고 싶은 것입니다. 가을에 잎 색깔이 변하는 것을 보고 파브르는 일을 다 마치고 여유가 생긴 잎들이 멋을 좀 부린다고 생각했습니다. 녹색 일옷을 벗고 울긋불긋한 옷으로 화려하게 치장을 한다는 것입니다. 벚나무와 화살나무는 고운 붉은색으로 마음껏 뽐을 내고, 자작나무는 노르스름한 색으로 살짝 멋을 내고, 참나무는 아예 갈색으로 짙은 화장을 한다고 하였습니다. 하지만 그런 사치스러운 치장은 얼마 못 가는 법입니다. 스산한 바람과 함께 가을비라도 내리면 그것으로 끝입니다. 잎은 잠깐만 쉬고 싶었겠지만, 쉰다는 것은 곧 죽음을 뜻합니다. 하기야 죽

단풍나무 단풍

싱싱한 사철나무 잎   누렇게 변한 사철나무 잎

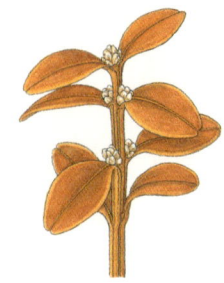

싱싱한 회양목 잎   연갈색으로 변한 회양목 잎

싱싱한 소나무 잎   갈색으로 변한 소나무 잎

음이야말로 가장 완벽한 휴식이라 할 수 있지요.

그런가 하면, 울긋불긋한 옷으로 갈아입지 않은 나뭇잎들은 녹색 일옷을 걸친 채 여전히 가지에 붙어 있습니다. 사철나무, 회양목, 소나무를 보세요. 이들은 겨울이 와도 잎을 떨어뜨리지 않습니다. 아무리 나이 들었어도 일하기를 즐겨하면 젊음과 명예를 지킬 수 있다고 파브르는 귀띔합니다.

하지만 이 세상에서 영원히 사는 것은 없습니다. 사철나무나 회양목은 겨울을 나고 이듬해에, 또 그 이듬해에도 녹색으로 살아 있습니다. 하지만 겉보기에만 그렇습니다. 언젠가는 그 잎들도 죽음을 맞이합니다. 다만 아주 조금씩 새잎으로 바뀌기 때문에 언제나 푸른 잎이 가득한 것처럼 보이는 것뿐이지요. 늘 푸르러 보이는 이 잎들도 마지막 때가 되면 색깔을 바꿉니다. 땅에 떨어진 회양목 잎은 노랗습니다. 죽은 소나무 잎은 갈색입니다. 생명이 다한 나뭇잎은 그 어느 것이든 녹색을 잃게 마련입니다.

엽록소가 없는 기생식물

세상에는 늘 예외가 있는 법입니다. 살아 있는 식물인데도 녹색을 띠지 않는 식물도 있습니다. 5, 6월에 바닷가 모래땅에서 보랏빛 꽃을 피우는 초종용이 바로 그런 식물입니다. 초종용은 그 흔한 잎 한 장 달고 있지 않습니다. 게다가 줄기는 연한 자줏빛을 띱니다. 녹색이라고는 찾아볼 수 없죠. 왜냐하면 세포에 엽록소가 전혀 없기 때문입니다.

엽록소가 없으면 일도 못하고 먹고살 영양분도 없을 텐데, 이 식물은 어떻게 해서 꽃을 피울까요? 일할 도구도 없고 일할 생각도 없으니 방법은 딱 하나, 도둑질입니다. 파브르는 초종용을 일컬어 흡혈귀처럼 다른 식물의 목덜미를 물어뜯어 피를 빨아먹고 산다고 하였습니다. 실제로 초종용은 늘 사철쑥이나 개사철쑥 옆에서 자랍니다. 초종용 뿌리 아래를 조심스럽게 파 보면 파

미국실새삼 숙주식물을 감고 올라간다

미국실새삼을 뜯어내면 숙주식물의 체관까지 파고 들어간 흔적이 보인다.

미국실새삼 확대

브르가 왜 그렇게 심한 표현을 썼는지 알 수 있습니다. 초종용은 이웃 식물의 뿌리에 줄기를 착 붙여서는 붙살이를 하고 있는 것입니다.

미국실새삼도 마찬가지입니다. 미국실새삼은 숙주식물에 닿아서 감기 시작하면 뿌리를 없애고 숙주식물의 줄기나 체관에 파고들어 영양분을 흡수하면서 성장합니다.

식물이든 사람이든 자신이 열심히 일하여 먹고사는 것이 떳떳한 생활입니다. 스스로 노력하지 않은 채 남의 것을 빼앗거나 훔쳐서 사는 것은 올바르지 못한 삶이지요. 그런 사람의 얼굴에는 밝은 미소가 없으며, 그런 식물에게는 싱싱함과 푸르름이 없게 마련입니다.

기생식물

초종용처럼 자기 스스로 영양분을 만들지 않고 다른 식물에 기대어 살아가는 식물을 기생식물이라고 한다. 기생식물은 영양분을 흡수하는 방식에 따라 반기생식물과 전기생식물로 나눈다. 반기생식물은 다른 식물에 기대어 영양분을 흡수하면서도 스스로 광합성을 하여 영양분을 만들어 내기도 한다. 겨우살이, 수염며느리밥풀 등이 반기생식물이다. 전기생식물은 모든 영양분을 다른 식물로부터 빼앗아 살아가는 식물이다. 야고, 실새삼, 나도수정초 등이 전기생식물이다.

겨우살이
3~4월에 꽃이 피고 10~12월에 열매를 맺는다. 참나무나 밤나무에 기생하여 자란다.
하지만 녹색 잎이 있어 광합성을 통해 영양분을 스스로 만들기도 한다. 그래서 반기생식물이다.
줄기와 잎은 약재로 사용한다.

야고
억새밭에서 억새 뿌리에 기생하여 자란다.
몸 전체에 녹색 부분이 하나도 없어
스스로 광합성도 하지 않는다.
오로지 억새 뿌리에 기생하여 영양분을
흡수한다. 그래서 전기생식물이다.

나도수정초
썩은 나무에 붙어
기생한다. 몸 전체가
광합성을 할 수 있는
엽록소를 하나도
가지고 있지 않아
하얗다. 모든 영양분을
썩은 나무에서
빨아올린다. 그래서
전기생식물이다.

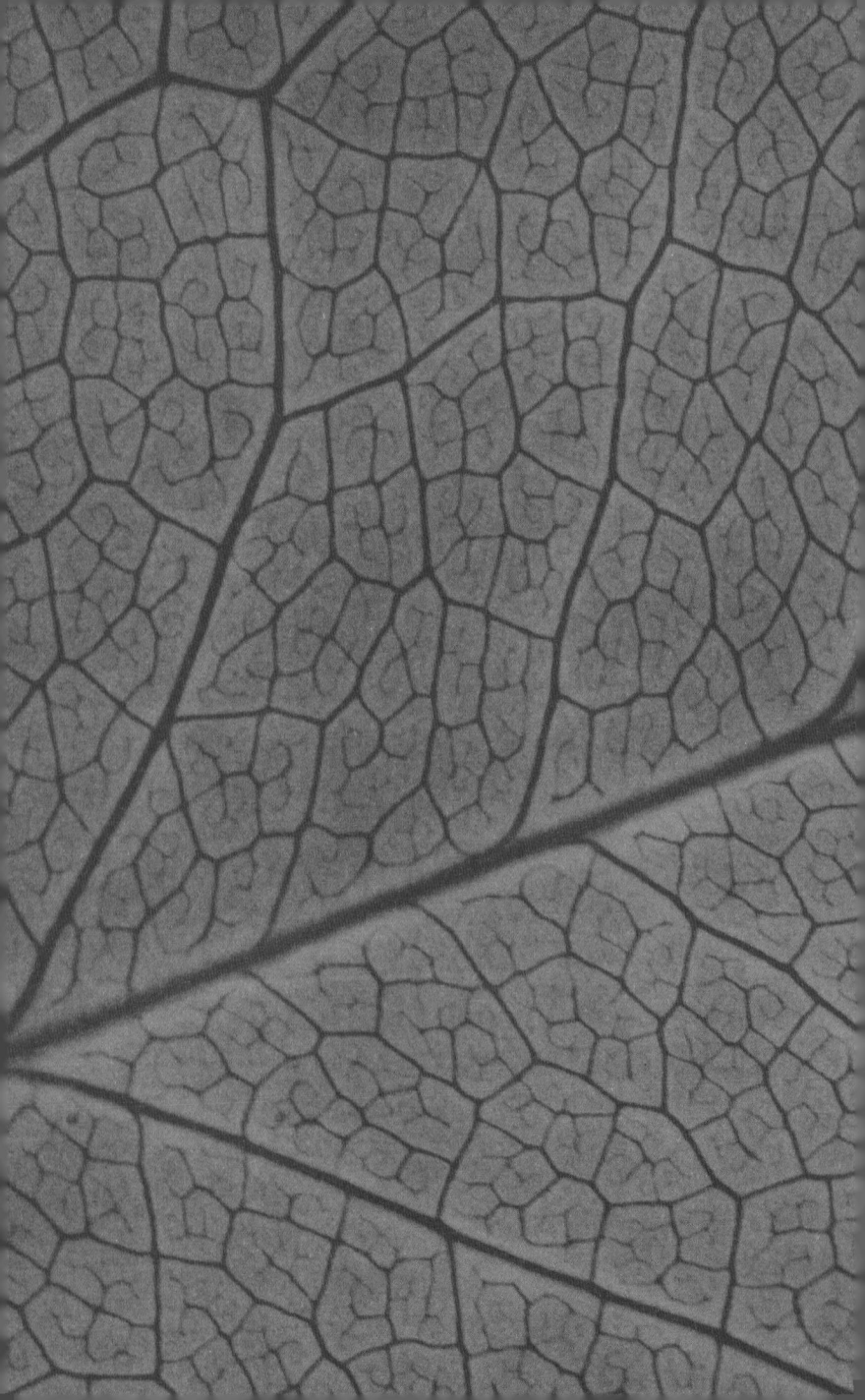

chapter 14

단 한 가지
일만 하는
고귀한 몸,
꽃

생명을 만드는 고귀한 기관, 꽃

기억하나요? 식물은 히드라처럼 독립하는 어린눈을 내어 자식을 퍼뜨리기도 한다는 사실을요. 그런데 어린눈을 내는 방법은, 종족을 마음 놓고 퍼뜨리기에는 그다지 좋지 않습니다. 자손대대로 종족을 넉넉히 퍼뜨리는 일은 본디 눈의 몫이 아니니까요. 눈이 맡은 일은, 새봄이 왔을 때 잎과 가지를 씩씩하게 펼치는 것입니다.

그렇다면 종족을 퍼뜨리는 일은 누가 맡을까요? 네, 바로 씨앗입니다. 씨앗만이 이 일을 가장 확실하고도 안전하게 해낼 수 있습니다.

그런데 씨앗은 어린눈이 아닌 다른 기관이 만듭니다. 우아하고 고귀한 옷을 입고 있는 이 기관은 다른 일은 하지 않습니다. 오로지 씨앗을 만들어 퍼뜨리는 일만 맡고 있습니다. 이 기관이 바로 꽃입니다.

꽃은 아름다운 겉모습과 화려한 색깔로 사람들의 눈길을 사로잡지만 솔직히 말하면 하나의 가지에 지나지 않습니다. 이 가지의 잎이 종족을 퍼뜨리기 위해 겉모습을 아름답게 바꾸었을 따름이지요.

그래서 파브르는 꽃이 핀 가지를 보며, 한 나무에는 두 종류의 가지가 있다고 말했습니다. 하나는 식물이 살아가는 데 필요한 영양분을 만드는 가지이지요. 녹색의 잎을 매단 이 가지는 현재의 삶을 위한 것입니다. 다른 하나는 종족을 안전하게 퍼뜨리는 일을 맡고 있습니다. 우리가 꽃이라고 부르는 바로 그것이며 이것은 미래의 삶을 위한 가지이지요.

| 꽃이
| 어떻게 생겼지?

이제 꽃의 생김새를 살펴보겠습니다. '꽃받침', '꽃부리', '수술', '암술'이 모두 있는 벚꽃을 예로 들어 볼까요?

늘 무리 지어 화려하게 피면서, 봄을 알리는 벚꽃을 하나만 자세히 들여다본 적이 있나요? 벚꽃은 꽃잎이 다섯 장입니다. 이 다섯 장의 꽃잎이 잘 정돈되어 있는 것을 통째로 '꽃부리'라고 합니다. 벚꽃은 꽃부리 밑에 꽃받침도 다섯 장 있어서 꽃부리를 잘 받쳐 주지요.

  이 꽃부리의 가운데에는 스무 개쯤 되는 가느다란 수술대가 있습니다. 수술대의 끄트머리에는 캡슐이 매달려 있지요. 캡슐은 가운데에 칸막이가 있어 두 개의 방으로 나닙니다. 이 방 안에는 꽃가루가 가득 들어 있지요. 이 캡슐을 '꽃밥'이라고 합니다. 꽃이 먹는 밥일까요? 아닙니다. 톱질을 할 때 나오는 가루를 톱밥이라 하는 것처럼 꽃이 갖고 있는 가루라는 뜻입니다. '꽃밥'과 '수술대'를 합하여 수술이라 부릅니다.

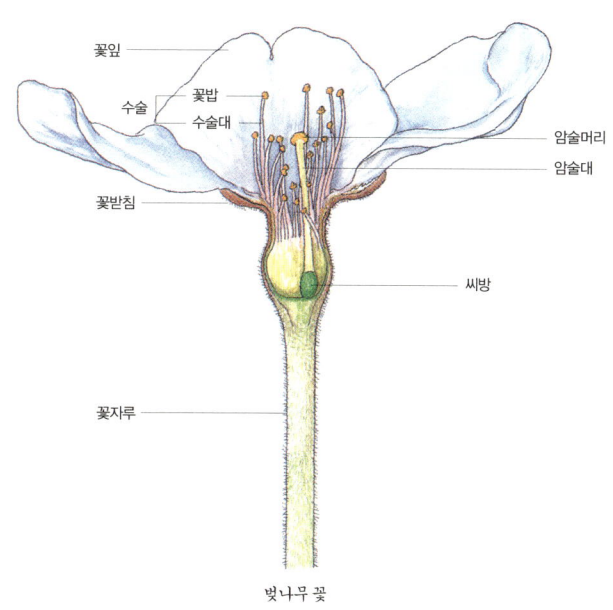

벚나무 꽃

암술과 수술의 구조

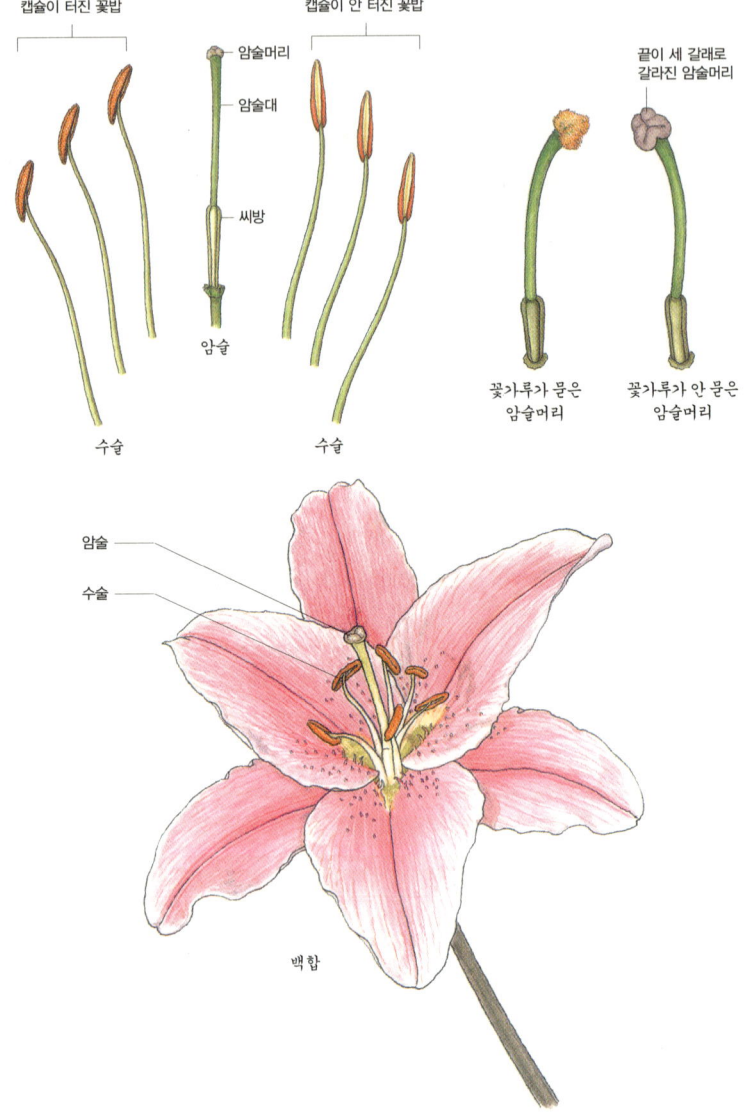

여러 개의 수술은 암술을 보기 좋게 둘러싸고 있습니다. 수술보다 도톰하고 곧게 뻗은 '암술대'의 끝에는 '암술머리'가 달려 있지요. 암술머리는 세 갈래로 갈라져 있고 늘 촉촉하게 젖어 있습니다. 그리고 암술대의 아래쪽 부분에, 얼마쯤 부풀어 있는 것은 '씨방^{밑씨가 들어 있는 방}'입니다. 씨방 안에는 '밑씨^{장차 씨앗이 될 부분}'가 들어 있지요.

벚꽃의 구조에서 암술과 수술이 잘 보이지 않는다면, 크기가 커서 살펴보기 좋은 백합의 암술과 수술을 살펴보면 됩니다.

그런데 꽃의 구조를 보다 보면 뭔가 이상한 것이 없었나요? 왜 암술보다 수술의 개수가 훨씬 더 많을까요? 게다가 캡슐에 들어 있는 꽃가루는 낭비라 할 만큼 터무니없이 많지 않나요?

동물을 생각해 보면 그 답을 쉽게 찾을 수 있습니다. 동물 세계에서도 난자보다 정자의 개수가 훨씬 더 많습니다. 이것은 식물이든 동물이든 자손대대로 종족을 퍼뜨리는 일이 얼마나 중요한지를 말해 주는 것이지요. 동물의 정자든 식물의 꽃가루이든, 가장 용감하고 가장 재빠르고 가장 뛰

안갖춤꽃 강아지풀

이끼류
이끼 식물은 꽃을 피우지 않는다. 대신 포자(홀씨)를
날려 번식한다. 위에 대롱처럼 달려 있는 게
포자가 들어 있는 포자 주머니이다.
포자 주머니의 윗부분이 열리면 포자가 날아간다.

어난 자에게만 종족을 퍼뜨릴 수 있는 자격을 줍니다. 후보자가 많을수록 경쟁은 뜨거워지고 승리자의 자격은 더 빛나게 마련이지요.

벚꽃처럼 바깥에서부터 꽃받침, 꽃부리, 수술, 암술이 모두 있는 꽃을 보고 다 갖추었다 하여 '갖춘꽃'이라 합니다. 하나라도 없으면 '안갖춘꽃'이 되겠지요. 벼·갈대·보리·은행나무·개구리밥 들은 꽃잎이 없는 '안갖춘꽃'입니다.

그런데 꽃의 네 부분 가운데 꼭 있어야 하는 것은 무엇일까요? 바로 암술과 수술입니다. 씨앗을 만드는 데 꼭 필요하니까요. 사실 꽃받침은 보호 덮개일 뿐이고 꽃부리는 장식일 뿐입니다. 이 둘은 있어도 되고 없어도 됩니다. 사람들은 아름다운 꽃잎이나 꽃받침이 없으면 아예 꽃이 없다고 말해 버립니다. 하지만 실제로는 암술과 수술만 있으면 꽃을 가지고 있다고 할 수 있죠.

그러므로 이끼류, 조류, 고사리류처럼 꽃을 피우지 않는 민꽃식물은화식물을 뺀 모든 식물은 눈에 띄든 띄지 않든 꽃이 있고 씨앗을 만들 수 있습니다. 겉모습이 화려한 꽃들만 크고 중요한 일

포자

고사리

고사리류
고사리류도 이끼류와 마찬가지로 꽃을 피우지 않는다. 대신 잎 뒤에 포자(홀씨)가 생기는데 이 포자를 날려 번식한다.

을 하는 것은 아니지요. 겉으로 꾸밀 줄 모르고, 드러나지 않는다 하여도 자신의 몫을 묵묵히 해내는 사람들이 있듯이 식물 세상에도 그런 꽃들이 얼마든지 있습니다.

그런데 꽃받침과 꽃부리가 있어도 되고 없어도 되는 것이라면 굳이 왜 있는 걸까요? 꽃받침과 꽃부리는 암술과 수술을 둘러싸서 보호하는 일도 하지만 한편으로는 다른 일도 하기 때문입니다. 곤충이나 새를 끌어들여 씨앗 맺는 일을 돕도록 하는 것이지요. 이렇게 보면 식물은 꽃잎이나 꽃받침을 무턱대고 꾸미거나

암수갖춘꽃 복숭아나무
암수갖춘꽃은 한몸에
암술과 수술을 모두 갖추고 있다.

만드는 것이 아니라 종족을 퍼뜨리는 데에 요긴하게 쓰고 있는 셈입니다. 그런데 그것을 보고 예쁘다, 예쁘지 않다 말하는 것은 사람들뿐이지요.

한편 암술과 수술이 한 꽃송이에 모두 들어 있는 꽃을, 암수 모두 함께 있다 하여 '암수갖춘꽃'이라 합니다. 그와는 달리 수술

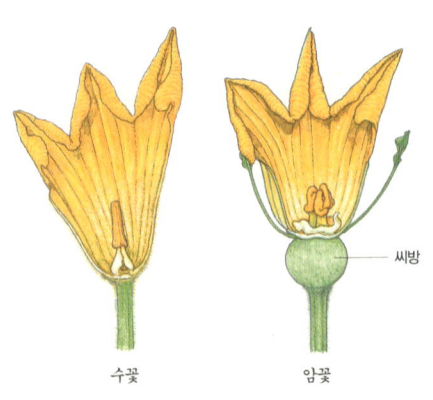

암수한그루 호박
암수안갖춘꽃이면서 암꽃과 수꽃이
함께 있는 암수한그루이다.
암꽃 아래 씨방이 발달하여 호박이 된다.

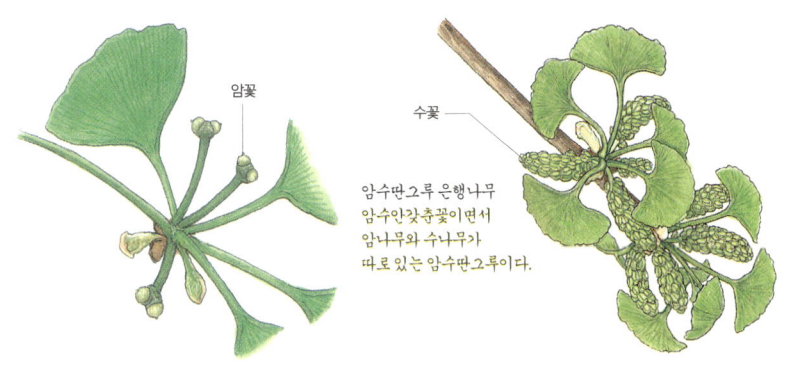

암수딴그루 은행나무
암수안갖춘꽃이면서
암나무와 수나무가
따로 있는 암수딴그루이다.

이 있는 꽃과 암술이 있는 꽃이 저마다 따로 피는 것을 '암수안갖춘꽃'이라 합니다. 벚꽃·아까시나무·복숭아·배·사과·무궁화·딸기·앵두·살구·포도·해바라기는 '암수갖춘꽃'이고 호박·참외·오이·소나무·은행나무·옥수수·박은 암꽃이 따로 피고 수꽃이 따로 피는 '암수안갖춘꽃'입니다.

　암수안갖춘꽃이라 해도, 밤나무·호박·참외·오이·박은 한 그루에 암꽃도 달려 있고 수꽃도 달려 있습니다. 이런 것을 '암

수한그루'라 하지요. 그런가 하면 은행나무, 뽕나무는 아예 암꽃만 피는 나무와 수꽃만 피는 나무가 따로 있습니다. 이런 것을 '암수딴그루'라 합니다.

꽃받침잎과 꽃받침

꽃받침은 하나하나의 꽃받침잎들로 이루어져 있습니다. '꽃눈' 나중에 꽃이 될 눈으로, 보통 잎눈보다 짧고 통통하다이었을 때 꽃받침잎들은 서로를 단단히 붙잡아서 그 안쪽 부분을 보호합니다. 세균이나 곰팡이를 막아 주고 꽃눈 속이 너무 메마르지 않도록 하며 꽃눈을 먹고 싶어 하는 곤충이나 새도 막아 주지요.

꽃받침잎의 개수는 식물에 따라 다릅니다. 예를 들면 물봉선은 세 개, 감은 네 개, 개소시랑개비는 다섯 개를 가지고 있습니다.

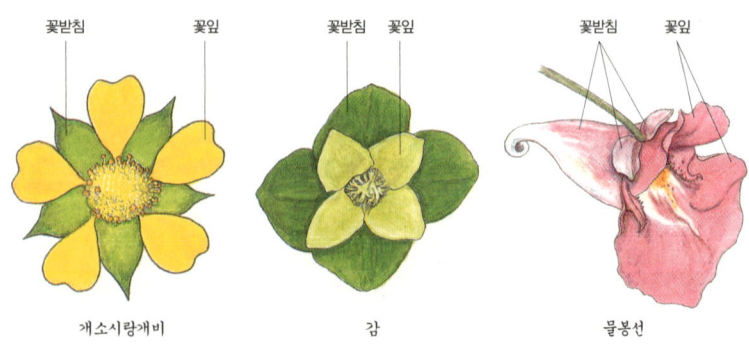

개소시랑개비 / 감 / 물봉선

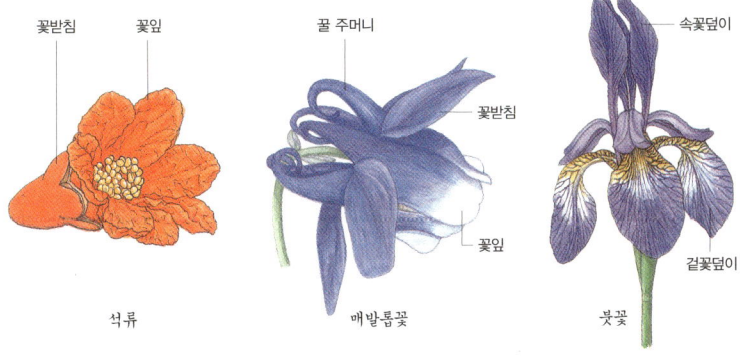

 꽃받침잎은 본디 잎이었습니다. 그래서 대부분 녹색이지요. 보통의 잎과 다른 점이 있다면 보호하는 일을 맡았기 때문에 조금 거칠고 단단합니다. 그리고 꽃이 필 때까지 있다가 자기 할 일을 마치면 떨어지거나 시들어 버립니다. 양귀비는 꽃부리가 막 벌어지려 할 때 꽃받침잎이 떨어지기 때문에 꽃받침잎이 없는 꽃으로 오해하기 쉽습니다.

 꽃받침잎은 녹색이 대부분이지만 언제나 그런 것은 아닙니다. 꽃부리만큼이나 아름다운 색깔을 가진 꽃받침잎들도 많습니다. 예들 들어 석류의 꽃받침잎은 꽃잎과 다를 바 없는 생생한 붉은색을 띱니다. 매발톱꽃의 꽃받침잎은 조직이 무척 섬세하고 색깔도 화려해서 꽃잎으로 보기 쉽습니다. 그런데 꽃잎과 꽃받침을 구분하기 어려운 꽃도 있습니다. 이런 경우에는 꽃잎과 꽃받침을 통틀어 '꽃덮이'라고 합니다. 그리고 안쪽에 있는 것을 '속꽃덮이', 바깥쪽에 있는 것을 '겉꽃덮이'라고 합니다.

| 꽃잎,
| 꽃부리, 꽃차례

    꽃잎은 넓고 얇은 잎으로, 섬세하고 밝은 색깔을 띱니다. 짜임새는 잎과 거의 같습니다. 잎맥이 있으며 기공과 세포도 있지요. 그러나 꽃잎에는 엽록소가 없기 때문에 녹색을 띠는 꽃잎은 거의 없습니다.

  꽃잎 하나하나가 짜임새 있게 잘 정돈되어 모여 있는 것을 꽃부리라 합니다. 꽃부리는 크고 아름다우며 생생한 색깔을 자랑

상수리나무의 꽃은 꽃잎이 없어 꽃처럼 보이지 않는다.
게다가 암꽃은 가지 끝 부분의 잎겨드랑이에
피는데 너무 작아서 눈에 잘 띄지 않는다.

하지만, 꽃에게는 그다지 중요한 부분이 아닙니다. 사실 꽃부리는 꽃받침보다도 덜 중요합니다. 꽃받침은 궂은 날씨에 맞서서 꽃의 안쪽에 있는 부분들을 지켜 주고 좀 더 강하게 견디도록 해 주지만, 꽃부리는 그런 일을 맡지 않습니다.

미나리아재비

그래서인지 많은 식물들이 꽃부리를 갖지 않습니다. 꽃부리가 없는 꽃들은 눈에 잘 띄지도 않지요. 숲 속에 있는 상수리나무, 느릅나무, 너도밤나무 꽃을 떠올려 보세요. 꽃부리가 없

복수초

는 이 꽃들은 꽃이 핀 줄도 모르고 지나기 일쑤입니다.

꽃부리는 대부분 꽃받침보다 크며 빨강·파랑·자주·노랑·주황·하양 따위의 갖가지 색을 띱니다. 미나리아재비나 복수초처럼 광택이 있어서 반짝거리는 것도 있지요.

꽃부리는 그 생김에 따라 여러 가지로 나눕니다. 그리고 꽃이 달리고 피는 순서를 꽃차례라고 하는데 피는 모양에 따라 여러 가지로 나눌 수 있습니다.

꽃부리

꽃잎이 잘 정돈되어 모여 있는 것을 '꽃부리'라고 한다. 꽃부리는 아름다워 곤충이나 새를 유인해 식물의 수정을 돕는다. 모든 꽃은 크게 갈래꽃과 통꽃으로 구분할 수 있다. 이게 바로 꽃을 구분하는 시작이다. 꽃잎이 서로 떨어져 있는 것을 '갈래꽃', 서로 붙어 있는 것을 '통꽃'이라고 한다.

갈래꽃

→ 꽃뿔(긴 꿀주머니) 모양 꽃부리
꽃부리나 꽃받침의 일부가 뒤쪽으로 길게 나와 있는 꽃부리 모양이다. 자주괴불주머니, 현호색, 산괴불주머니 들이 있다.

← 십자 모양 꽃부리
꽃 모양이 십자 모양이다. 갯무, 꽃다지, 냉이 들이 있다.

갯무

→ 나비 모양 꽃부리
꽃부리가 나비를 닮았다 하여 이렇게 불린다. 대부분의 콩과 식물의 꽃이 이 모양을 하고 있으며 아까시나무, 회화나무, 돌콩 들이 이에 속한다.

돌콩

↓ 석죽 모양 꽃부리
다섯 장의 톱니 같은 꽃잎을 피운다. 패랭이꽃, 동자꽃 들이 있다.

동자꽃

긴꿀주머니

자주괴불주머니

이 세상의 어떤 꽃이든 갈래꽃이거나 통꽃이다. 갈래꽃은 꽃잎이 두 장인 것도 있고 세 장인 것도 있으며, 여러 장으로 이루어진 것도 있다. 인동이나 영춘화의 꽃잎을 얼핏 보면 갈라져 있는 것 같지만 아랫부분까지 잘 살펴 보면 꽃잎이 하나로 이루어져 있다.

통꽃

인동

→ 깔때기 모양 꽃부리
꽃부리가 깔때기 모양이며, 나팔꽃, 메꽃 등이 이에 속한다.

영춘화

↑ 입술 모양 꽃부리
꽃부리의 끝부분이 위 아래로 갈라져 튀어 나온 입술 모양으로 보인다. 인동, 광대나물, 석잠풀, 긴병꽃풀 들이 있다.

가지

→ 수레바퀴 모양 꽃부리
꽃부리가 수레바퀴 모양이다. 가지, 꽃마리, 봄맞이꽃 들이 이런 모양이다.

암술   꽃잎

서양민들레의 낱꽃   서양민들레

→ 혀 모양 꽃부리
여러 장의 꽃잎이 한데 피어 있는 듯 보이지만 여러 개의 낱꽃이 한곳에 모여 핀 것이다. 낱꽃 하나하나가 모두 독립된 꽃이며, 낱꽃의 꽃잎은 혀 모양이다.

→ 종 모양 꽃부리
꽃부리가 종 모양이다. 도라지, 초롱꽃, 금강초롱, 잔대, 캄파눌라 들이 있다.

층층잔대

꽃차례

줄기나 가지에 꽃이 붙는 모양을 꽃차례라고 한다. 가지에 잎이 달리는 순서가 잎차례인 것과 같은 의미이다. 잎차례가 햇빛을 효과적으로 받기 위한 배열이라면, 꽃차례는 식물이 효과적으로 번식을 하기 위한 꽃의 배열이다. 꽃차례는 식물이 번식을 하고 살아가는 데 아주 중요한 의미를 가진다. 여름 들어 곤충을 이용해 꽃가루받이를 하는 식물은 곤충의 눈에 잘 띄고 잘 내려앉을 수 있게 꽃을 배열한다. 곤충 대신 바람을 이용하는 꽃들은 화려하지 않고 눈에 띄려고 애를 쓰지도 않는다. 단지 꽃이 바람에 잘 흔들리게 배열한다. 그래야 꽃가루를 바람에 실려 보낼 수 있기 때문이다.

꽃마리

꽃봉오리가 있는 이 부분을 자세히 보면 돌돌 말려 있다는 걸 알 수 있다.

← 권산 꽃차례
꽃이 달린 줄기가 처음에 고사리손처럼 말렸다 조금씩 펴지면서 아래로 차례차례 꽃이 피는 꽃차례를 말한다. 꽃마리, 꽈리, 물망초 등이 있다.

→ 이삭 모양 꽃차례
꽃자루가 없거나 또는 짧아서 꽃대에 바싹 붙어 이삭 모양으로 보인다. 타래난초, 질경이, 오이풀, 버꽃 등이 있다.

이렇게 생긴 게 모두 꽃 한 송이이다. 작지만 암술과 수술을 갖추고 있다.

산수유

↑ 우산 모양 꽃차례
우산살 모양으로 갈라져 그 끝에 꽃이 하나씩 피는 모양이다. 꽃자루가 한 군데에서 사방으로 퍼져 나가 있어 바람에 뒤집힌 우산살처럼 보인다. 산수유, 수국, 당근 들이 있다.

→ 원뿔 모양 꽃차례
한 가지에 꽃이 여러 갈래로 뻗어 나와 커다란 원뿔 모양으로 꽃이 핀다. 칠엽수, 수수꽃다리 등이 이렇게 꽃을 피운다.

칠엽수

타래난초

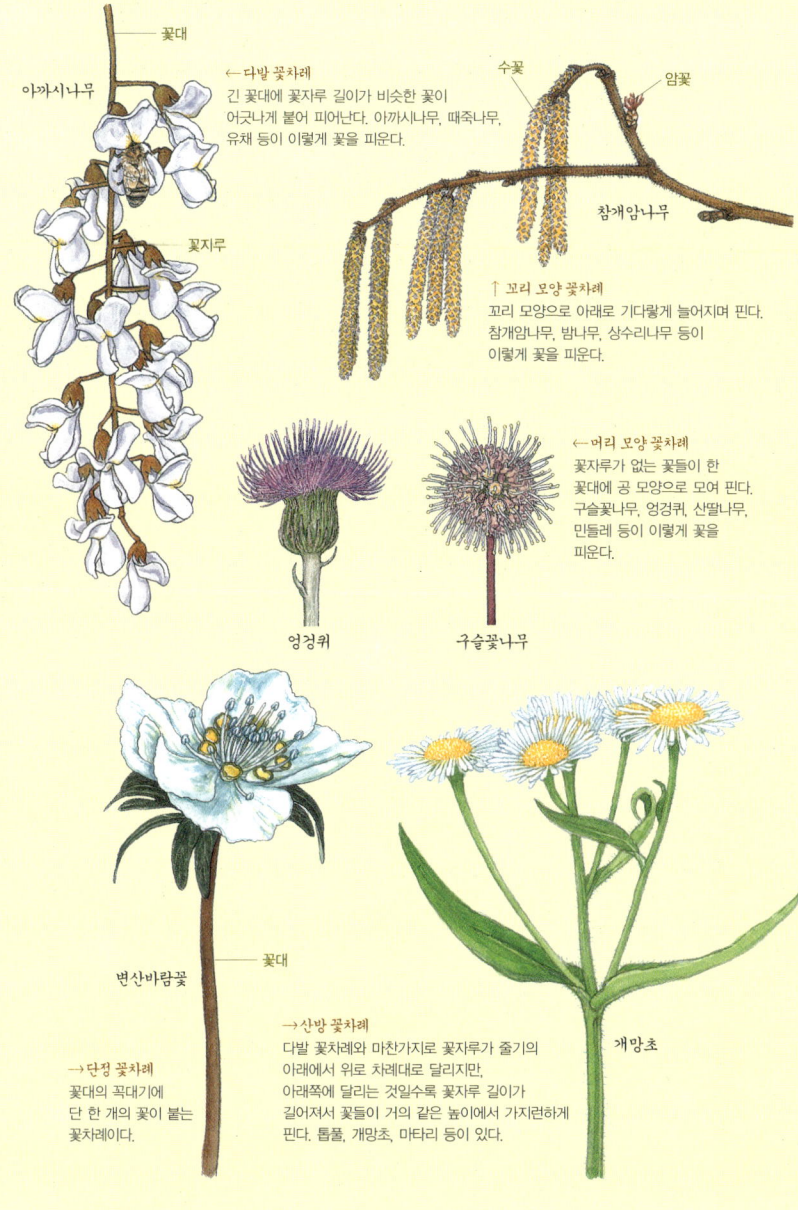

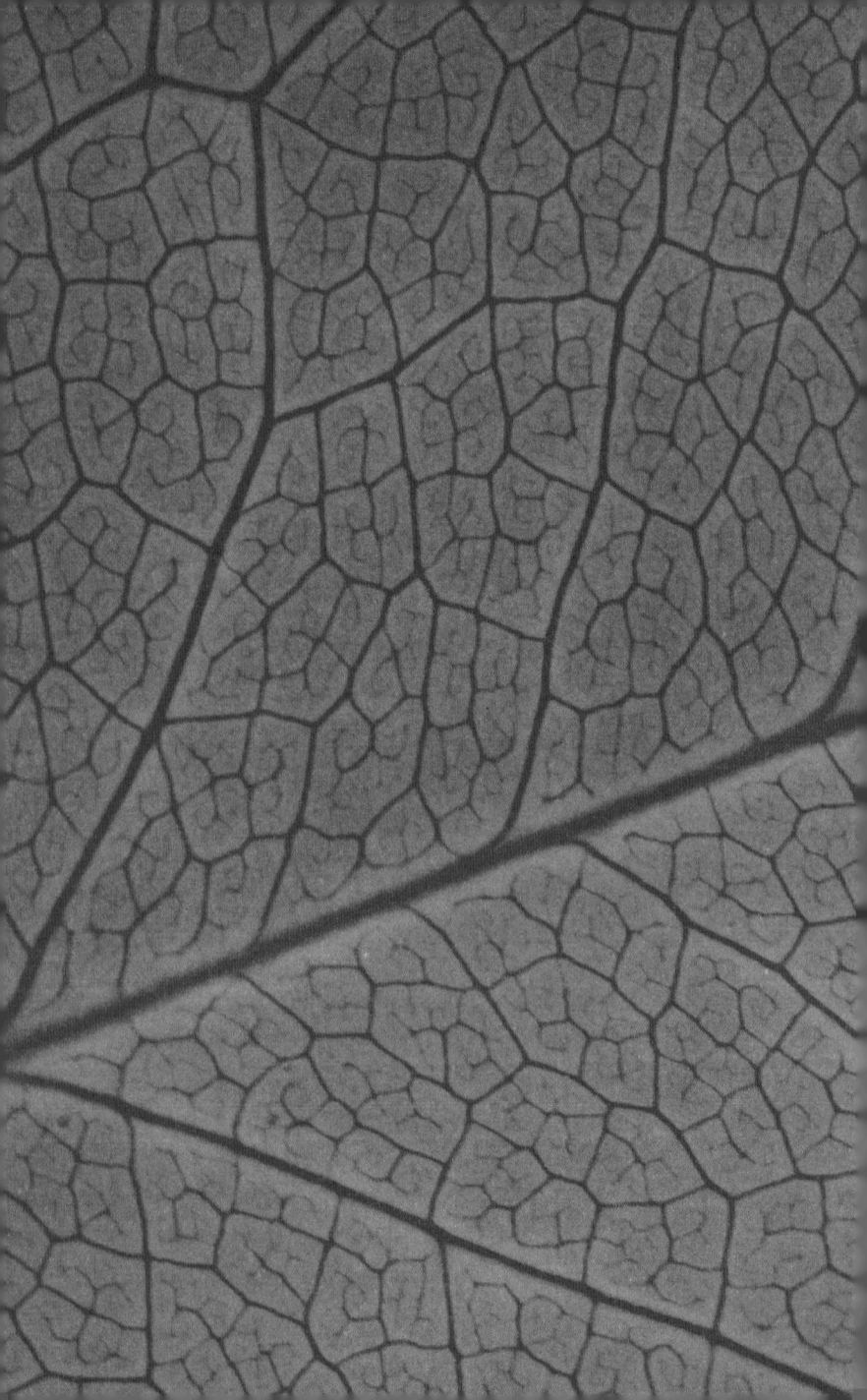

chapter 15

씨만 암수 앗드슬 을는과슬

곱셈을 좋아하는 꽃잎과 수술

꽃부리의 한가운데에 있는 수술과 암술은 열매와 씨앗을 맺게 합니다.

한 가지 재미있는 사실이 있습니다. 수술의 개수는 대부분 꽃잎의 장수와 같거나 배수로 나타납니다. 예를 들어 화살나무는 꽃잎이 넉 장, 수술이 네 개로 같습니다. 사마귀풀은 수술과 꽃잎이 3의 배수이고, 이질풀과 돌나물은 수술과 꽃잎이 5의 배수입니다. 그리고 수술이 꽃잎의 1/2인 것도 있습니다. 큰개불알풀은 꽃잎이 4장이고 수술이 2개입니다.

그렇다고 모든 꽃에서 이 규칙이 나타나는 것은 아닙니다. 수술의 개수보다 꽃잎의 수가 더 많거나 적은 것들도 흔히 볼 수 있습니다. 또 원예종으로 만든 겹꽃들은 이 규칙에서 많이 벗어납니다.

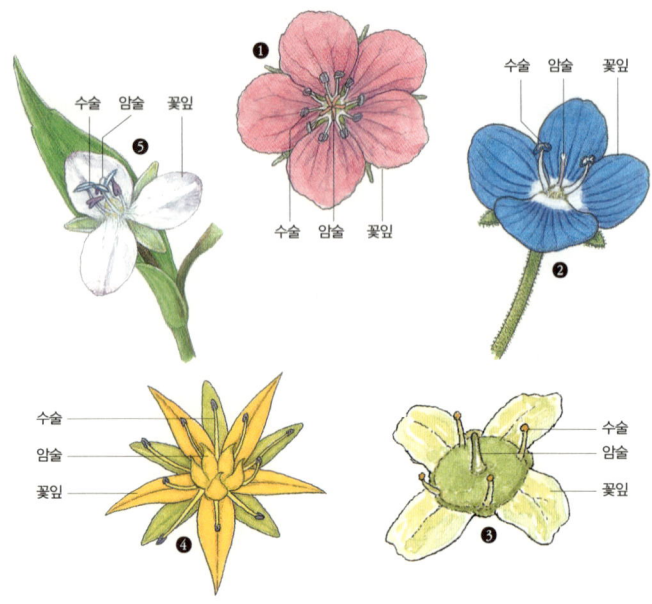

1 | 이질풀 수술과 꽃잎 수가 5의 배수이다. 꽃잎이 5장이고, 수술이 10개이다.
2 | 큰개불알풀 수술이 꽃잎 수의 절반이다. 꽃잎이 4장이고, 수술이 2개이다.
3 | 화살나무 수술과 꽃잎 수가 똑같이 4개씩이다.
4 | 돌나물 수술과 꽃잎 수가 5의 배수이다. 꽃잎이 5장이고, 수술이 10개이다.
5 | 사마귀풀 수술과 꽃잎 수가 3의 배수이다. 꽃잎이 3장이고, 수술이 6개이다.

꽃가루와 암술

　　　　　봄날 선들바람이 소나무나 전나무를 스칠 때 노란색 먼지구름이 일어나 멀리 날아가는 것을 본 적이 있나요? 이 먼지구름은 꽃가루인데, 소나무나 전나무뿐 아니라 대부분의 꽃가루 색깔은 노란색입니다. 한여름 길가에서 닭 볏 모양

닭의장풀	둥근잎유홍초	사마귀풀
노란 꽃가루	흰 꽃가루	파란 꽃가루

의 하늘색 꽃을 피우는 닭의장풀도 노란색 꽃가루를 갖고 있습니다. 더러 둥근잎유홍초처럼 꽃가루가 흰색인 것도 있고, 사마귀풀처럼 푸르스름한 색도 있지요.

꽃가루의 모양이나 크기는 한 식물 종의 것이라면 똑같습니다. 그러나 다른 식물 종끼리는 완전히 다릅니다. 현미경으로 꽃가루의 모양을 보면 참 흥미롭습니다. 둥근 모양, 갸름한 모양, 밀알처럼 길쭉한 모양, 공에다 리본을 소용돌이처럼 감아 놓은 모양, 모서리가 둥글게 된 삼각형, 모서리가 무디어져 있는 육면체……. 저마다 다른 모습을 하고 있습니다. 여기에 어떤 것은 표면이 매끄럽고, 어떤 것은 섬세하고, 어떤 것은 단정한 주름이 잡혀 있기도 하고, 어떤 것은 구멍이나 홈이 파여 있기도 합니

무궁화 꽃가루 현미경 사진

다. 눈에 보이는 꽃과 열매도 신기한 모습이지만 현미경으로 보는 꽃가루의 세계도 상상을 뛰어넘게 신비롭습니다.

저마다의 꽃가루는 하나의 세포입니다. 이 세포는 두 개의 보호막으로 덮여 있습니다. 바깥의 보호막은 색깔이 있고 탄력이 있으며 불투명합니다. 이 막은 매우 단단하고 버티는 힘도 몹시 강해서 꽃가루가 썩는 것을 막아 주지요. 고대의 지질층에서 꽃가루 화석을 찾아낼 수 있는 것도 바깥의 보호막 덕분입니다. 과학자들은 이렇게 찾아낸 꽃가루로 아주 먼 옛날 지구 기후가 어떠했는지 알아내거나 식물 세계 전체가 어떠했는지 알아내고 있습니다.

꽃가루 세포의 안쪽에 있는 막은 얇고 매끄럽고 늘어나며 색깔이 없고 투명합니다. 보호막 안에는 끈끈한 액이 들어차 있으며 매우 작은 알갱이들이 떠다닙니다. 이 알갱이들이 앞으로 씨앗을 만들 반쪽짜리 세포인 정핵입니다. 동물로 치면 정자라고 할 수 있지요. 이것은 암술에 있는 다른 반쪽 알세포를 만나 수정이 되어야 생명의 기운을 품은 완전한 씨앗이 될 수 있습니다.

이제, 알세포가 씨앗으로 만들어지는 장소인 암술의 모양을

심피의 구성

씨방 확대
씨방은 씨앗이나 열매가 자라는 곳이다.
씨방 속에 하얀 알갱이들이 나중에
씨앗이 될 밑씨이다.

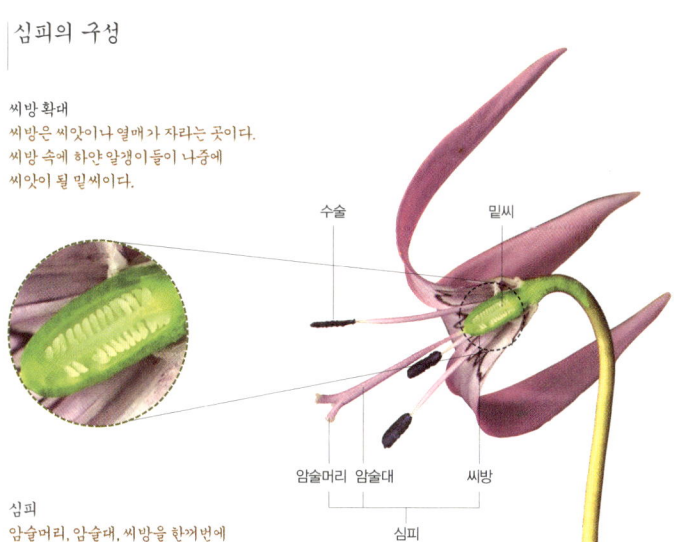

심피
암술머리, 암술대, 씨방을 한꺼번에
일컬어 심피라고 한다.

살펴보겠습니다. 꽃부리 속에 마치 막자 약사나 과학자가 약을 가루로 빻을 때 쓰는 작은 도자기 방망이: 옮긴이 처럼 생긴 것이 암술입니다.

암술을 이루는 것에는 암술머리, 암술대, 씨방이 있는데 이들을 통틀어 '암술잎'이라 부릅니다. 학자들은 '심피'라 부르지요. 마음 심心과 껍질 피皮를 쓴 것으로 보아, '동물로 치자면 심장이라 할 만한 가장 중요한 부분을 껍질처럼 둘러싸고 있는 잎'이라는 뜻으로 풀이할 수 있습니다. 식물 종에 따라 하나의 꽃은 하나의 암술잎을 가지거나 아니면 그 이상을 갖기도 합니다.

암술머리는 끝이 세 갈래로 갈라져 있고 촉촉합니다. 바로 이

곳에 꽃가루가 떨어지지요. 암술대의 아랫부분에 볼록하게 부풀어 있는 곳이 씨방인데 앞으로 씨앗이 될 반쪽짜리 알세포, 다시 말해 밑씨를 품고 있는 곳입니다.

씨방은 하나이거나 아니면 그 이상의 방으로 되어 있습니다. 그리고 그 방 속에 밑씨가 있습니다. 씨방이 달려 있는 위치는 식물 종에 따라 조금씩 다릅니다.

씨방의 생명력을 깨우는 꽃가루

하나의 꽃에 암술과 수술 모두 있는 꽃을 암수갖춘꽃, 둘 중 하나만 있는 꽃을 암수안갖춘꽃이라고 한 것 기억하나요? 그런데 암수갖춘꽃이든 암수안갖춘꽃이든 꽃가루가 돕지 않으면 씨방은 시들고 맙니다. 그러면 열매도 맺지 못하고 씨앗도 만들지 못합니다. 씨방의 생명력을 일깨우는 것은 꽃가루이니까요.

꽃가루에 얽힌 재미있는 이야기가 있습니다. 남아프리카나 아랍 지방의 오아시스에서는 대추야자를 얻으려고 대추야자나무를 심습니다. 그런데 대추야자나무는 암수안갖춘꽃으로 암꽃만 피는 암그루와 수꽃만 피는 수그루가 따로 자랍니다. 사람들은 이 사실을 잘 알고 있기 때문에 일부러 암그루만 심지요. 사막에는 기름진 땅이 넉넉지 못하여 수그루까지 심을 여유가 없기 때문입니다. 이윽고 꽃피는 계절이 되면 사람들은 수꽃이 피어 있는 야생의 수그루를 찾아 나섭니다. 그리고 수그루를 마구 흔들어 줍니다. 수그루의 꽃가루가 바람을 타고 날아가 암그루에 닿을 수 있도록 돕는 것이지요. 그리고 시간이 흘러, 사람들은 풍성하게 맺은 대추야자를 기쁜 마음으로 땁니다.

암수딴그루 이야기를 하였으니, 암수한그루 이야기도 해 볼까요? 호박은 암수안갖춘꽃으로 암수한그루입니다. 같은 식물체에 암술만 있는 암꽃과 수술만 있는 수꽃이 핍니다. 이들은 꽃이 피지 않아도 암수를 쉽게 구별할 수 있지요. 암꽃은 꽃부리 아래에 커다랗게 부풀어 있는 씨방을 갖고 있습니다. 수꽃은 이것이 없지요.

호박에겐 좀 미안하지만, 호박꽃으로 한 가지 실험을 해 볼까요? 꽃부리가 벌어지기 전에, 수꽃을 줄기에서 모두 잘라 냅니다. 그 대신 암꽃은 전혀 손대지 않고 줄기에 그대로 둡니다. 그리고 만약을 대비해 암꽃을 거즈나 모슬린 천으로 덮어 둡니다. 이렇게 하면 암꽃은 꽃가루를 하나도 받을 수 없지요. 천으로 덮어 두었으니 이웃한 밭에서 다른 꽃가루를 가져올지 모르는 곤충마저 막아 버리는 것입니다. 이렇게 하면 암꽃은 어떻게 될까요? 시들시들 약해져 버립니다. 그리고 마침내 씨방은 시들고 호박으로 자라나지도 않습니다.

그런데 이 조건에서 암꽃이 열매 맺기를 몹시도 원한다면 실험자는 어떤 일을 해 주어야 할까요? 얼마쯤의 꽃가루를 손가락 끝에 묻힌 다음 암술머리에 붙여 줘야 합니다. 이렇게만 해도 씨방은 열매도 맺고 씨앗도 맺습니다.

한 꽃송이 안에 암술과 수술을 모두 가진 암수갖춘꽃으로도 비슷한 실험을 할 수는 있습니다. 그 대신 매우 조심스럽게 해야 합니다. 꽃밥이 열려 꽃가루가 날리기 전에 수술을 잘라내야 하지요. 그런 다음 천을 덮어 이웃의 꽃가루가 날아오지 못하도록 합니다. 이렇게 하면 이번에도 씨방은 시들기 시작합니다. 그러나 꽃밥이 없고 천을 덮어 둔 똑같은 조건에서도, 붓에 꽃가루를 묻힌 다음 암술머리에 대면 씨방은 아무 일 없었던 듯 제 일을 시작합니다.

| 씨방까지
먼 여행을 하는
꽃가루

바야흐로 꽃이 피어난 순간에, 암술머리는 끈적거리는 액체로 촉촉하게 젖어 있습니다. 그래서 꽃밥에서 떨어진 제 자신의 꽃가루나 아니면 곤충이나 바람이 가져다준 다른 꽃의 꽃가루가 잘 들러붙습니다. 이렇게 꽃가루가 암술머리에 닿는 것이 꽃가루받이입니다.

옥잠화
암술머리에 물방울처럼 맺혀 있는 것은
암술머리를 적시기 위해 흘러나온 끈적끈적한 액체이다.

  암술머리에 꽃가루가 붙으면 끈적거리는 액체가 꽃가루의 안쪽을 천천히 적시기 시작합니다. 이것은 그 다음에 일어나야 할 일들이 차례대로 잘 일어나도록 돕는 과정이지요. 만약에 이 일이 천천히 일어나지 않으면 그 다음의 일들도 모두 방해를 받게 됩니다.

  예를 들어 비가 와서 빗물이 꽃가루에 닿으면 너무 빨리 꽃가루가 젖게 됩니다. 이것은 꽃가루를 보호하는 막을 터지게 하고 마침내 꽃가루받이마저 제대로 일어나지 않게 하지요. 과일나무가 한창 꽃을 피울 때, 비가 많이 오면 과수원지기들이 시름에 젖는 까닭이 이 때문입니다.

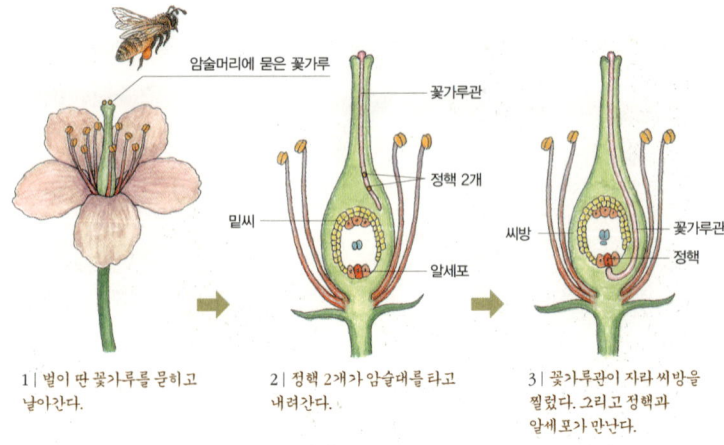

1 | 벌이 딴 꽃가루를 묻히고 날아간다.

2 | 정핵 2개가 암술대를 타고 내려간다.

3 | 꽃가루관이 자라 씨방을 뚫렀다. 그리고 정핵과 알세포가 만난다.

  비만 오지 않으면 모든 일들은 차근차근 이루어집니다. 촉촉한 암술머리에 무사히 닿은 꽃가루는 어린뿌리 같기도 한 가느다란 관을 냅니다. 이것을 꽃가루관이라 합니다. 꽃가루관은 자신이 할 일을 잘 압니다. 암술대 속에서 아래를 향하여 계속 뻗어 나가지요. 어떻게 보면 스스로 길을 연다고도 할 수 있습니다. 길은 어디까지 이어질까요? 씨방에 닿을 때까지 이어집니다. 그래서 꽃가루관의 길이는 암술대의 전체 길이만큼 길어지죠.

  한편, 꽃가루관을 길게 뻗긴 했으나 꽃가루는 아직도 암술머리에 붙어 있습니다. 이즈음 꽃가루의 바깥 막이 오그라들면서, 속에 있던 정핵 두 개가 뿜어져 나옵니다. 그리고 자신을 위하여 미리 마련된 길, 즉 꽃가루관을 따라 내려가기 시작하지요.

  이제 이 정핵은 씨방까지 닿기 위하여 자신의 지름보다 몇 백

배, 아니 몇 천 배나 되는 먼 거리를 여행합니다. 몇몇 식물은 몇 시간이 필요하지만 어떤 식물은 며칠, 몇 개월이 걸리기도 합니다. 채송화는 두어 시간이면 되지만 백합은 이틀, 소나무는 열세 달이 걸리지요.

이윽고 정핵이 든 꽃가루관은 그 끝을 씨방에 찌릅니다. 이 정교한 일이 얼마나 빈틈없이 이루어지는지 놀라움을 감출 수가 없습니다. 어려움도 없고 헷갈림도 없습니다. 대자연이 심어 놓은 본능에 따라, 한 치의 어긋남 없는 슬기로 여기까지 온 것입니다. 씨방과 서로 맞닿은 곳에서 이제 정핵은 천천히 새로운 생명을 만들기 시작합니다.

제꽃가루받이와 딴꽃가루받이

수술에 붙어 있는 꽃가루가 암술머리에 붙는 것을 '꽃가루받이'라고 했던 것 기억나지요? 이 '꽃가루받이'가 일어나려면, 먼저 꽃가루가 꽃밥에서 암술로 옮겨 가야 하겠지요. 이 일은 어떤 꽃이든 반드시 풀어야 하는 숙제입니다.

꽃가루받이를 하는 방법은 여러 가지가 있습니다. 하나의 꽃 안에서 꽃가루받이가 되거나, 한 식물체 안에 있는 꽃끼리 꽃가루받이가 되는 것을 '제꽃가루받이'라 합니다. 그리고 반대로

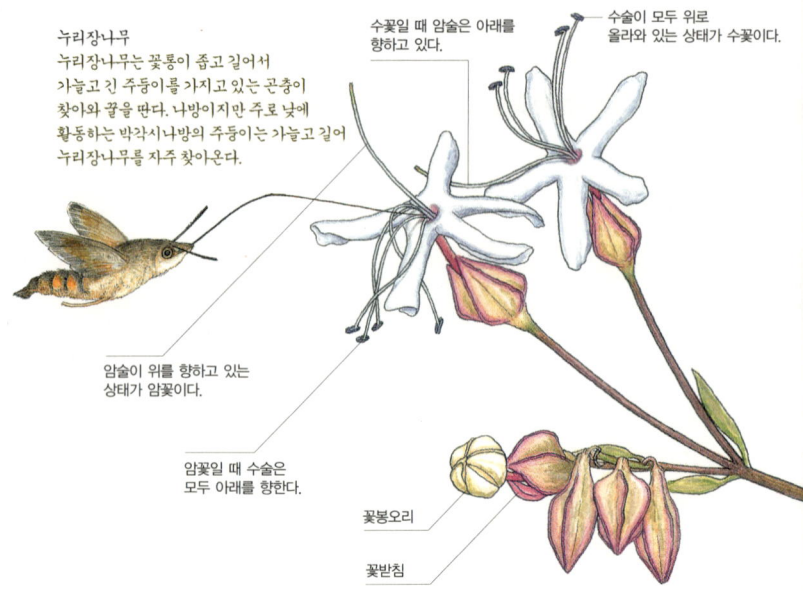

누리장나무
누리장나무는 꽃통이 좁고 길어서 가늘고 긴 주둥이를 가지고 있는 곤충이 찾아와 꿀을 딴다. 나방이지만 주로 낮에 활동하는 박각시나방의 주둥이는 가늘고 길어 누리장나무를 자주 찾아온다.

수꽃일 때 암술은 아래를 향하고 있다.

수술이 모두 위로 올라와 있는 상태가 수꽃이다.

암술이 위를 향하고 있는 상태가 암꽃이다.

암꽃일 때 수술은 모두 아래를 향한다.

꽃봉오리

꽃받침

다른 식물체의 꽃 사이에서 일어나는 꽃가루받이를 '딴꽃가루받이'라 하지요.

어느 쪽이 더 나을까요? 저마다 장점과 단점이 있으니 어느 쪽이 더 낫다고 말하기는 어렵습니다. 제꽃가루받이는 유전적으로 비슷한 자손들이 나올 가능성이 높습니다. 이것은 특정한 곳에 적응하며 사는 능력을 자손대대로 물려줄 수 있지요. 그리고 대부분, 곤충이나 동물의 도움을 받지 않아도 자손을 남길 수 있습니다.

하지만 유전적인 면에서는 제꽃가루받이보다 딴꽃가루받이가 더 이득이 있습니다. 어버이보다 더 낫게 발전하고, 환경이 변해도 잘 맞춰 살 수 있으니까요.

그래서일까요? 암수안갖춘꽃은 자연스럽게 딴꽃가루받이를 합니다. 그런가 하면, 본디 생긴 모양이 제꽃가루받이 하기에 더 쉽도록 되어 있는 암수갖춘꽃인데도 어떻게든 딴꽃가루받이를 하려고 애를 쓰는 꽃도 있습니다. 그러려면 몇 가지 노력이 필요하지요.

딴꽃가루받이를 하기 위해서 암수갖춘꽃이 생각해 낸 방법은 여러 가지입니다. 먼저, 하나의 꽃 안에서 암술과 수술이 때를 달리하여 성숙합니다. 도라지·봉선화·누리장나무는 암술보다 수술이 먼저 성숙합니다. 누리장나무의 꽃은 처음 필 때는 4개의 수술이 앞으로 나와 있고 암술은 아래로 휘어져 있습니다. 이 상태가 수꽃입니다. 그리고 다음 날이 되면 수술은 모두 아래로 휘어져 있고 암술이 올라옵니다. 하루 만에 수꽃이 암꽃으로 바뀐 것입니다. 이렇게 하면 자신의 꽃가루를 묻힐 일이 없습니다. 한 가지 방법이 더 있습니다. 꽃밥과 암술머리의 거리를 일부러 멀찍이 떨어뜨려 놓는 것입니다.

딴꽃가루받이를 하는 꽃들은 제꽃가루받이를 하는 꽃에 비해 꽃의 수가 많고 향기가 있으며 꽃자루가 깁니다. 한 개의 꽃밥에 들어 있는 꽃가루도 많은 편입니다. 먼 곳에서 꽃가루를 받아야 하니 그만큼 노력을 많이 기울인다는 증거이지요.

그나저나 정말 신기하지 않나요? 식물이 자신의 꽃가루인지 다른 꽃의 꽃가루인지를 가려낼 수 있다니……. 사람들은 그저 꽃잎의 아름다움이나 즐기고 향기나 맡으면 그만이지만 식물은 암술과 수술의 길이를 알맞게 하고 성숙하는 때도 맞춰 놓고 있습니다. 이 모두가 좋은 씨앗을 남기기 위한 노력이지요. 그러니 함부로 꽃을 꺾어 놀다가 아무렇게나 버리는 일은 씨앗 맺기를 꿈꾸고 있는 식물에게는 가장 슬프고도 억울한 일입니다. 바라보고 미소만 지어 주면 좋으련만 사람들은 꺾거나 부러뜨려 식물을 못살게 굴곤 합니다.

바람을 타고 여행하는 꽃가루

식물은 자신의 꽃가루를 다른 꽃에게 주려고 온갖 애를 쓰는가 하면 한편으로는 부지런히 밑씨를 마련하여 다른 꽃가루를 받을 준비도 합니다. 꽃가루든, 밑씨든 저마다의 생명력을 주거나 받음으로써 상대방 식물을 돕지요. 그리하여 자손 대대로 활기찬 생명력이 이어지고 종의 특성도 변함없이 전달됩니다.

생명력을 품은 꽃가루는 때때로 아주 먼 곳에서 날아오기도 합니다. 이처럼 먼 거리 배달이 가능한 것은 바람 덕분입니다. 꽃가루받이에 바람의 도움을 받는 꽃을 '풍매화'라 하지요. '바람이 중매쟁이가 되는 꽃'이란 뜻입니다.

좋은 예가 있습니다. 파리 식물원은 오랫동안 두 그루의 피스타치오 암나무를 기르고 있었습니다. 이 두 그루는 매년 꽃만 피우고 열매를 맺지 못했습니다. 그런데 어느 해 놀라운 일이 일어났지요. 특별히 달라진 것이 없는데, 열매가 잘 여물었습니다. 누군가 틀림없이 가까운 곳에 피스타치오 수나무가 있을 것이라고 생각했습니다. 그리고 드디어 조사가 시작되었습니다. 그랬더니, 정말로 피스타치오 수나무가 파리 변두리의 묘목 밭에서

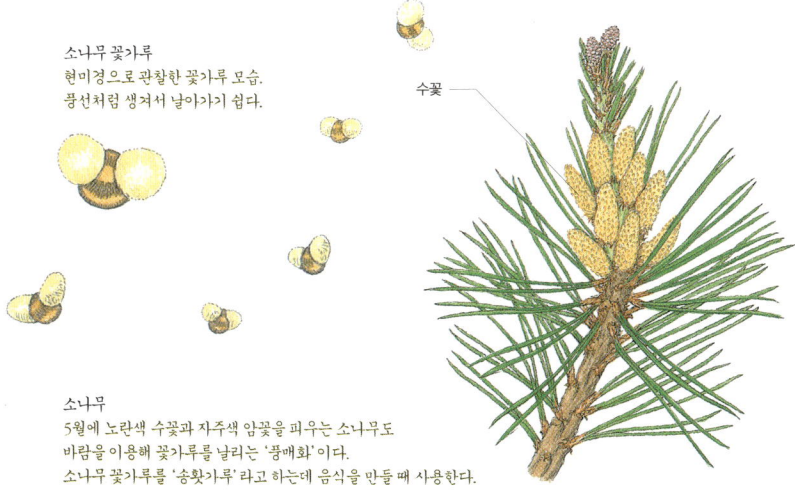

소나무 꽃가루
현미경으로 관찰한 꽃가루 모습.
풍선처럼 생겨서 날아가기 쉽다.

수꽃

소나무
5월에 노란색 수꽃과 자주색 암꽃을 피우는 소나무도
바람을 이용해 꽃가루를 날리는 '풍매화'이다.
소나무 꽃가루를 '송홧가루'라고 하는데 음식을 만들 때 사용한다.

처음으로 꽃을 피웠다는 것을 알게 되었습니다. 꽃가루는 바람을 타고 파리 시내의 지붕 위를 날아와서는 그때까지 잠자고 있던 두 나무에게 생명력을 불어넣어 열매를 맺게 했지요.

이렇게 바람을 이용해 꽃가루받이를 하기 위해서는 반드시 갖추어야 할 조건이 있지요. 꽃가루의 양이 아주 넉넉해야 합니다. 꽃가루 구름이 센바람에 휩쓸린다고 생각해 보세요. 얼마나 많은 꽃가루가 그들이 가고 싶은 곳에 다다를 수 있을까요? 사실 그럴 확률은 매우 적습니다. 어쩌면 한 개도 다다르지 못할 수 있습니다. 그러니 뜻밖의 일을 대비해서 많은 양을 미리 마련해 두어야 합니다. 그리고 바람이 한번만 불어도 쉽게 흩어져야 하므로 꽃가루는 크기가 매우 작고 잘 말라 있어야 합니다.

꽃가루받이에 바람의 도움을 받는 것은 곤충이나 새를 불러들일 수 없을 때 쓰는 방법입니다. 화려한 색깔의 꽃잎이나 향기, 꿀이 있다면 곤충이나 구경꾼을 끌어들이지요.

곤충을 유혹하는 꽃

곤충의 도움을 받아 꽃가루받이를 하는 꽃은 '벌레 충蟲' 자를 써서 '충매화'라 합니다. 나방과 나비는 긴 주둥이를 갖고 있습니다. 꿀을 마실 때 쓰는 기관이지요. 깊고 기

1 | 평소에는 주둥이가 완전히 말려 있다.　2 | 꿀을 빨기 위해 주둥이를 펴기 시작한다.　3 | 꿀을 빨 때는 말렸던 주둥이가 펴진다.

다란 깔때기 모양의 꽃부리에 꿀이 숨겨져 있을 때, 이 주둥이를 씁니다. 여느 때는 가지런히 감아 두지만 꿀을 찾으면 감긴 것을 풀어서 꽃 속으로 밀어 넣습니다. 이럴 때 수술이 흔들리고 나비와 나방의 몸에 꽃가루가 묻습니다. 이렇게 꽃가루를 묻힌 채로, 한 꽃에서 다른 꽃으로 날아다니면 저도 모르게 꽃가루를 배달하는 중매쟁이가 되지요.

또 꽃가루 배달부로 벌을 빼놓을 수 없습니다. 벌은 짧은 주둥이 때문인지 꽃 속에 머리를 들이박고 꿀을 땁니다. 그러다 보면 온몸이 꽃가루 범벅이 되

꽃가루 주머니

토끼풀
토끼풀은 곤충의 도움으로 수정하는 충매화이다.
벌의 몸에는 꽃가루가 잔뜩 묻어 있고, 다리 쪽에 꽃가루를 저장해서 간다.

꾸정모기를 유혹하는 꽃잎
꾸정모기가 들어가는 작은 구멍
색깔이 연한 이 부분으로 햇빛이 들어간다.

담배파이프꽃
열대지방에서 자라는 덩굴지는 나무이다. 꽃 모양이 담배파이프처럼 생겨서 '담배파이프꽃'이라는 이름이 붙었다. 꽃에서 물고기 썩은 냄새를 풍겨 꾸정모기들을 끌어들인다.

꽃 속에 갇힌 꾸정모기는 햇빛이 비치는 위쪽을 향해 끊임없이 날아오른다. 하지만 그럴수록 밖으로 빠져 나가지는 못하고 꽃가루를 온몸에 뒤집어쓰기만 한다.

어 자연스럽게 꽃가루를 옮겨 줍니다.

그런데 한 가지 재미있는 사실이 있습니다. 꽃이 피기 전에는 꿀이 좀처럼 나오지 않다가 꽃가루가 꽃밥에서 터져 나오는 바로 그때 꿀도 가장 많이 나온다는 사실입니다. 다시 말해 식물체가 곤충의 도움을 가장 필요로 할 때에 꿀도 가장 많이 나오지요. 그리고 씨앗을 맺기 시작하면 꿀은 더 이상 나오지 않고 말라 버립니다.

담배파이프꽃은 꽃가루받이를 매우 재미있게 합니다. 꽃밥이 터지기 열흘 전에 암술이 먼저 성숙합니다. 이 즈음이면 작은 꾸정모기가 좁다란 관처럼 생긴 꽃부리 속으로 들어갑니다. 그곳에는 아래를 향하여 털이 나 있는데 그 털이 꾸정모기가 들어갈 때 더디 들어가게 합니다. 그리고 다시 밖으로 나오려 할 때도, 바로 이 털이 방해물이 되어 꾸정모기를 막아섭니다. 꾸정모기는 어떻게든 밖으로 나가려고 발버둥을 칩니다. 그러는 동안 꽃밥이 터지면서 암술머리에 꽃가루가 떨어져 꽃가루받이가 일어납니다. 꾸정모기는 언제 나올 수 있을까요? 꽃부리가 시들고 털이 흐느적거릴 때나 되어야 빠져 나올 수 있습니다.

꽃부리의 깊숙한 곳으로 곤충을 끌어들이되 좀 더 효과적으로 끌어들이기 위해서 꽃잎에 안내 표시를 해놓는 꽃들도 있습니

긴병꽃풀
유인선으로 곤충들을 유인하여
착지점에 잘 도착할 수 있게 돕는다.

물봉선의 꽃가루받이 과정

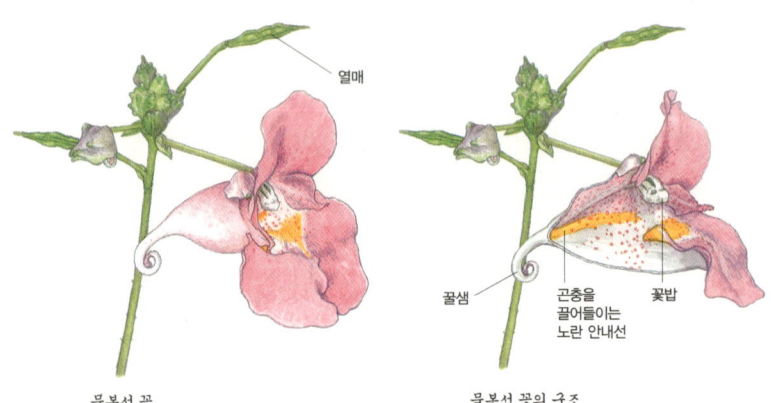

물봉선 꽃

물봉선 꽃의 구조

벌들은 꽃 속을 드나들 때마다
등에 꽃가루를 묻히게 된다.

벌들이 드나들며 꽃밥을 자주 건드리면 어느새
꽃밥은 떨어져 나간다. 그런 다음 암술이 드러난다.
벌의 등에 묻어 있던 꽃가루가 암술에 묻으면
꽃가루받이에 성공한다.

다. 이 표시는 눈에 잘 띄어야 하기 때문에 흔히 주황색이나 노란색과 같은 생생한 색깔이 많습니다. 색깔로 곤충에게 그들이 가야 하는 곳이 어디인지 정확하게 알려 주지요.

긴병꽃풀의 꽃부리에는 자줏빛 얼룩점이 있습니다. 이 얼룩점은 벌을 끌어들이기 위한 안내 표시입니다. 벌은 이 얼룩점을 보고 꽃 위에 안전하게 내려앉습니다. 그리고 얼룩점을 따라 꽃 속으로 계속 파고듭니다. 그러는 사이 벌은 꽃가루를 잔뜩 뒤집어 쓰게 되지요.

산골짜기 습지에서 고깔 모양의 붉은 꽃을 피우는 물봉선도 안내 표시로 벌을 끌어들입니다. 물봉선의 꽃부리를 잘 살펴보면, 노란색으로 안내 표시가 된 곳이 있습니다. 벌이 물봉선에게 다가올 때면 언제나 이 노란색 부분으로 냅다 달려들지요. 그리고 꽃부리를 계속 파고들어가 꿀샘에 닿게 됩니다. 꿀을 먹은 벌은 밖으로 나와 이번에는 다른 꽃으로 가는데, 그러는 사이 꽃가루받이가 자연스레 일어나게 됩니다.

새들의 도움을 받는 꽃

곤충 대신 새의 도움을 받는 꽃은 조매화라 합니다. 동백은 동박새의 도움을 받습니다. 새들은 대부분 눈은 발달되었지만 냄새는 맡지 못합니다. 이 사실을 조매화들이 어떻게 알았을까요? 조매화들은 빨간색, 짙은 분홍색, 화려한 앵무새와 같은 색을 가진 대신 향기는 없답니다.

흐르는 물 위에 꽃가루를 뿌려라

물은 꽃가루에게 아주 위험합니다. 꽃가루에 물이 닿으면 너무 빨리 물이 스며들기 때문에 꽃가루가 터져 버립니다. 그러므로 꽃은 반드시 물이 없는 공기 속에서 피어야 합니다. 그렇다면 물속에서 평생을 살아야 하는 물살이식물들은 어떻게 꽃을 피우고 꽃가루받이를 할까요?

물살이식물의 꽃가루받이는 아주 흥미롭고 특별합니다. 나사말은 연못의 바닥에 삽니다. 잎은 미역보다 가느다랗고 좁으며 풀어 놓은 리본처럼 생겼습니다. 꽃은 암수안갖춘꽃이며 암수딴그루입니다. 암그루의 꽃은 얇고 긴 꽃줄기 위에 달립니다. 이 줄기는 여느 때에는 나사처럼 감겨 있습니다. 그러다가 꽃이 필 즈음에 줄기의 소용돌이 나선이 점차 풀립니다. 이것은 아주 가벼워져 물 위에 뜨고 이윽고 꽃이 핍니다. 꽃에는 3개의 커다란 암술머리가 있는데, 이 암술머리에는 방수가 되는 흰 털이 덮여 있어서 꽃이 물에 젖지 않습니다. 그런가 하면, 수꽃은 매우 짧은 줄기에 달린 채 물 속에 그대로 남습니다.

　생각해 보십시오. 암꽃은 물 위에, 수꽃은 물속에 있는데 꽃가루받이가 제대로 일어날까요? 도저히 풀리지 않을 것 같은 이 문제를 나사말은 매우 훌륭한 방법으로 풀었습니다. 꽃밥은 물 속에 있는 동안, 닫힌 주머니 속에서 보호를 받습니다. 그러다 때가 되면 주머니가 열리면서 자유를 얻습니다. 곧 물 위로 떠오르게 되지요. 물 위로 떠오른 꽃밥은 이리저리 떠다니다가 암꽃을 만납니다. 이윽고 꽃가루받이가 일어납니다. 꽃가루받이가

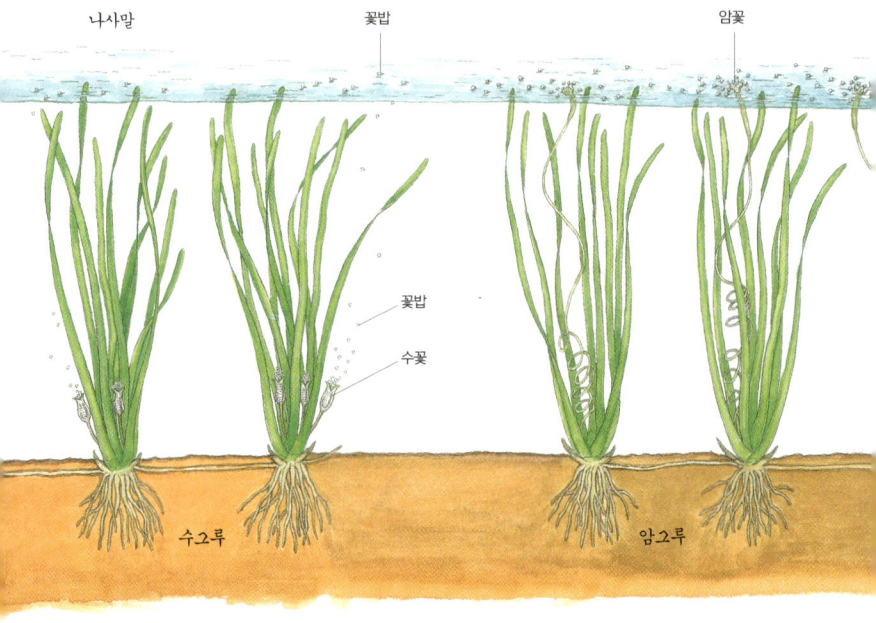

다 끝나면 암술대는 다시 나사처럼 꼬이면서 물의 바닥으로 내려가고 그곳에서 씨방이 조용히 익어 갑니다.

피하지 못하면 즐기라는 말이 있지요. 물살이식물들은 이 말의 뜻이 무엇인지 가장 잘 아는 식물들입니다. 자신들의 삶터가 꽃에게는 몹시 위험한 환경이지만 이것을 탓하지 않으니까요. 그 대신 특별한 방법을 생각해 내 꽃을 보호합니다. 어려운 환경에서도 성공한 사람들에게 커다란 박수를 보내듯이, 물살이식물의 인내와 슬기에도 아낌없는 박수를 보내야 할 것입니다.

잡종 이야기

만약 완두콩이 토끼풀의 꽃가루를 받고, 토끼풀이 밀의 꽃가루를 받는다고 생각해 봅시다. 그렇게 이웃한 식물들끼리 꽃가루가 섞인다면 어떤 일이 벌어질까요? 싱겁지만 아무 일도 일어나지 않습니다. 한 식물 종의 꽃가루는 다른 식물 종의 암술에 아무런 영향을 주지 못합니다. 예를 들어 백합의 꽃가루를 장미에 묻히는 일은 헛될 뿐입니다. 길거리의 먼지를 묻히는 것과 다름없지요. 자신의 꽃가루나 아니면 같은 종 딴꽃의 꽃가루가 묻지 않으면 씨방은 시들어 버리고 씨앗을 만들지 못합니다. 저마다의 종은 자신의 종이 만든 꽃가루만 필요로 하기 때문입니다.

하지만 만약에 종을 가릴 것 없이 모든 꽃가루가 모든 암술에 영향을 준다면 어떤 일이 벌어질까요? 그렇게 되면 꽃가루를 만든 꽃과 씨방을 가진 꽃의 특성 가운데 몇 가지가 섞이면서 새로운 종이 만들어질 것입니다. 이런 것을 잡종이라 합니다. 그러나 이렇게 섞임이 일어난 씨앗은 어버이였던 식물과 똑같은 종을 다시 피워 내지 못합니다. 그래서 그 해의 식물 세계는 과거의 그 어떤 식물 세계와도 닮지 않으며 해마다 이상하고, 전에 없던 식물들이 만들어질 것입니다. 그리고 이들에게 난 자식들도 계속하여 새로운 모습으로 만들어질 테지요. 마침내 섞이고 섞이는 일이 계속되어 식물 세계는 조화와 균형을 완전히 잃게 될 것입니다.

잡종은 종을 섞어 놓은 것입니다. 한 종의 암술머리에 다른 종의 꽃가루를 묻혀서 억지로 새로운 종을 만들어 내지요. 가끔 원예가들이 새로운 색깔의 꽃부리를 얻고 싶거나 새로운 모양의 잎과 열매를 얻고 싶어서 일부러 잡종을 만들기도 합니다.

그런데 잡종은 대부분 자식을 갖지 못합니다. 그들의 꽃은, 비록 암술과 수술이 있지만, 싹틀 만한 씨앗을 맺지 못합니다. 더 이상의 섞임이 일어나지 못하도록 대자연은 뜻밖에도 이런 장치를 준비했지요. 아무래도 대자연의 큰 질서를 깨뜨리는 일은 함부로 도전할 수 없는 영역인가 봅니다.

하지만 사람들은 여기서 포기하지 않고, 잡종 가운데서도 길러 볼 가치가 있다고 생각하는 종을 계속 보호하려 합니다. 이럴 때 이 잡종에게는 휘묻이나 꺾꽂이, 접붙이기 기술이 쓰입니다.

그런가 하면, 두 종의 식물이 이웃해 있어서 원하지 않는 잡종이 일어났다면 저마다의 식물체를 멀리 떨어뜨려 놓습니다. 그러면 저절로 처음의 상태로 돌아가 잡종의 성질을 잃어버립니다.

우람한 나무든 작은 잡풀이든 그 자체로 완벽한 하나하나의 종을 자손 대대로 순수하게 이어가는 일은 모든 식물에게 아주 중요합니다. 그래서 대자연은 식물 종의 특성을 지키기 위해, 아무나 손댈 수 없는 어떤 힘을 식물체 속에 빠짐없이 넣어 두었는지 모릅니다.

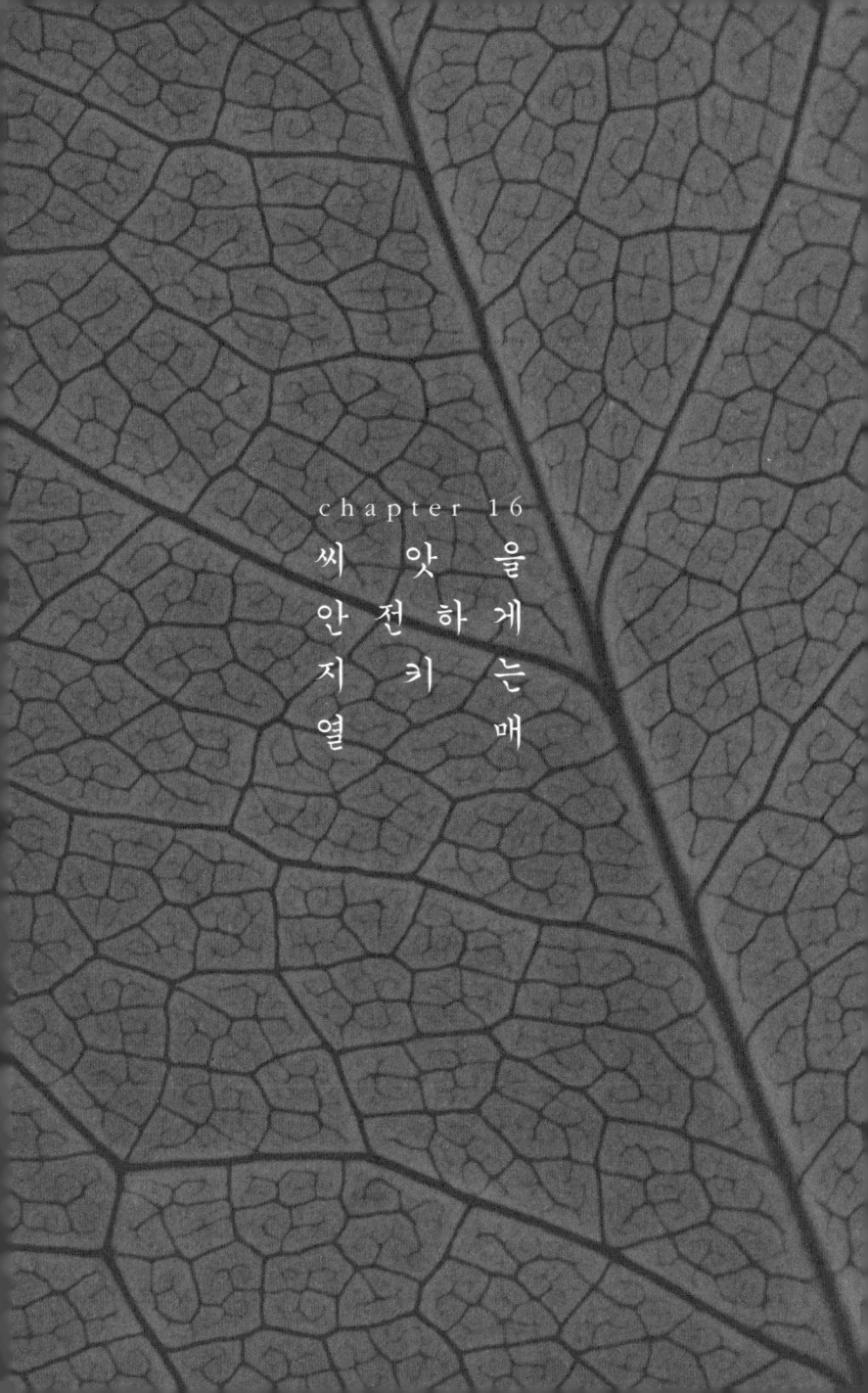

chapter 16
씨앗을
안전하게
지키는
열매

| 열매와 씨앗은
 왜 있을까?

　　　　　　　꽃가루받이가 끝나면 꽃가루관이 긴 암술대를 타고 내려와 씨방에 닿습니다. 그리고 그 속에 들어 있는 정핵이 씨방 속으로 들어가 밑씨를 만납니다. 한편 꽃을 보호하던 꽃부리나 꽃받침은 맡은 일이 끝났으므로 시들어 떨어집니다. 암술대도 시들고, 수술도 스스로 떨어져 나가며, 꽃줄기 위에는 씨방 빼고는 아무것도 남지 않지요.

　그러나 꽃가루와 함께 새 생명의 숨결이 들어간 씨방은 이제부터 일을 시작합니다. 씨방 안에 들어 있는 밑씨를 성숙시키는 것입니다. 성숙한 밑씨라야 다시 자손을 퍼뜨릴 능력을 품게 되니까요. 이렇게 암술의 씨방이 완전히 자라나 씨앗의 내용물을 다 갖춘 것을 열매라 합니다. 그래서 파브르는 열매를 꽃이라고 부를 수 있다고 했습니다. 가장 마지막 단계에 이른 꽃이지요.

　모든 열매는 씨앗을 가지고 있습니다. 꽃부리를 비롯하여 씨앗을 뺀 나머지 부분을 보고 사람들이 뭐라고 말하든, 식물 자신에게는 그다지 중요하지 않습니다. 기껏해야 씨앗을 보호하는 덮개일 뿐이지요. 식물에게 가장 중요한 기관은 씨앗입니다. 어떤 식물 종이든 씨앗이 있어야 자손 대대로 멸종되지 않고 살아남을 수 있습니다.

그나저나, 씨방이 자라기 전 이미 보호 덮개들이 시들어 없어졌으니 다른 보호 덮개가 필요합니다. 그토록 중요한 씨앗을 보호 덮개도 없이 내버려 둘 수는 없지요. 그래서 이번에는 씨방의 벽이 자라나 보호 덮개로 나섭니다. 이것을 열매껍질이라 부릅니다.

열매껍질은 바깥쪽에서부터 겉열매껍질, 가운데열매껍질, 속열매껍질의 세 층으로 나뉩니다. 예를 들어 복숭아의 열매껍질을 한 번 볼까요? 복숭아를 먹을 때 칼로 깎아서 버리는, 가장 바

| 복숭아의 꽃과 열매

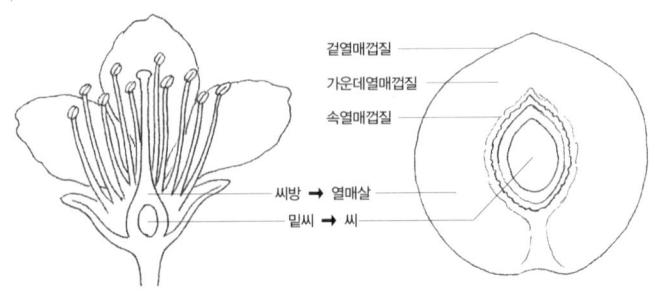

깥쪽에 있는 연하고 섬세한 껍질이 겉열매껍질입니다. 이것은 안쪽 부분을 보호합니다. 겉열매껍질 안쪽에 있는 열매살은 사람들이 먹는 부분입니다. 그런데 사람들이 좋아하든 말든 복숭아에게는 가운데열매껍질일 뿐입니다. 그런데 우리가 '씨'라고 부르는 속열매껍질은 매우 단단한 나무질의 껍데기로 되어 있습니다. 흔히 '핵'이라고 부릅니다. 그런데 이들은 왜 굳이 딱딱하고 돌덩이 같은 껍데기를 만들어 놓았을까요? 이유는 바로 씨앗 때문입니다. 사람이나 동물이 가운데열매껍질인 열매살을 먹더라도 속에 든 씨앗만은 지키기 위해서입니다. 씨앗이 싹틀 때까지 어떻게든 단단히 채비하여 보호하려는 것이지요.

오렌지와 레몬의 열매껍질은 조금 특이합니다. 먼저 이들이 가진 특유의 향은 겉열매껍질에 그 비밀이 숨어 있습니다. 겉열매껍질은 가장 바깥에 있는 노란색의 두꺼운 껍질인데 이곳에 향

| 귤의 꽃과 열매

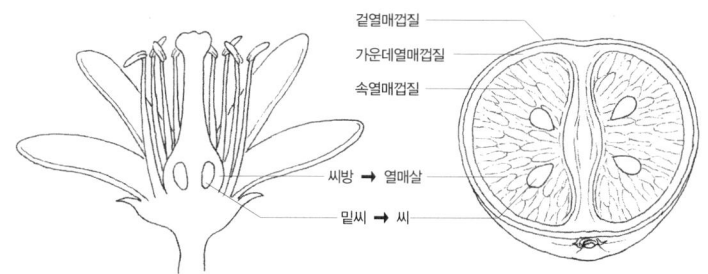

기 나는 기름을 가진 샘이 있습니다. 이 샘을 기름 '유油', 샘 '선腺' 자를 써서 '유선'이라고 합니다. 가운데열매껍질은 흰색 부분으로 아무런 맛도 향기도 없으며 스펀지 같지요. 속열매껍질은 섬세한 막으로 싸여서 하나하나 나뉘어 있습니다. 그리고 그 하나하나의 조각 속에 사람들이 먹는 열매살 부분과 씨앗이 들어 있습니다.

그런가 하면 수박, 오이, 호박 같은 오이과 식물은 속열매껍질이 아예 없어졌거나 찾기가 힘듭니다.

이와 같이, 열매껍질은 같은 기관이지만 식물 종마다 매우 다른 모습입니다. 이렇게 여러 가지 모습으로 변신한 열매껍질 덕분에 열매를 가름하여 부르는 이름도 갖가지입니다.

열매의 종류

씨앗은 어미식물로부터 멀리 떨어져야 한다. 한곳에서 어미식물을 비롯해 많은 씨앗이 싹을 틔우고 자라기에는 공간이 비좁기 때문이다. 하지만 식물은 씨앗을 스스로 멀리 옮길 수 없다. 사람처럼 손발이 없기 때문이다. 그래서 동물이나 바람, 물을 이용할 수밖에 없다. 열매의 형태는 바로 동물이나 바람, 물을 이용하기에 적당한 방식으로 자란다. 그래서 종류도 여러 가지가 있다. 모감주나무나 동백나무처럼 열매가 스스로 열려 씨를 퍼뜨리는 게 있고, 사데풀이나 단풍나무처럼 열매껍질이 생기지 않는 것도 있다. 그리고 사과나 복숭아처럼 열매살이 발달한 열매가 있는데, 열매살은 동물을 유인하는 역할을 한다. 동물은 열매살로 둘러싸인 열매를 먹지만 씨는 소화되지 않고 배설물에 섞여 나오기 때문에 씨를 옮겨 주는 역할을 한다.

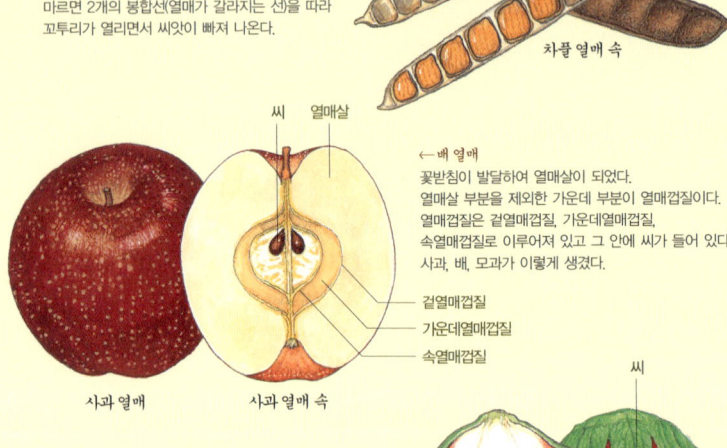

→ 꼬투리 열매
꼬투리 모양으로 열매를 맺으며 꼬투리 속에 여러 개의 씨앗을 가지고 있다. 열매가 다 여물어 마르면 2개의 봉합선열매가 갈라지는 선을 따라 꼬투리가 열리면서 씨앗이 빠져 나온다.

차풀 열매

차풀 열매 속

씨   열매살

← 배 열매
꽃받침이 발달하여 열매살이 되었다.
열매살 부분을 제외한 가운데 부분이 열매껍질이다.
열매껍질은 겉열매껍질, 가운데열매껍질, 속열매껍질로 이루어져 있고 그 안에 씨가 들어 있다.
사과, 배, 모과가 이렇게 생겼다.

겉열매껍질
가운데열매껍질
속열매껍질

사과 열매   사과 열매 속

씨

→ 여윈 열매들의 모임 열매
모임 열매는 하나의 꽃에 여러 개의 암술들이 함께 자라서 생긴 것이다. 딸기는 아주 작은 여윈 열매들의 모임 열매이다. 사람들이 먹는 열매살은 꽃턱이 자라 생긴 것이다.

딸기 열매 속   딸기 열매

← **소나무 열매**
포린 사이사이에 열매가 들어 있다. 자작나무, 오리나무, 소나무의 열매가 이런 모습이다.

포린
열매

← **굳은 열매**
나무처럼 열매껍질이 단단하며 그 속에 보통 한 개의 씨가 들어 있다. 도토리, 개암나무, 밤나무 등의 열매가 이런 모습이다.

소나무 솔방울   솔씨   졸참나무 열매

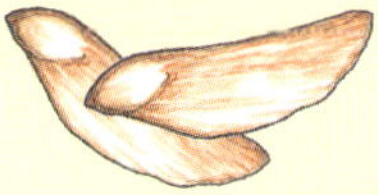

→ **모임 열매**
하나의 꽃차례에서 피는 여러 개의 꽃들이 열매를 맺는 동안 모두 합쳐져 하나의 열매로 보이는 열매이다. 무화과, 뽕나무, 파인애플 등의 열매가 이런 모습이다.

열매살   씨

↓ **여윈 열매**
크기가 작고 열매껍질이 얇고 나무목질이나 가죽질과 같이 단단하다. 열매껍질 속에는 1개의 씨앗이 들어 있고, 열매에 갓털이 나 있는 것도 있다. 사데풀, 민들레 등의 열매가 이런 모습이다.

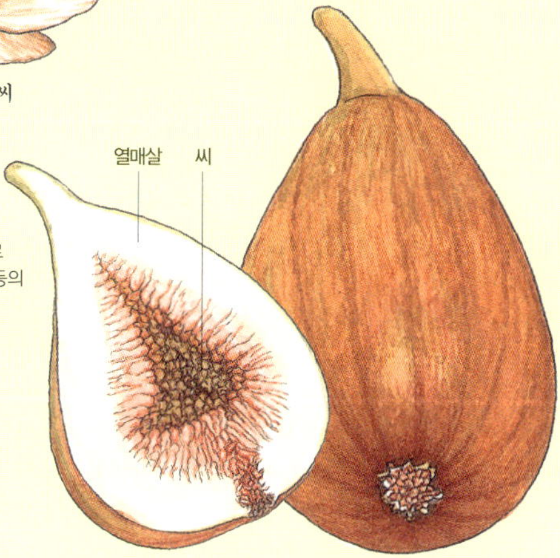

무화과 열매 속   무화과 열매

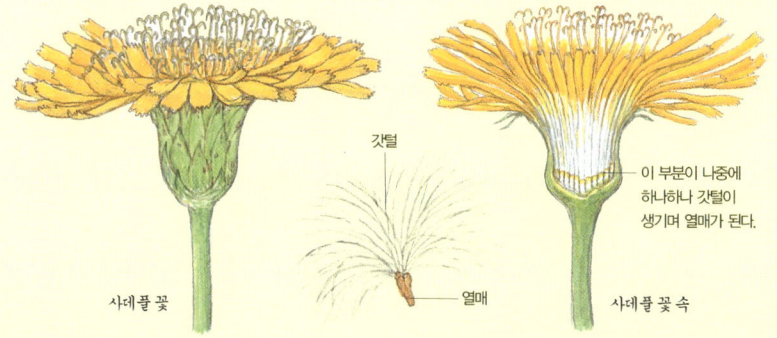

갓털

사데풀 꽃   열매   이 부분이 나중에 하나하나 갓털이 생기며 열매가 된다.

사데풀 꽃 속

← 박 열매
열매가 약간 단단한 겉열매껍질로 이루어져 있다.
멜론, 수박, 호박의 열매가 이런 모습이다.

멜론 열매   멜론 열매 속

→ 물링 열매
살과 물이 많은 열매살로 된 껍질 속에
많은 씨앗이 들어 있다.
토마토, 포도의 열매가 이런 모습이다.

토마토 열매 속   토마토 열매

봉합선

동백나무 열매

←↓ 튀는 열매
속이 여러 칸으로 나뉘고 칸마다 씨앗이 들어 있다. 동백나무,
모감주나무, 제비꽃처럼 열매가 봉합선을 따라 스스로 갈라지면서
씨가 퍼지기도 하고, 양귀비처럼 작은 구멍이 뚫려 퍼져 나가기도 한다.

동백나무 열매가
완전히 열린 모습

모감주나무 열매   모감주나무 열매 속

← 석류 열매
석류처럼 열매의 위아래가 여러 개의 방으로 나누어져 있고, 열매껍질이 열매살로 이루어져 있다. 방마다 작고 투명한 주머니에 둘러싸인 씨가 있다.

석류 열매   석류 열매 속

가운데열매껍질
겉열매껍질   속열매껍질

→ 씨 열매
속열매껍질이 딱딱한 목질로 이루어져 있고 그 안에 1개의 씨가 들어 있다. 복숭아나무, 벚나무, 살구나무의 열매가 이런 모습이다.

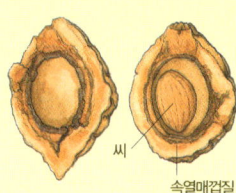
씨
속열매껍질

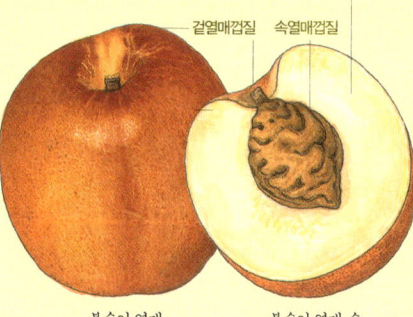
복숭아 열매   복숭아 열매 속

↓ 감 열매
겉열매껍질이 단단하고 두꺼우며 유선(기름)을 가진 샘이 발달되어 있다.
하얀 부분이 가운데열매껍질이고 속열매껍질은 여러 개의 방으로 되어 있고,
속열매껍질의 표피세포에서 과즙주머니가 만들어진다.
귤, 오렌지, 레몬의 열매가 이런 모습이다.

유선

홍단풍 열매
씨
날개

↑ 날개 열매
열매껍질이 긴 날개처럼 되어 있어 바람을 타고 멀리 날아간다.
단풍, 느릅나무, 물푸레나무의 열매가 이런 모습이다.

귤 열매   귤 열매 속

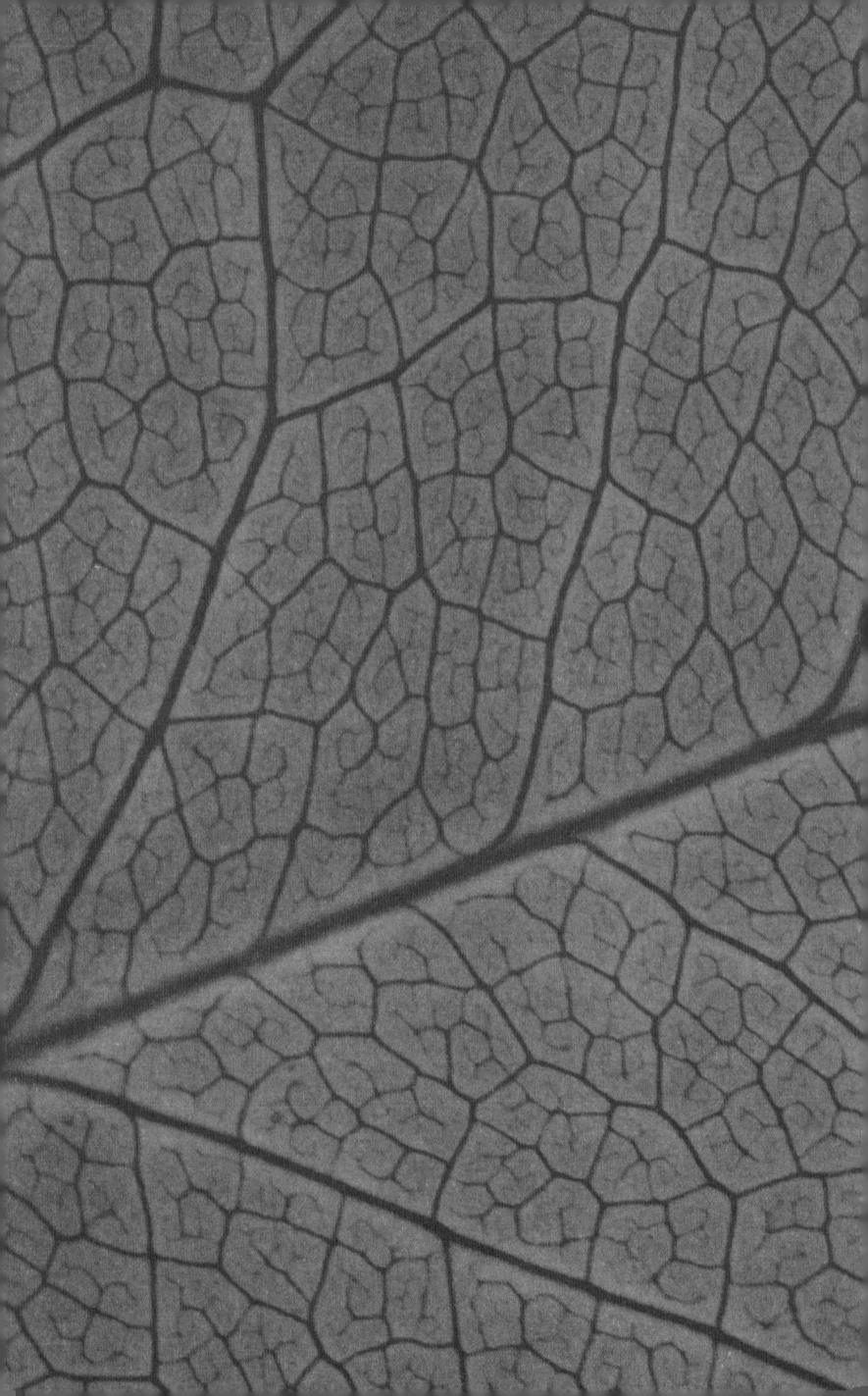

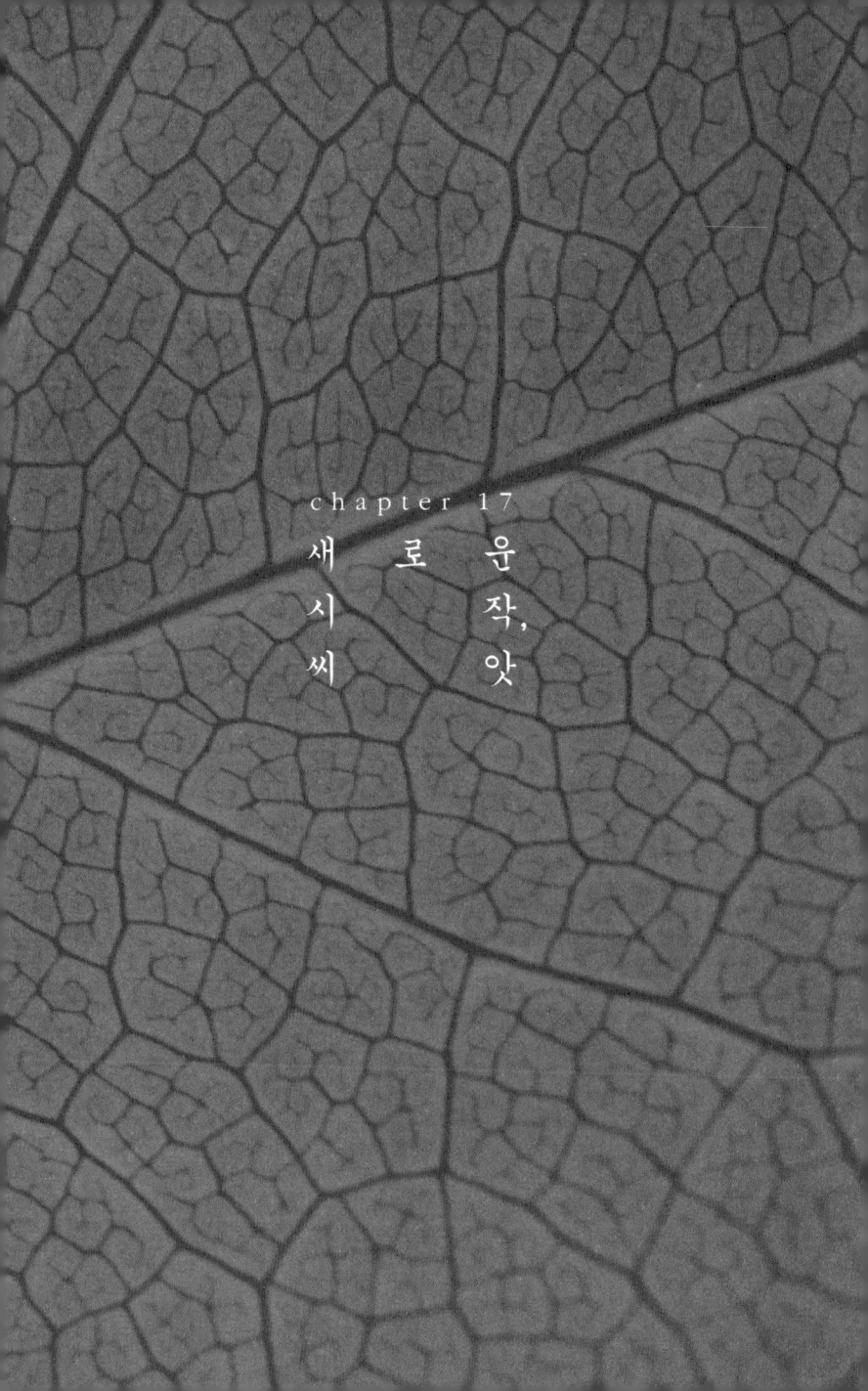

chapter 17
새로운
시작,
씨앗

| 식물의 알,
| 씨앗

파브르는 동물의 알과 식물의 씨앗은 비슷하다고 말합니다. 어떻게 비슷한지 알아볼까요? 알의 껍데기와 씨앗의 겉껍질은 보호 덮개입니다. 알의 흰자와 씨앗의 배젖은 영양 덩어리이지요. 그리고 알과 씨앗에는 저마다 배_{밑씨에서 성장해서 다시 식물이 되는 부분}가 들어 있습니다. 배는 어떤 생명체이든 그 생명체의 가장 처음 모습입니다. 이렇게 알과 씨앗이 비슷한 것은 맡은 일이 같기 때문입니다. 그리고 알이 깨어나는 부화와 씨앗이 싹 트는 발아는 새로운 삶의 시작임에 틀림이 없습니다.

다시, 식물 이야기로 돌아오겠습니다. 식물의 씨앗은 종마다 크기와 생긴 모습, 색깔, 질감이 전혀 다릅니다. 식물 종마다 잎이 다르고 꽃이 달랐듯이 씨앗도 다르지요. 또 하나 큰 차이점이 있습니다. 어떤 식물은 영양 덩어리인 배젖을 가지고 있지만 어떤 식물은 배젖 대신 떡잎을 가지고 있습니다.

씨앗의 구조

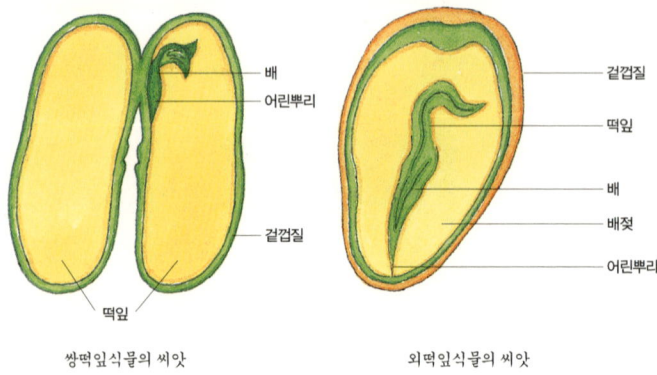

쌍떡잎식물의 씨앗   외떡잎식물의 씨앗

쌍떡잎식물은 이름 그대로 한 쌍, 다시 말해 두 장의 떡잎을 가지고 있지요. 이 떡잎은 영양분을 넉넉히 품고 있습니다. 배는 떡잎의 영양분을 먹고 자라 나중에 땅을 뚫고 나와 잎과 줄기로 자랍니다.

외떡잎식물은 이름 그대로 떡잎이 한 장입니다. 그런데 이 떡잎에는 영양분이 넉넉하지 않습니다. 배젖에 영양분이 넘쳐 나니 떡잎은 그 일을 할 필요가 없지요.

어쨌거나 배젖을 골랐든 떡잎을 골랐든, 식물은 어린 생명체를 키우기 위한 모든 준비를 마칩니다. 겉모습만 보는 사람에게는 다 익은 열매가 먹음직스럽게만 보일지 모르지만, 식물에게는 씨앗을 위한 모든 준비가 한 치의 부족함 없이 다 이루어진 것입니다.

스스로 폭발하는 씨앗

 열매가 다 익었습니다. 씨앗도 잘 여물었습니다. 이제 남은 일은 무엇일까요? 씨앗이 흙을 찾아 흩어져야 합니다. 그리고 조건이 맞는 곳에서 싹을 틔워야 합니다. 그런데 싹을 틔우려는 식물의 본능은 매우 놀랍습니다.

 지중해 지역에 가면, 길가의 잡풀 사이에서 박과 식물의 하나인 물총오이를 쉽게 만날 수 있습니다. 이름은 오이라도 열매는 보통 오이보다 작아서 대추야자만 하지요. 겉면은 거칠고 맛은 매

열매가 다 익으면 이 부분이 액체로 변한다.

물총오이 열매
열매가 익기 전까지는 줄기에 매달려 있다.

물총오이 열매 속
열매가 익기 전에는 씨앗이 마치 총알처럼 들어 있다.

물총오이 열매 폭발
열매가 익으면 속에 있던 씨앗이 물과 함께 화산처럼 폭발한다.

새로운 시작, 씨앗 | 305

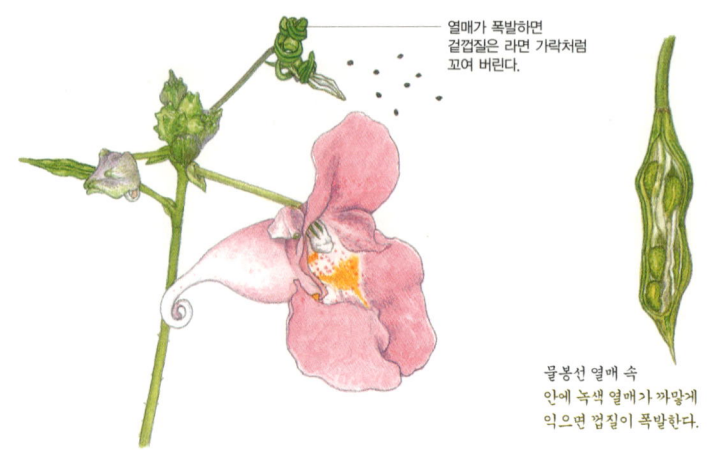

열매가 폭발하면 겉껍질은 라면 가락처럼 꼬여 버린다.

물봉선 열매 속
안에 녹색 열매가 까맣게
익으면 껍질이 폭발한다.

우 씁니다. 물총오이의 열매는 그 끝에 병마개 같은 것이 열매에 잘 끼워져 있습니다. 열매가 다 자라면, 열매 속에 들어 있는 씨앗 부근의 조직이 액체가 됩니다. 이것이 가득 차면 씨앗은 열매 속에서 떠다니지요. 열매가 익으면 익을수록 열매의 바깥껍질은 팽팽하게 부풀어 오르고 그만큼 열매 속의 압력도 높아집니다. 이윽고 견디지 못할 만큼 압력이 커지면, 마치 코르크 마개가 빠지듯 열매 끝 마개의 이음매가 풀어집니다. 이때 제트기가 발사되듯 씨앗과 액체가 식물체로부터 터져 날아갑니다. 더러 3미터에서 6미터까지 날아가기도 하지요. 물총오이 열매가 햇빛에 잘 익었을 즈음, 만약 누군가가 이 식물을 건드린다면, 깜짝 놀라고 말 것입니다. 잎 사이에서 작은 폭발음이 날 것이며, 생각지도 않은 무언가가 얼굴을 사정없이 때릴 테니까요.

한편 물가에서 예쁜 꽃을 피우는 물봉선의 열매는 기다란 초록색 자루처럼 생겼습니다. 열매가 익어 갈수록 이 초록색 자루는 빵빵하게 부풀어 오르지요. 그러다 다 익으면 스스로 터지면서 씨를 사방으로 뿌립니다. 다 여문 물봉선 열매는 손가락으로 살짝 건드리기만 해도 터져 버립니다. 심지어 작은 발자국 소리에도 놀라 터집니다. 열매가 터질 때 열매를 감싸고 있는 껍질은 용수철처럼 돌돌 감깁니다.

바람을 타고 멀리멀리 날아오는 씨앗

폭발하는 씨앗들과는 달리 부드러운 성격을 가진 데다 먼 곳으로 여행 떠나기를 좋아하는 씨앗들이 있습니다. 민들레나 엉겅퀴, 박주가리의 씨앗처럼 날아다니는 씨앗들은 소리도 없이 매우 부드럽게 식물체에서 떨어집니다. 이들은 부드러운 솜털을 갖고 있는데, 씨앗이 달린 기다란 자루 끝의 이 솜털을 따로 '갓털'이라 부릅니다. 이 갓털은 공중에서 씨앗을 떠받쳐서 긴 여행을 하도록 돕습니다. 가느다란 바람결에도 씨앗은 날아올라서 공중을 부드럽게 떠다니거나 심지어 산을 넘지요.

이렇게 여행하는 씨앗은 몇 가지 조건을 갖추어야 합니다. 먼저, 씨앗은 작고 가벼울수록 좋습니다. 그리고 약한 바람에도 잘 날아가기 위해서 물기 없이 바짝 말라야 합니다. 그리고 뒤집힐 위험이 없어야 합니다. 만약 씨앗이 땅으로 내려올 때 갓털이 먼저 땅에 닿으면 씨앗은 어쩔 수 없이 땅 위로 향하게 되어 싹트기에 좋지 않습니다. 다행히 대부분의 씨앗은 갓털보다 무겁습니다. 그래서 여행하는 동안 씨앗이 낮은 쪽에 있게 되고 마치 낙하산을 탄 것처럼 안전하게 땅에 닿습니다. 씨앗이 잘 여문 민들레 꽃줄기를 꺾어 입김으로 후우 불어 보세요. 날아가는 씨앗

민들레 씨
줄기에 수없이 붙어 있는 씨가
바람이 불면 하나 둘씩 날아간다.

갓털

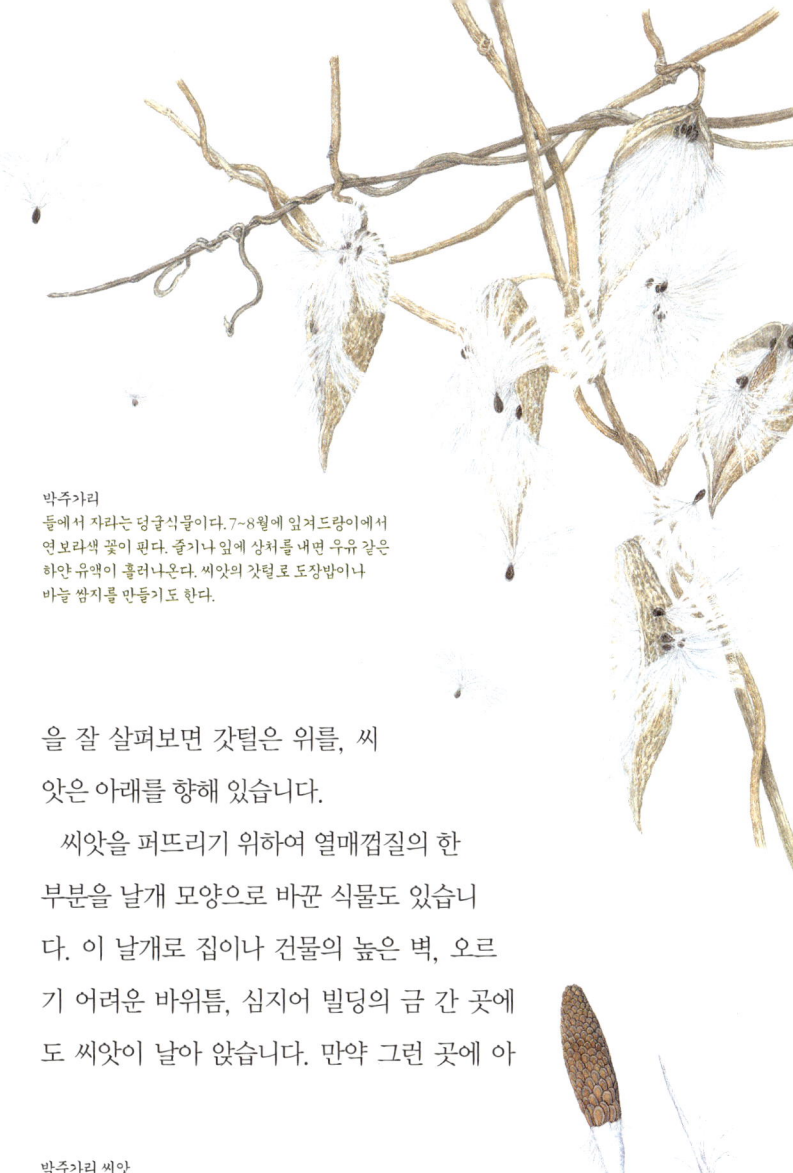

박주가리
들에서 자라는 덩굴식물이다. 7~8월에 잎겨드랑이에서 연보라색 꽃이 핀다. 줄기나 잎에 상처를 내면 우유 같은 하얀 유액이 흘러나온다. 씨앗의 갓털로 도장밥이나 바늘 쌈지를 만들기도 한다.

을 잘 살펴보면 갓털은 위를, 씨앗은 아래를 향해 있습니다.

 씨앗을 퍼뜨리기 위하여 열매껍질의 한 부분을 날개 모양으로 바꾼 식물도 있습니다. 이 날개로 집이나 건물의 높은 벽, 오르기 어려운 바위틈, 심지어 빌딩의 금 간 곳에도 씨앗이 날아 앉습니다. 만약 그런 곳에 아

박주가리 씨앗
꼬투리를 벌려 보면 수많은 씨앗이 가지런히 기둥처럼 하나로 뭉쳐 있다.
열매가 터지고 씨앗의 갓털이 부풀어 오르면 바람을 타고 멀리멀리 퍼져 나간다.

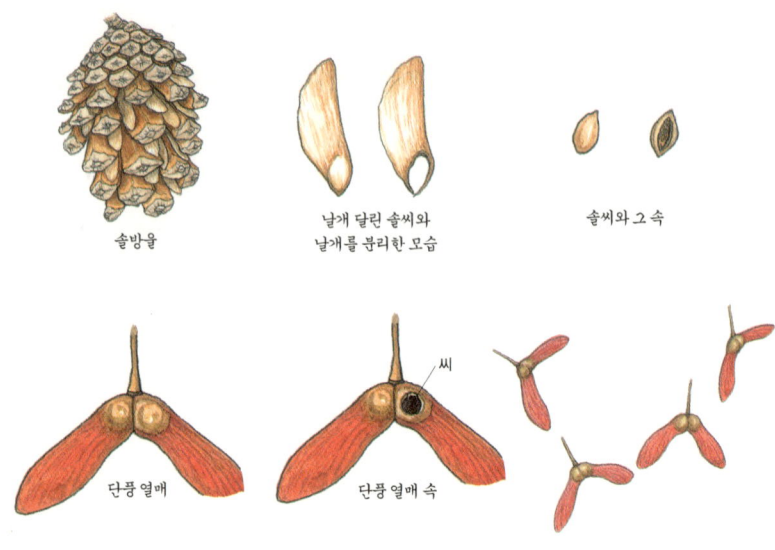

솔방울

날개 달린 솔씨와
날개를 분리한 모습

솔씨와 그 속

씨

단풍 열매

단풍 열매 속

주 조금의 흙이 있다면 씨앗은 두말없이 싹을 틔우지요.

  소나무의 열매를 '솔방울'이라고 합니다. 솔방울은 인편이라 불리는 비늘 조각이 촘촘히 모여서 붙어 있습니다. 이 비늘 조각은 날개 모양이고 그 속에 아주 작은 계란처럼 생긴 씨앗이 숨어 있지요. 날씨가 건조해지면 비늘 조각이 펼쳐지고 그 속에 숨어 있던 씨앗이 멀리 날아갑니다.

  단풍나무의 열매는, 쌍으로 되어 있는데 새가 날개를 펼친 모습을 닮았지요. 이들은 정말로 날개처럼 날아오르고 폭풍우를 뚫으면서 아주 먼 여행을 하곤 합니다.

물이나 동물의 도움을 받는 씨앗

 어떤 씨앗은 물의 도움으로 여행합니다. 이런 씨앗은 물이 스며들지 않도록 보호되어 있지요. 열대 지방의 섬에 사는 코코넛은 자신의 씨앗을 강하고 딱딱한 껍데기 속에 넣어 보호합니다. 이 큼직한 씨앗은 물에 잘 뜨고 곰팡이가 피지도 않고 잘 썩지도 않아서 긴 시간 동안 파도에 휩쓸려도 끝까지 살아남습니다. 그렇게 해서 한 섬에서 다른 섬으로 파도를 타고 여행을 하며, 뭍에 다다르면 새로운 땅에서 싹을 틔웁니다.

 물은 바다에만 있는 것은 아니지요. 산비탈에 사는 식물의 씨앗은 빗물에 실려 먼 곳으로 여행하기도 합니다. 물 위에서 신비롭게 피어나는 연꽃도 열매를 물 위에 떨어뜨려 씨앗을 퍼뜨립니다.

 어떤 씨앗은 동물의 도움을 받습니다. 갈고리나 가시, 털 따위

코코넛

로 단단히 채비한 식물들은 그것들을 이용해 지나가는 양 떼의 털이나 야생 짐승의 털, 더러 사람의 옷에도 붙지요. 길가에 자라는 수크령, 도둑놈의갈고리, 큰도꼬마리, 도깨비바늘의 열매는 이런 방법으로 비밀스러운 긴 여행에 도전합니다.

씨 열매나 물렁 열매를 맺는 식물은, 열매의 무게 때문에 나무의 발치에 떨어질 수밖에 없습니다. 하지만 가끔 새나 포유류가 도와줘서 먼 여행을 할 수 있지요. 실제로 이런 식물은 새나 포유류의 눈길을 끌기 위해 화려한 색으로 몸단장을 하는데, 붉은

갈고리

큰도꼬마리 열매

큰도꼬마리 열매 속
열매를 반으로 가르면 2개의 씨가 나온다.

큰도꼬마리
열매의 겉면에 수없이 돋아난 갈고리 같은 것이 있어서
동물의 털이나 사람의 옷에 잘 들러붙는다.
이렇게 해서 씨앗이 멀리 퍼져 나간다.

색이 많습니다. 새나 포유류의 위장 속으로 들어간 열매는 열매 살 부분만 소화가 됩니다. 씨앗은 소화되지 않는 딱딱한 껍데기로 덮여 있으니 위장을 지나가도 끄떡없지요. 그리고 새나 동물이 배설을 하면 그제야 싹트기를 준비하지요.

그런가 하면 어떤 열매는 새의 위장을 반드시 지나야 싹이 트기도 합니다. 새의 위장에 있는 소화 효소가 식물의 열매에 있는 싹트기 방해 물질을 없애 주기 때문이지요. 이렇게 새나 포유류의 도움을 받으면서 씨앗은 본디 자신이 있던 곳을 떠나 산을 넘을 수도 있고 바다를 건널 수도 있습니다.

들쥐나 다람쥐의 도움을 받는 씨앗도 있습니다. 들쥐는 겨울 동안 먹기 위해 호두나 도토리, 개암을 땅에 모아 둡니다. 그런데 이 쥐가 죽게 되거나 모아 둔 장소를 잊어버리거나 하는 일이 일어납니다. 그러면 아무도 손대지 않은 채 씨앗은 겨울을 나게 되고 봄이 되었을 때 싹을 틔우지요.

이렇게 식물은 동물에게 먹을 것을 주고, 동물은 식물의 씨앗을 퍼뜨려 주면서 서로 돕습니다. 그런데 식물의 씨앗을 더 폭넓게 퍼뜨리는 쪽

열매

도깨비바늘
동물들이 지나가다 뾰족하게 생긴 끝 부분을 스치면
도깨비바늘 열매가 털에 들러붙게 된다.
도깨비바늘은 이런 방식으로 멀리멀리 퍼져 나간다.

직박구리와 이나무 열매
가을이 되면 이나무에 붉은색 열매가 포도송이처럼 주렁주렁 열린다. 그럼 직박구리가 찾아와
열매를 통째로 꿀꺽 삼킨다. 하지만 씨앗은 소화되지 않고 새똥과 함께 배출되어 싹을 틔운다.
직박구리가 열매를 멀리 퍼뜨려 주는 역할을 하는 셈이다.

은 사람일까요? 동물일까요? 정답은 사람입니다. 취미로 심든, 먹기 위해 심든, 사람들은 많은 종류의 씨앗을 일부러 심습니다. 또한 물건을 사고팔거나 다른 곳으로 옮길 때, 뜻밖에도 씨앗이 함께 묻어 옮겨지기도 합니다. 나라와 나라 사이에 물건을 사고 파는 일도 있으니 이로써 많은 식물들이 지구 곳곳으로 옮겨집니다. 이렇게 옮겨가 그 지역에서 자라는 식물을 '귀화식물'이라고 합니다.

우리나라의 귀화식물
여름이면 빈 터 어디서든 무리 지어 자라는 개망초는
우리나라 어디에서든 볼 수 있는 식물이다.
꽃이 계란 프라이처럼 보여 계란꽃이라고 부르기도 한다.
개망초는 북아메리카에서 건너온 식물이다. 이외에도
달맞이꽃, 지느러미엉겅퀴, 닭의장풀, 까마중 등도
다른 나라에서 우리나라로 건너온 식물이다.
이런 식물을 귀화식물이라고 한다.

지느러미엉겅퀴

개망초

달맞이꽃

닭의장풀

까마중

씨앗이 싹트려면

씨앗은 겉으로 볼 때 잠자는 것 같아도 알맞은 조건만 만나면 생명을 싹 틔우기 시작합니다. 씨앗 속의 어린싹은 껍질을 뚫고 나와 스스로 자유로워집니다. 이윽고 영양분으로 그 자신을 튼튼하게 만들고, 살아가는 데 필요한 기관들을 무럭무럭 키워 나갑니다. 그리하여 눈부신 햇빛 아래서 자신의 본디 모습을 자랑스레 나타내 보입니다.

싹트기에는 물·온도·산소가 꼭 필요합니다. 이들의 도움이 없으면 씨앗은 계속해서 잠만 자려 합니다. 그리고 잠을 너무 오래 자면 마침내 싹 틀 힘마저 잃어버리고 말지요.

씨앗이 일을 시작할 때 첫 번째로 필요한 것은 넉넉한 물입니다. 물은 여러 가지 일을 합니다. 첫째, 배젖이나 떡잎, 배 속으로 젖어 들어가, 배가 껍질을 뚫고 나오게 합니다. 시간이 얼마나 걸리느냐의 문제일 뿐, 껍질이 아무리 딱딱해도 이 일은 일어납니다. 마치 바윗돌 감옥 같은 딱딱한 씨앗에 갇혀 있어도 배를 탈출시키는 것은 물입니다. 그러므로 씨앗의 운명은 물에 달려 있습니다. 물이야말로 닫힌 감옥의 문을 열 수 있는 열쇠입니다.

그뿐만 아니라, 씨앗이 먹기 좋게끔 배젖과 떡잎의 영양분이 녹아야 하는데, 이때도 물이 있어야 합니다. 아울러 녹은 영양분이 어린 식물의 조직 속에 들어가 이리저리로 배달될 때에도 물이 필요하지요.

　물과 함께, 온도도 알맞아야 합니다. 대부분 섭씨 10도에서 20도 사이에서 싹이 잘 틉니다. 만약 이보다 온도가 더 높든지 더 낮든지 하면 매우 천천히 싹이 틉니다. 이 온도를 너무 많이 벗어나면 아예 싹이 트지 않지요.

　싹이 트는 데는 물과 온도 말고도 산소가 꼭 있어야 합니다. 몇몇 물살이식물의 씨앗을 빼고는 물속에서 싹트는 씨앗은 없습니다. 씨앗은 싹이 트면서 산소를 다 써 버리고 이산화탄소를 내뿜어 숨쉬기를 시작합니다. 그러니 물속에 있다면 숨쉬기를 자유롭게 할 수 없지요. 씨앗을 너무 깊게 심거나, 딱딱하게 굳은 땅에 심어도 산소가 모자라 싹트지 않습니다.

　씨앗은 공기가 잘 스며드는 포슬포슬한 땅에 심어야 하고, 촉촉한 땅의 표면에 간단히 눕히거나 아니면 되도록 얇은 흙으로 덮여야 합니다. 어떤 일로 땅이 갈라졌을 때 몇 해 동안 깊은 곳에서 잠자고 있던 씨앗들이 깨어나 이전에 없던 색다른 풀밭을 만들어 놓을 때가 있습니다. 산소가 모자라 잠만 자고 있던 씨앗들이 물·온도·산소가 알맞게 마련된 새 환경을 만났으니 기쁜 마음으로 싹을 틔운 것입니다.

귀화식물

원래 자라지 않는 지역에 들어와 자라는 식물을 귀화식물이라고 한다. 주로 인간, 동물, 화물 등에 묻어 들어오기도 하고, 재배하기 위해 일부러 들여온 게 야생으로 퍼져 나가기도 한다. 귀화식물은 자연이 파괴된 곳이나 휴경지, 도시 개발 지역, 버려진 공터에서 자라는 경우가 많다. 몇몇 귀화식물은 생태계를 교란시키기도 하지만 모든 귀화식물이 그런 것은 아니다.

강아지풀
7월쯤 길가에서 흔하게 볼 수 있는 식물이다. 이삭이 강아지 꼬리처럼 생겨 붙은 이름이다. 우리나라에 자리를 잡은 지 아주 오래되었다.

흰닭의장풀
담장 주변에서 흔하게 자라는 풀이라서 '닭의장풀'이라고 부른다.

끈끈이대나물
유럽 원산 식물이다. 줄기 위쪽 마디에서 끈끈한 진이 나와서 붙은 이름이다.

붉은토끼풀
유럽 원산 식물이다. 토끼풀과 비슷하게 생겼는데 붉은 꽃이 핀다.

자주달개비
북아메리카 원산 식물이다.
원래 실험용 식물로 재배되던
것인데 들로 퍼져 나갔다.

흰꽃나도사프란
남아메리카 원산 식물이다.
관상용으로 키우던 식물인데
제주도에서 자연스럽게 야생으로
퍼져 나가 야생화가 되었다.

미국쑥부쟁이
북아메리카 원산 식물이다.
꽃꽂이용으로 키우던 식물인데
씨가 떨어져 퍼져 나갔다.

애기나팔꽃
북아메리카 원산 식물이다.
다른 식물이나 물체를 감고
올라가는 덩굴식물이다.

큰방가지똥
유럽 원산 식물이다.
길가나 공터에서 흔하게 자란다.
잎 가장자리에 날카로운 가시가 있다.

어저귀
인도 원산 식물이다.
섬유 작물로 재배하던 게 들로
퍼져나가 야생화가 되었다.

나도공단풀
아메리카 원산 식물이다.
구로 공단에서 처음 발견되어 공단
이라는 이름이 붙었다.
제주도에서도 많이 자란다.

우리나라 귀화식물 원산지 분포도

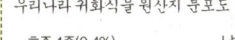

호주 1종(0.4%) — 남아메리카 16종(6.2%)
북아메리카 59종(22.8%) — 아시아 47종(18.1%) — 유럽 105종(40.5%)
아프리카 7종(2.7%) — 열대아메리카 17종(6.6%)
기타 7종(2.7%)

자생식물

우리나라의 산과 들에서 자연스럽게 발생하여 자라는 식물을 자생식물이라고 한다. 그리고 외래식물이라고 하더라도 오래전에 우리나라로 넘어와 우리의 기후 풍토에 잘 적응하며 살고 있는 귀화식물도 자생식물이라고 할 수 있다. 우리나라의 자생식물은 주변 나라인 중국이나 일본에서도 그 나라의 자생식물인 경우가 많다. 식물에게는 국경이 없기 때문이다.

얼레지
4월쯤 깊은 산 속에서 여섯 장의 꽃잎을 뒤로 활짝 젖혀 꽃을 피운다.
꽃잎 안쪽에 W자 무늬가 있다. 흰색 꽃이 피는 건 흰얼레지라고 한다. 얼레지 묵나물로 국을 끓이면 미역국 맛이 나서 미역취라고도 부른다. 잎을 그냥 먹으면 설사를 하기 때문에 꼭 데쳐서 먹어야 한다.

변산바람꽃
변산에서 처음으로 발견되어 붙은 이름이다. 가느다란 꽃대에 흔들리는 하얀 꽃이 아름답다.

타래난초
잔디밭이나 무덤가에서 자란다. 줄기를 돌돌 감고 올라가며 꽃이 피는데 쟤과 콩나무처럼 하늘까지 올라가지는 않고 대략 60센티미터 정도 자란다.

애기나리
숲 속에서 무리 지어 자란다. 하얀 꽃이 고개를 숙이고 피어난다. 어린순은 나물로 먹는다.

산국
가을이면 어디서든 쉽게
볼 수 있는 꽃이다. 산국은
산에서 피는 국화라는 뜻이다.

미치광이풀
깊은 숲에서 자란다. 소가 이 풀을 먹으면
미친 듯이 날뛴다고 해서 붙은 이름이다.
독성이 강한 식물이다. 노란 꽃이 피는
노랑미치광이풀도 있다.

남산제비꽃
봄이면 어디서든 쉽게
볼 수 있는 꽃이다.
우리나라에는 여러 종류의
제비꽃이 자란다.

현호색
꽃 모양이 무척 신기한 꽃이다. 현호색이 무리지어 피어난 곳을
지나면 향긋한 꽃향기가 코를 찌른다. 현호색은 여러 종류가 있다.
들현호색, 점현호색, 댓잎현호색, 애기현호색 등.

처녀치마
땅바닥에 펼쳐놓은 잎들이
치마처럼 보여 처녀치마라는
이름이 붙었다.

금낭화
복주머니처럼 피는 꽃이 무척
아름답다. 금낭화란
이름은 '아름다운 주머니를
닮은 꽃'이란 뜻이다.

노루귀
흰색, 분홍색을 비롯해
여러 가지 색의 꽃이 핀다.
잎이 돋아날 때 모습이
노루의 귀처럼 보여서
노루귀라는 이름이 붙었다.

노루귀의 새싹
땅위로 갓 올라온
새싹이 노루의 귀와
비슷하게 생겼다.

씨앗은 녹말을 어떻게 녹일까?

영양분을 쌓아 둔 떡잎과 배젖에서 가장 큰 역할을 하는 물질은 무엇일까요? 바로 녹말입니다. 그런데 물에 녹지 않은 녹말은 배가 곧바로 먹을 수 없습니다. 녹말이 식물의 조직 속으로 잘 들어가기 위해서는 반드시 녹아야만 합니다.

이를 위해 배는 녹말을 당으로 바꾸는 효소인 녹말당화효소, 디아스타아제를 함께 갖고 있습니다. 이것은 물에 녹아, 녹말을 먹기 좋은 포도당으로 분해합니다. 이 일을 하기 위해서는, 온도와 물이 반드시 알맞아야 합니다. 달리 말하면, 씨앗이 싹트지 않는 조건에서는 디아스타아제도 아무런 영향을 끼치지 않게 되어 녹말은 처음 그대로 있게 됩니다. 하지만 물·온도·산소의 도움으로 싹이 트게 되면 싹이 트자마자, 디아스타아제가 녹말을 액체인 포도당으로 바꿉니다. 포도당은 어린 식물의 조직 속으로 들어가고, 어린뿌리와 어린잎에게 충분한 영양분을 주지요.

물·온도·산소가 똑같이 주어져도, 씨앗이 싹트는 데 걸리는 시간은 저마다 다릅니다. 성격이 급해 열매가 가지에서 떨어지기도 전에 싹 트는 식물도 있습니다. 열대 지역에 사는 맹그로브는 진흙에 뿌리를 내리고 사는데, 열매가 가지에 매달린 상태에서 발아됩니다. 그런가 하면 싹 트는 데 몇 년씩 걸리는 식물도 있습니다. 시금치·순무·강낭콩은 싹 트는 데 사흘이 걸립니다.

상추는 나흘, 멜론이나 수박은 닷새, 장미와 산사나무, 씨 열매의 씨앗은 2년 아니, 더 많은 시간이 걸리기도 합니다. 대부분 딱딱하고 두꺼운 바깥껍질을 가진 씨앗들이 물의 흡수를 막는 방해물 때문에 늦게 싹 틉니다. 그리고 씨가 맺힌 지 얼마 되지 않은 것이 묵은 것에 비해 더 빨리 싹이 틉니다.

식물 종에 따라 씨앗의 싹 트는 능력은 길기도 하고 짧기도 합니다. 어떤 씨앗은 몇 십 년 동안, 아니 몇 백 년 동안이나 살아 있습니다. 그런가 하면 어떤 씨앗은 몇 달만 지나도 싹 틔우는 능력을 잃어버리고 맙니다.

어떤 커피나무는 씨앗이 성숙되자마자 심지 않으면 싹이 트지 않습니다. 그러나 보리는 40년 넘게 쌓아 두어도 싹이 나며 신경초는 60년, 강낭콩은 100년이 넘어도 싹 틀 수 있습니다. 어떤 씨앗은 수백 년 동안 살아 있기도 합니다. 라즈베리 씨앗, 수레국화, 로즈메리, 캐모마일 따위는 고대인들의 무덤에서 발견되어도 마치 지난해의 씨앗인 양 아무렇지 않게 싹이 틉니다.

그런데 이런 일이 왜 일어나는지는 아직 모릅니다. 사람마다 생명을 가지고 사는 날수가 다르듯이 대자연도 저마다의 식물 종에게 싹 틔우는 능력을 달리 주었을 따름입니다. 그 이유를 찾아 나서는 것이 과학자의 몫이라면 이제 그 답을 찾기 위해 식물 세계로 더 깊이 들어가야 할 사람은 바로 여러분, 자라나는 새 세대입니다.

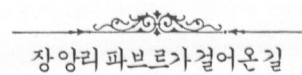

장 앙리 파브르가 걸어온 길

1823	12월 21일, 남프랑스에 있는 오래된 마을 생레옹에서 가난한 농부 앙트완과 어머니 빅트와르 사이에서 첫아들로 태어났다.
1825	동생 프레데릭이 태어났다.
1827	동생이 태어나자 생활이 더욱 어려워졌다. 그래서 파브르는 깊은 산골마을인 마라바르의 할아버지 댁에 맡겨졌다.
1830	파브르는 초등학교에 들어가기 위해 다시 생레옹으로 돌아왔다. 먼 친척인 리카르가 수업을 맡았다. 파브르는 비로소 읽기와 쓰기를 배울 수 있었다.
1832	파브르 가족이 로데즈 시로 이사했다. 아버지는 작은 카페를 열었고, 파브르는 왕립 중학교에 입학해서 그리스 어와 라틴 어를 배웠다. 학비를 면제받는 대신, 학교 합창반에서 활동했다.

| 1837 | 아버지가 운영하는 카페가 잘 되지 않자, 다시 툴루즈로 이사했다. 파브르는 레스킬 신학교에 입학했다. |

| 1838 | 아버지가 툴루즈에서도 사업이 잘 되지 않자, 몽펠리에로 이사하여 카페를 열었다. 파브르는 의학에 관심이 많았지만 돈이 없었기 때문에 학업을 그만두고 돈을 벌어야 했다. 파브르는 시장에서 레몬을 팔았고 철도 노동자로 일했다. |

| 1839 | 파브르는 아비뇽에 있는 사범학교의 장학생 모집 시험에 응시해서 수석으로 입학했다. |

| 1840 | 파브르는 3년 학업 과정을 2년 만에 마치고 교사가 되기 위한 시험을 통과했다. 나머지 1년 동안은 박물학, 라틴 어, 그리스 어를 공부했다. 이 시기에 화학을 처음 알게 되었다. |

| 1842 | 사범학교를 졸업하고 카트팡트라스에 있는 초등학교 교사가 되었다. 그 당시 교사 월급이 무척 적었지만, 파브르는 매우 열성적으로 가르쳤고 학생들에게 존경을 받았다. |

| 1843 | 파브르는 일주일에 한 번씩 들판에서 학생들과 수업을 했다. 이때 미장이꽃벌을 발견하게 되었다. 파브르는 몇 푼 안 되는 월급을 털어 『절지동물의 자연사』를 샀다. 이 책은 늘 파브르의 책장에서 가장 좋은 자리에 꽂혀 있었다. 파브르가 곤충학에 관심을 갖게 된 결정적인 계기가 되었기 때문이다. |

| 1844 | 10월 3일 동료 교사인 마리 비야르와 결혼했다. 비야르는 재단사의 딸로 파브르보다 세 살이 많았다. 파브르는 수학, 물리학, 화학을 독학했다. |

| 1845 | 첫딸 엘리자베트가 태어났다. |

| 1846 | 4월 30일 엘리자베트가 죽었다. 파브르는 몽펠리에 대학 입학 자격 시험에 합격했다. |

| 1847 | 몽펠리에 대학에서 수학 학사 학위를 받았다. 첫아들 장이 태어났다. |

| 1848 | 몽펠리에 대학에서 물리학 학사 학위를 받았다. 6월 6일 장이 죽었고, 6월 29일 파브르는 초등학교 교사를 그만두었다. |

| 1849 | 파브르는 코르시카 섬 아작시오의 국립 중학교에서 물리학을 가르쳤다. 코르시카의 식물 세계는 파브르를 매혹하기에 충분했다. 파브르는 아작시오에서 저명한 생물학자 르퀴앙과 만났다. 르퀴앙은 파브르에게 패류학과 식물학을 가르쳐 주었고, 툴루즈 대학의 박물학 교수 모캉 당통을 소개해 주었다. |

| 1850 | 10월 3일 둘째 딸 안드레아가 태어났다. |

| 1851 | 파브르는 모캉 당통 교수와 함께 15일을 보냈다. 모캉 당통은 식물 관찰 기록을 쓸 때 문제와 형식이 얼마나 중요한지를 가르쳐 주었다. 또 당통은 파브르에게 박물학 공부를 권했다. 파브르는 이를 계기로 박물학자의 길을 택했다. |

| 1853 | 아비뇽 사범학교의 조교수가 되었다. 물리학과 화학을 가르쳤다. 5월 25일 셋째 딸 아그라에가 태어났다. 아그라에는 삶의 대부분을 아버지와 함께 보냈다. |

1854	툴루즈 대학에서 박물학 학사 학위를 받았다. 의사이자 자연주의자인 레옹 뒤프르가 혹노래기벌의 생활 습성에 관해 쓴 책을 읽고 큰 충격을 받았다. 그리고 곤충의 이름을 붙이고 분류하는 것을 뛰어넘어 곤충의 생태를 연구하는 것에 관심을 갖기 시작했다.
1855	8월 24일 넷째 딸 클레르가 태어났다. 가족이 늘어났고 지출이 늘어났다. 파브르는 보충수업을 해서 돈을 벌어야 했다. 「누에콩 속의 꽃과 열매를 관찰」 등 식물에 관한 논문을 잇달아 발표했다.
1856	혹노래기벌 연구로 프랑스 학사원으로부터 실험 생리학 분야의 몽티용 상을 받았다. 논문은 혹노래기벌의 습성과 그 애벌레의 먹이인 딱정벌레류를 어떻게 장기간 보존하는지 연구한 내용이었다. 레옹 뒤프르는 파브르에게 축하와 찬사의 편지를 보냈다. 파브르는 계속해서 다른 곤충을 연구했지만 경제적으로 어려웠다. 염색 공장에서 사용되는 중요한 원료인 꼭두서니를 연구하기 시작했다.
1857	「남가뢰와 과변태」 등 여러 주제의 논문을 발표했다.
1859	찰스 다윈은 파브르를 '최고의 관찰자'라고 칭찬했다. 하지만 파브르는 평생 동안 다윈의 이론에 반대했다. 파브르는 순수한 꼭두서니 가루를 제조하는 법을 발명해서 특허를 얻었다.
1860	꼭두서니를 공업적으로 이용할 수 있는 공정을 개발해서 두 번째 특허를 받았다. 식물학자 드라크르와 친하게 지냈다.

1861	4월 9일 둘째 아들 쥘이 태어났다.
1862	파브르가 쓴 최초의 교과서인 『농업화학 기초 강의』가 아제트 사에서 출간되었다.
1863	2월 26일 셋째 아들 에밀이 태어났다. 빅토르 뒤루이가 교육부 장관이 되었다. 「곤충의 오줌에 들어 있는 지질 조직의 역할에 관한 연구」 논문을 발표했다.
1865	파스퇴르가 파브르를 만나려고 아비뇽을 찾아왔다. 미생물 연구자인 파스퇴르는 누에 농사를 망치는 원인 모를 전염병을 연구하고 있었다. 하지만 파스퇴르는 누에에 대해 아는 게 없었기 때문에 파브르의 도움이 필요했던 것이다. 파브르는 『대지』를 출판했다.
1866	르키앙 박물관의 관장이 되었다. 철학자이자 경제학자인 존 스튜어트 밀이 박물관을 방문했을 때, 서로 친구가 되었다. 프랑스 학사원으로부터 제네르 상을 받았다. 파브르는 여전히 꼭두서니의 염료를 개선하는 연구를 하고 있었다. 사범학교 교수에 임명되었다.
1867	뒤루이 교육부 장관과 친구가 되었다. 뒤루이는 파브르를 파리로 초대했고 나폴레옹 3세와 만나게 해 주었다. 파브르는 야간 성인 학교 박물학과의 강사가 되었다. 파브르는 꼭두서니 색소의 공업화에 성공했지만, 독일에서 인공 알리자린이 발명되어 파브르의 노력은 끝내 결실을 맺지 못했다.
1870	성직자와 보수적인 교육자 들이 파브르가 성인 학교에서 강

	의하는 것을 비난했다. 파브르는 교수를 그만두었다. 파브르는 존 스튜어트 밀에게 돈을 빌려 오랑주로 이사했다. 식구가 많아 생활이 어려웠다.
1871	프랑스와 러시아가 전쟁을 하는 터에 파리에서 책의 원고료와 인세가 들어오지 않자 생활이 더욱더 어려워졌다. 파브르는 대학 공부를 완전히 그만두고 곤충 연구에 집중했다. 또 청소년 과학책을 쓰기도 했다.
1873	르키앙 박물관 관장을 그만두었다. 존 스튜어트 밀과 함께 식물을 연구하기로 했지만, 밀이 죽고 말았다. 파리의 동물애호회로부터 감사장을 받았다. 수학, 식물, 물리학에 관한 책을 출판했다.
1877	9월 14일 가장 사랑했던 둘째 아들 쥘이 죽었다. 쥘은 학문과 예술에 재능이 많았다. 파브르는 쥘이 좋아했던 세 가지 곤충에 쥘의 이름을 따서 이름을 붙여 주었다. 그것은 율리우스노래기벌(Cerceris julii), 율리우스왜코벌(Bembex julii), 율리우스나나니(Ammophila julii)이었다. 프랑스 어 쥘은 라틴어로 율리우스이다.
1878	쥘의 죽음으로 몸이 쇠약해졌다. 그해 겨울에 폐렴에 걸려 죽음의 문턱에서 가까스로 살아남았다. 『파브르 곤충 이야기』 제1권 원고를 완성했다.
1879	파브르는 도시 생활을 버리고 세리냥의 마을 외곽으로 이사를 갔다. 그곳을 '아르마스'라고 불렀다. 아르마스에는 곤충과 꽃이 많았다. 『파브르 곤충 이야기』 제1권을 드라그라부

	사에서 출판했다.
1881	프랑스 학사원의 통신 회원으로 추천되었다.
1882	『파브르 곤충 이야기』 제2권을 출간했다. 82세가 된 아버지와 다시 함께 살기 시작했다.
1885	부인 마리 비야르가 64세의 나이로 죽었다. 셋째 딸인 아그라에가 집안 살림을 꾸려 나갔다. 파브르는 버섯 수채화를 그리기 시작했다.
1886	『파브르 곤충 이야기』 제3권을 출간했다.
1887	딸 클레르가 결혼했다. 파브르는 가정부인 23세의 조세핀 드데르와 재혼했다. 프랑스곤충학회는 파브르를 통신 회원으로 받아들이고 드르휴스 상을 수여했다.
1888	아들 에밀이 결혼했다. 조세핀과 사이에서 아들 폴이 태어났다. 폴은 나중에 사진 기술을 배워서 아버지에게 많은 도움을 주었다.
1889	프랑스 학사원은 권위 있는 프티 드루모와 상과 10,000프랑을 파브르에게 수여했다. 교과서와 과학 전문책들 인세가 꽤 많이 들어왔다.
1890	딸 포린이 태어났다.
1891	넷째 딸 클레르가 죽었다. 『파브르 곤충 이야기』 제4권을 출

간했다.

1892	벨기에곤충학회의 명예 회원으로 추대되었다.
1893	파브르의 아버지가 93세의 나이로 죽었다. 12월 31일 딸 안나가 태어났다. 파브르는 큰공작산누에나방에 관해 연구했다.
1894	프랑스곤충학회 명예 회원으로 추대되었다. 금풍뎅이와 꿀꿀이바구미, 전갈 들을 연구했다.
1897	아르마스의 집에서 세 명의 자식들에게 교육을 시작했다. 부인 조세핀도 함께 수업을 들었다. 파브르는 아이들의 호기심과 탐구심을 중요하게 생각했다. 『파브르 곤충 이야기』 제5권을 출간했다.
1898	딸 안드레아가 툴롱에서 죽었다.
1900	『파브르 곤충 이야기』 제6권을 출간했다.
1901	『파브르 곤충 이야기』 제7권을 출간했다.
1902	러시아, 프랑스, 런던, 스웨덴곤충학회 명예 회원으로 추대되었다.
1903	『파브르 곤충 이야기』 제8권을 출간했다.
1905	프랑스 학사원으로부터 쥬니에 상을 받았다. 『파브르 곤충 이야기』 제9권을 출간했다.

| 1907 | 『파브르 곤충 이야기』 제10권을 출간했다. 『파브르 곤충 이야기』는 수많은 과학자들이 인정하는 책이었지만 대중적인 인기는 없었기 때문에 잘 팔리지는 않았다. 제자인 르그로 박사는 파브르의 어려운 경제 사정에 깜짝 놀랐다. |

| 1909 | 『파브르 곤충 이야기』 제11권을 쓰기 시작했지만 몸이 몹시 쇠약해졌다. 『왕풍뎅이 시인의 프로방스 어』라는 시집을 출간했다. 이 책은 파브르의 생애 마지막 책이 되었다. |

| 1910 | 친구, 제자, 독자 들이 모여 파브르를 위한 기념회를 열었다. 파리자연사 박물관 관장 에드몽 페리에가 파브르의 공적을 기리는 연설을 했다. 이 기념회 덕분에 『파브르 곤충 이야기』는 세계적으로 크게 알려지게 되었다. 또 파브르는 스톡홀름 학사원으로부터 린네 상을 받았다. 이 시절의 파브르는 기력이 거의 남아 있지 않았다. 단지 몇 걸음 정도를 걸을 수 있었고 시력이 매우 나빠져서 글을 읽는 것조차 힘들었다. |

| 1911 | 파브르를 노벨상 후보로 추대하는 움직임이 시작되었다. 하지만 프랑스 학사원은 다른 후보를 추천했다. |

| 1912 | 7월 3일, 부인 조세핀이 48세의 나이로 죽었다. 파브르는 딸 아그라에와 간호사의 도움을 받아야 겨우 움직일 수 있었다. |

| 1913 | 문화공보부 장관과 푸앵카레 대통령이 잇달아 찾아와서 파브르의 업적을 높이 기렸다. 『파브르 곤충 이야기』의 최종 도해판이 출간되었다. 아들 폴이 찍은 200여 장의 사진이 함께 실렸다. 10권 이후에 쓴 원고는 11권이 되지 못하고 10권 부록으로 실리게 되었다. |

| 1914 | 제1차 세계대전이 시작되었다. 아들 폴이 전쟁에 나갔다. 셋째 아들 에밀과 동생 프레데릭이 죽었다. |

| 1915 | 파브르는 서서히 죽음을 맞이했다. 파브르는 죽는 날까지 곤충에 대한 이야기를 했다. 10월 11일 91세의 나이로 사망했고, 시신은 세리냥의 묘지에 묻혔다. |

도움받은 책

Jean Henri Fabre, Bernard Niall, *The Wonder Book of Plant Life*, (Vivisphere Publishing · 2001)

Jean Henri Fabre, *HISTORIE VA BÛHE RÉCITS LA VIE DES PLANTES*, (ÉDITIONS DU BEFFROI · 2001)

Jean Henri Fabre, *LA PLANTE*, (Privat · 2005)

David Burnie, *Plant*, (Dorling Kindersley · 1988)

David Burnie, *Tree*, (Dorling Kindersley · 2000)

Flora of Korea Editorial Committee, *The Genera of Vascular Plants of Korea*, (아카데미서적 · 2007)

J. H 파브르, 정석형 옮김, 『파브르 식물기』, (두레 · 2003)

L. E. Graham 외, 서봉보 외 옮김, 『일반식물학』, (월드사이언스 · 2005)

Purves 외, 이광웅 외 옮김, 『생명 생물의 과학』 개정6판, (교보문고 · 2005)

W. G. 홉킨스, 권덕기 외 옮김, 『식물생리학』, (을유문화사 · 2002)

강혜순, 『꽃의 제국』, (다른세상 · 2008)

고규홍, 『알면서도 모르는 나무 이야기』, (사계절출판사 · 2006)

고규홍, 『이 땅의 큰 나무』, (눌와 · 2003)

김규원 외, 『화훼재료 및 형태학』, (위즈벨리 · 2005)

김준민 외, 『한국의 귀화식물』, (사이언스북스 · 2000)

김준민, 『들풀에서 줍는 과학』, (지성사 · 2006)

농촌진흥청 농업과학기술원, 『한국의 버섯 : 식용버섯과 독버섯 원색도감』, (김영사 · 2008)

데이비드 에튼보로, 과학세대 옮김, 『식물의 사생활』, (까치글방 · 1995)

박수현, 『한국의 귀화식물』, (일조각 · 2009)

박수현, 『韓國歸化植物 原色圖鑑』, (일조각 · 1999)

박수현, 『한국귀화식물원색도감 보유편』, (일조각 · 2001)

박양세, 『선인장 다육식물』, (교학사 · 2006)

박홍덕 외, 『식물형태학 용어』, (월드사이언스 · 2003)

손기철 · 윤재길, 『꽃색의 신비』, (건국대학교출판부 · 2004)

안영희 · 이택주, 『자생식물 대백과』, (생명의나무 · 2002)

알렝 니엘 퐁토피당, 나선희 옮김, 『나무의 비밀』, (사계절출판사 · 2005)

윌리엄 C. 버거, 채수문 옮김, 『꽃은 어떻게 세상을 바꾸었을까?』, (바이북스 · 2010)

윤주복, 『겨울나무 쉽게 찾기』, (진선books · 2007)

윤주복, 『나무 쉽게 찾기』, (진선books · 2006)

윤주복, 『나뭇잎도감』, (진선books · 2006)

윤주복, 『야생화 쉽게 찾기』, (진선books · 2006)

윤평섭, 이정식, 『최신 자생식물학』, (도서출판대선 · 2002)

이경준 외, 『山林生態學』, (鄕文社 · 2007)

이규배, 『식물형태학』, (라이프사이언스 · 2004)

이유미 · 서민환, 『우리풀백과사전』, (현암사 · 2003)

이재두 외, 『식물형태학』, (아카데미서적 · 1995)

이창복 외, 『新稿 植物分類學』, (鄕文社 · 2005)

이창복, 『대한식물도감』, (鄕文社 · 2003)

이창복, 『新稿 樹木學』, (鄕文社 · 2007)

임경빈 외, 『四稿 一般植物學』, (鄕文社 · 2003)

임경빈 외, 『新稿 林學槪論』, (鄕文社 · 2005)

정희석, 『목재용어사전』, (서울대출판부 · 2005)

조덕현, 『버섯』, (지성사 · 2001)

조덕현, 『조덕현의 재미있는 독버섯 이야기』, (양문 · 2007)

조덕현, 『한국의 식용 독버섯도감』, (일진사 · 2009)

차윤정 · 전승훈, 『신갈나무 투쟁기』, (지성사 · 2009)

한국양치식물연구회, 『한국양치식물도감』, (지오북 · 2006)

현재선, 『식물과 곤충의 공존전략』, (아카데미서적 · 2007)

해설

식물의 일생에 관한 아름다운 이야기

  1960년대부터 우리나라에는 『파브르 곤충 이야기』가 '고전', '논술', '동화', '생태' 등 수많은 형식으로 쏟아져 나왔다. 하지만 파브르가 '식물 이야기'를 썼다는 사실을 아는 사람은 별로 많지 않다. 『파브르 식물 이야기』는 이 책을 포함해 현재 총 4종이 나와 있다. 게다가 아직까지 완역된 적이 없다. 그만큼 잘 알려지지 않았다. 하지만 식물에 조금이라도 관심을 갖는 사람이라면 모두 『파브르 식물 이야기』를 최고의 식물 책으로 꼽는 데 주저하지 않는다.

  1861년, 38살이던 파브르는 서점에서 한 권의 책을 보게 되었다. 인간의 생리학과 영양에 관한 『빵의 역사』라는 책이었다. 이 책은 중세 유럽의 도서관에 꽂혀 있던 가죽 장정의 묵직한 책이 아니었다. 아무런 삽화도 들어 있지 않은 얇고 소박한 이 책은 당시로서는 꽤 새로운 형태의 합리적인 스타일이었다. 아마도 6, 70년대를 풍미했던 삼중당문고만큼이나 많은 사랑을 받았던 모양이다. 쉽고 재미있는 데다 한 권에 150원밖에 안 하던 삼중당문고처럼 책값도 무척이나 싸 당시에 큰 성공을 거두었다.

책을 읽는 내내 그의 가슴 한켠은 뜨겁게 불타올랐다. 파브르는 늘 대중적인 과학 책을 쓰고 싶어했다. 당시 파브르는 책 한 권도 마음 놓고 사 볼 형편이 안 되었다. 식구는 많고 살림살이는 늘 빠듯했다. 그래서 책이 성공하여 형편이 나아지길 바랐다. 게다가 『빵의 역사』는 마치 아이들에게 이야기를 들려주듯 쓰여 있었다. 이거야 말로 파브르가 늘 하던 일 아니던가! 파브르는 수많은 논문과 원고를 쓰면서도 아이들과 많은 시간을 함께 보냈다. 실험을 할 때도, 곤충을 채집할 때도 그의 곁에는 늘 아이들이 함께 있었다. 특히 아들 쥘은 학문의 동반자나 다름없었다. 『파브르 곤충 이야기』를 보면 곳곳에 쥘의 이야기가 나온다. 심지어 가난한 형편 때문에 아이들에게 책을 사 줄 돈이 없자 직접 책을 쓰고 만들기까지 했다.

1864년 41세, 파브르는 『빵의 역사』와 비슷한 형태의 식물학 책을 쓰기로 마음먹었다. 어느 정도 원고가 완성되자 주위 사람들에게 원고를 보여 주며 반응을 살폈다. 사람들은 한결같이 『빵의 역사』처럼 좋은 반응이 기대된다며 용기를 북돋아 주었다. 얼마 뒤 원고의 일부분과 함께 출판사에 편지를 보냈다. 『빵의 역사』처럼 얇고 수수한 느낌의 식물학 책을 두 권으로 나눠 내고 싶다는 내용이었다. 1권은 『숲의 역사』, 2권은 『꽃의 역사』였다. 그리고 이 두 권이 성공한다면 3권 『식물의 가계』를 출간하고 싶다는 뜻을 밝혔다.

그런데 얼마 뒤 커다란 판형에 화려한 그림을 넣은 『빵의 역사』 개정판이 출간되었다. 이 책을 보자 머릿속에 그리고 있던 책의 형태가 바뀌었다. 수수하고 소박한 형태가 아닌, 『빵의 역사』 개정판처럼 화려한 책을 머릿속에 그려 넣게 되었다. 마음은 더욱더 조급해졌다. 하루라도 빨리 책을 내고 싶었다. 파브르는 다시 출판사에 편지를 보냈다. 하지만 이 제안은 보기 좋게 거절당하고 말았다.

결국 다른 출판사를 알아 볼 수밖에 없었다. 다행히 새로운 출판사는 파브르의 요구를 모두 받아 주었다. 드디어 1867년[44세], 화려한 그림을 곁들인 『나무의 역사』[원제 *HISTORIE VA BÛHE RÉCITS LA VIE DES PLANTES*]가 출간되었다. 당시 이 책은 '꽃과 열매'에 관한 내용이 빠진 채 출간되었다. 그리고 우여곡절 끝에 출판사를 옮기게 되었고, 그 뒤 『나무의 역사』는 프랑스에서 오랜 시간 동안 출판되지 않았다.

그러다 1984년 일본 平凡社에서 『ファアブル植物記』라는 제목으로 출간되었고, 1992년 우리나라에서도 『파브르 식물기』(두레)라는 제목으로 출간되었다. 모두 '꽃과 열매' 부분이 빠진, 『나무의 역사』를 번역한 것이다. 초판이라는 데 나름 의미가 있다. 하지만 생물의 일생에 가장 중요한 순간이라고 할 수 있는 '생식과 번식'에 관한 내용인 '꽃과 열매'가 빠졌고, 이후 여러 부분의 원고를 보완하여 다시 출판했기 때문에 『나무의 역사』는 최종판이 아니다. 최종판이 아닌 판본을 번역한 것은 조금 의아스럽지 않을 수 없다.

1876년53세, 파브르는 새로운 출판사에서 『나무의 역사』에 '꽃과 열매'에 관한 내용을 덧붙이고 여러 부분을 보완하여 『식물』원제 *LA PLANTE*이라는 제목으로 책을 다시 펴냈다. 지금 세계 여러 나라에서 출판된 '파브르의 식물 이야기'는 대부분 *LA PLANTE*를 번역한 것이다. 2001년 미국 Vivisphere Publishing에서 출간된 *The Wonder of Plant Life*도, 2004년 일본 岩波書店에서 출간된 『植物のはなし』도 모두 *LA PLANTE*를 번역한 것이다.

그동안 우리나라에서는 파브르가 나이가 많아 건강상의 이유로 '꽃과 열매'에 관한 내용을 쓰지 못하고 미완의 작품으로 남겨둔 채 세상을 떠났다고 알려져 있었다. 하지만 이건 사실과 다르다. '꽃과 열매' 부분이 빠진 건 『나무의 역사』를 번역했기 때문이다.

이번에 (주)사계절출판사에서 펴내는 『파브르 식물 이야기』는 국내에서 처음으로 '꽃과 열매' 부분을 소개하고 있다. 이 책은 해설서이기 때문에 완역은 아니지만, 바로 이런 점 때문에 국내에서는 완역과는 또 다른 큰 의미를 부여할 수 있다.

『파브르 식물 이야기』는 파브르가 자기 아이들에게 들려주듯 이야기를 풀어나간다. 눈, 잎, 줄기, 뿌리, 꽃, 열매…… 이 모든 것이 싹을 틔우고 열매를 맺어 어떻게 새로운 생명을 탄생시키는지, 그 감동의 순간을 놀라운 비유와 이야기를 끌어들여 환상적으로 펼쳐 놓았다. 한 줄 한 줄 아껴 가며 생명과도 같은 이야기를 읽다 보면 파브르가 철학자인지 과학자인지 헷갈리게 된다. 식물의 일생을 통해 우리가 어떻게 살아야 하는지 삶의 깨달음과 지혜를 얻게 해 주기 때문다. 만약 『파브르 식물 이야기』가 단순히 식물에 관한 지식만을 무미건조하게 나열했더라면 100년이 넘게 많은 사람들에게 이토록 사랑을 받지는 못했을 것이다. 요즘 나오는 식물에 관한 대중적인 책도 100년 전에 쓰여진 『파브르 식물 이야기』의 목차와 크게 다르지 않다. 게다가 여러 식물 책에서 '비밀' 처럼 또는 '비화' 처럼 조금씩 들려주는 이야기도 『파브르 식물 이야기』에는 식물학이라는 거대한 체계 속에 일목요연하게 정리되어 있다. 『파브르 식물 이야기』가 식물에 관련된 책의 '바이블' 이 되는 셈이다.

하지만 파브르의 기대대로 이 책을 아이들이 읽는 건 쉽지 않은 일이다. 먼저 분량이 너무 많은 데다 때때로 어른들도 이해하기 어려운 내용이 있다. 그래서 이 책은 초등학교와 중학교 교과과정에 맞춰 초등학생부터 어른까지 함께 읽을 수 있게 쉬운 말로 풀어쓰고 해설을 덧붙였다. 또 현대 식물학에 비추어 보았을 때 곳곳에 오류가 있는 부분을 모두 바로 잡았다. 파브르는 살아생전 곤충 못지않게 식물에도 많은 관심을 쏟아 부었기 때문에 유럽 전역은 물론 아프리카, 인도, 동남아시아, 남극, 북극 등 다양한 환경에서 자라는 식물을 예로 들어가며 이야기를 써 내려갔다. 하지만 한국, 일본, 중국에서 자라는 식물은 잘 언급되지 않아 『파브르 식물 이야기』에 나오는 많은 식물들은 우리나라에서 볼 수 없거나 이름조차 발음하기 어려운 것들이 많다. 아무리 설명을 읽어도 그 구조나 형태가 잡히지 않아 뜬 구름을 잡는 이야기밖에 되지 않는다. 그래서 이 책에서는 이런 식물들을 우리 주변의 공원이나 들판에서 쉽게 볼 수 있는 식물로 바꾸었다.

  1867년, 파브르가 이 책을 처음 출간할 때 출판 조건으로 내세웠던 게 바로 그림이다. 당시 유명한 삽화가 얀 다르정을 초빙하여 삽화에 상당한 공을 들였다. 날카로운 펜으로 정성들여 그린 이 그림들은 지금 보아도 놀라움을 감출 수 없다. 하지만 그림이라는 하나의 방식만으로는 식물의 세계를 보여주는 데 한계가 있다. 게다가 모든 그림이 흑백이다. 그래서 이 책에서는 원서의 한계를 극복하기 위해 비주얼에 많은 공을 들였다. 2년여에 걸친 자료 수집과 현장 취재를 통해 300여 컷의 세밀화와 정밀한 카메라 기술로 촬영한 마이크로 사진 등을 동원해 식물의 놀라운 세계를 들여다보았다. 특히 오랜 기간 관찰을 하며 기록해야 하는 식물은 직접 키우며 그림을 그리고 사진을 찍었다.

  이 책은 2010년 7월 어린이책으로 출간한 『파브르 식물 이야기』 1권, 2권을 한 권으로 묶어 새로운 판형과 디자인으로 펴낸 것이다. 생물 공부를 하는 중학생이나 고등학생, 그리고 이제 막 식물에 관심을 갖은 어른들이 식물에 관한 입문서로 읽어도 부족함이 없기 때문이다.

  어린이책과 다른 점이 있다면 몇몇 그림과 사진을 수정했고, '5장 떡잎 한 장의 차이'의 몇몇 부분을 수정했다. 파브르는 독실한 기독교인이었다. 원서를 보면 곳곳에 종교적 신념을 내보이곤 했다. 이런 부분을 어린이책에서는 덜어내 어떤 편견이 생기지 않도록 했다. 특히 5장의 원고는 진화론을 공부한 사람이라면, 읽는 동안 조금 답답한 느낌이 들 수도 있을 것이다. 진화론의 틀로 보면 의미가 선명하게 드러나기 때문이다. 하지만 파브르는 '진화론'에 동의하지 않았다. 그래서 '진화', '변이', '분화', '자연선택', '돌연변이' 등과 같은 용어를 쓰지 않았다. 파브르는 식물의 무구한 역사를 '천천히 이루어진 창조'라고 표현했다. 어린이책에서는 이 부분을 넣지 않았지만 이 책에서는 파브르의 표현을 그대로 살리기로 했다. 그리고 고등식물과 하등식물에 대한 것도 조금 불편한 표현 일 수 있지만 원본을 그대로 따르기로 했다(이 부분은 어린이책과 같다). 판단은 독자 여러분의 몫이다.

끝으로 이 책은 불어판 *LA PLANTE*를 참고했지만 주로 *LA PLANTE*를 영어로 번역한 *The Wonder of Plant Life*를 저본으로 작업했음을 밝혀 둔다.

식물의 일생도 사람살이와 다르지 않다. 고난을 겪으며 하루하루 또는 수 천 년을 살아간다. 우리가 살아가면서 고난을 겪고 아픔을 겪는 건 수억만 년 동안 이어져 오는 자연의 법칙일지도 모른다. 결국 고난을 헤쳐 나가는 지혜는 자연에서 얻을 수밖에 없다. 많은 사람들이 『파브르 식물 이야기』를 통해 고난을 헤쳐 나가는 삶의 지혜를 얻을 수 있으면 좋겠다.

글 최일주(편집부)

작가의 말
1

좋은 사람 파브르를 만난 것은 축복입니다

파브르의 글에 오랜 시간 젖어들면서 나는 파브르가 어떤 사람이었는지에 대해 몇 가지 느낀 바가 있습니다.

먼저, 파브르는 배려심이 깊은 사람이었던 것 같습니다. 애초에 아이들을 위해 쓴 책이어서 그런지, 식물학 지식만 전하려 한 것이 아니라 그리스 신화나 동화를 넣기도 하고 자신의 어린 시절 이야기도 시시콜콜하게 넣었습니다. 지루해질 만한 곳에서 잠깐 쉬어 가자는 듯 소소한 이야기를 들려주고 있어서, 딱딱한 글을 잘 읽지 못하는 나에게는 반갑고도 고마운 책이었습니다.

파브르는 사회의 약한 사람들에게도 마음을 많이 쓴 사람입니다. 파브르는 세상에 나가 자신의 이름으로 읽힐 책에 옷감을 짜는 노동자, 요리사, 시장의 차력사, 환경미화원 들과 같은 사람들의 이야기를 넣어 놓았습니다. 이 책에는 그들에 대한 이야기를 다 싣지는 못했지만, 어찌되었든 그들에 대한 사랑과 관심이 없고서는 불가능한 일일 터입니다.

파브르가 아이들을 사랑했고 아이들의 호기심을 존중했으며, 19세기 교육의 잘못된 점에 대해 과감히 비판할 줄도 알았던 것에 대해서는 새삼스레 언급하지 않겠습니다.

그러므로 100년이라는 시간을 훌쩍 넘어 파브르같이 자상하고 좋은 사람과 내가 연결될 수 있었던 것은 그야말로 축복입니다. 글을 다듬는 내내 식물학 지식을 쉽게 전달하는 것보다 파브르의 문학적 감수성, 그가 아이들에게 건네주고 싶었던 마음을 훼손시킬까 봐 두려웠습니다. 다행히 조만간 사계절출판사에서 완역본을 출간한다 하니, 파브르에게 좀 더 가까이 다가가고 싶은 분에게는 몹시 반가운 소식이 아닌가 합니다. 이 책은 완역은 아니지만, 파브르가 전달하려던 생각의 덩어리들을 이해하기 쉽게 다듬느라 무척 애를 썼습니다.

이 책이 나오는 것을 가장 자랑스러워했던 부모님과 책이 나올 때까지 기도해 주셨던 많은 분들에게 감사의 마음을 전합니다. 출산과 산후조리, 육아를 핑계로 6년여 동안 원고다운 원고를 주지 못하였는데도, 끝까지 믿고 기다려 준 사계절출판사와 강맑실 사장님에게도 존경의 마음을 전합니다. 그리고 모래알처럼 많은 사람들 중에 나를 기억하시고 이 뜻깊은 일을 맡겨 주신 하나님께 온 마음을 다해 감사를 올려 드립니다.

2010년 가을, 풀어쓴이 추둘란

작가의 말
2

파브르의 정원

강아지풀이 꼬리를 살랑살랑 흔드는 여름날입니다. 햇살은 파브르의 정원에 눈처럼 하얗게 내려와 앉았습니다. 아주 오래된 바람이 지구를 열두 바퀴 돌고 돌아 이곳 시골 마을의 작은 정원에까지 불어옵니다.

자애로운 아빠 앙리 파브르는 일 년도 채 살지 못하고 죽은 어린 딸, 엘리자베트와 역시 발아되지 않은 씨앗과 같은 짧은 생을 마친 아들 장의 손을 잡고 정원을 걷고 있습니다.

그들 뒤로는 아버지에게 극진했던 셋째 딸 안드레아와 파브르가 가장 사랑했지만 한창 나이인 열여섯에 아버지 곁을 먼저 떠나버린 재능 많았던 둘째 아들 쥘이 하얗게 웃으며 따라옵니다.

파브르의 정원에는 세상의 모든 식물과 곤충들이 함께 살아갑니다. 토끼풀이 초록 잔디밭을 폴짝폴짝 뛰어다니고 담쟁이덩굴은 개구리 같은 발가락을 벽에 찰싹 붙이며 엉금엉금 담장을 기어오릅니다. 불어오는 바람에 부드럽게 흔들려 녹색 물결처럼 보이는 풀숲에서는 뱀딸기가 슬금슬금 기어다닙니다. 갑자기 시커먼 남가뢰가 산적처럼 나타나 떡하니 뱀딸기의 길을 막아서자 화들짝 놀라, 빨개진 얼굴을 수풀 속에 슬그머니 숨깁니다.

 사랑하는 어린 딸과 아들의 손을 잡고 오후의 눈부신 정원을 산책하는 파브르 가족을 떠올릴 때면 눈물부터 납니다. 따뜻한 시선과 뜨거운 가슴으로 곤충과 식물의 세계를 탐구하던 한 가난한 학자의 모습이 먼저 떠오르기 때문입니다.

 돈이 될 수 없었던 자연 관찰에 평생을 바친 앙리 파브르. 하지만 그는 많은 식구들을 보살펴야 했던 대가족의 가장이기도 했습니다. 그런 아버지를 둔 가족들은 늘 궁핍한 생활을 견뎌내며 서로 서러운 눈물을 닦아 주고, 허물어지는 어깨를 받쳐 주며 격려하고 위로하면서 험난한 세상을 살아가야 했을 것입니다. 하지만 파브르 가족은 맑고 투명한 하늘에 민들레 풀씨가 '야호' 하고 손을 흔들며 날아가는 모습을 보고, 눈물을 닦고 손을 흔들어주며 환한 웃음으로 인사를 합니다. 그린 파브르 가족의 모습에 다시금 삶의 희망과 용기에 대해 생각해 봅니다. 사랑합니다, 할아버지 과학자 앙리 파브르. 그리고 눈물방울처럼 그렁그렁 아버지 곁에 매달린 순결한 가족 모두를.

2010년 가을, 그린이 이제호

찾아보기

ㄱ

가시 187, 201, 202, 203
가운데열매껍질 292, 293, 294, 296, 299
가지 21, 23, 29, 62, 64, 66, 68, 119, 120, 153, 154, 156, 166, 179, 200, 243, 244, 257
갈대 90, 248
갈래꽃 256
갈퀴꼭두서니 166, 167
갈퀴나물 166
감 252
감나무 177, 178
감자 36, 51, 53, 54, 55, 88, 143, 144
갓털 297, 307, 308, 309
강낭콩 88, 174, 322, 323
강아지풀 90, 120, 173, 247, 318
강원 삼척 도계리 긴잎느티나무 79
강원 영월 하송리 은행나무 79
강원 정선 두위봉 주목 79
강장 13
강장동물 10, 13

갖춘꽃 248
갖춘잎 170, 171
개구리밥 10, 248
개도 168
개망초 259, 315
개사철쑥 237
개소시랑개비 252
개암나무 297
거꿀달걀꼴 176, 177
거칠고 날카로운 톱니 178
거칠고 큰 톱니 178
겉껍질 304
겉꽃덮이 253
겉뿌리 140
겉씨식물 95, 96, 97
겉열매껍질 292, 293, 296, 299
게 17
겨우살이 239
겨울눈 22, 23, 24, 29, 30, 31, 33, 34, 35, 36, 38, 40, 41, 46
겹꽃 263
겹잎 176, 177, 179
겹친 톱니 178
경기 양평 용문사 은행나무 77, 78,

79
곁눈 31, 40
계란꽃 315
계수나무 177
계피 109
고구마 54, 55, 57
고등 민꽃식물 87
고등식물 83, 84, 85, 86, 87, 93, 96, 97
고무나무 113, 114
고무액 113
고사리 86, 249
고사리류 87
곤충 193, 196, 197, 198, 199, 218
곧은뿌리 95, 140, 141, 142, 143
곧은줄기 120
골참나무 107
곰팡이 85, 86, 252
공기뿌리 154, 155
공변세포 226
과일나무 203
과즙주머니 299
관다발 62, 63, 64, 84, 85, 87, 88, 90, 91, 92, 95, 96, 97, 99, 172, 183, 226
관목 208
관상용 199
광대나물 257
광합성 84, 172, 194, 199, 231, 232, 239
광합성 작용 200, 233
괭이밥 213, 214, 218
구슬꽃나무 259
구슬눈 46, 47, 48, 61
국수나무 166, 167, 186, 187
굳은 열매 297
굴참나무 106, 107
권산 꽃차례 258
귀화식물 315, 318
규소 123, 124
균계 86
균류 86
귤 293, 299
그물맥 92, 94, 171, 174, 175
극지 식물 153
금강초롱 257
금낭화 321
기공 201, 225, 226, 228, 229, 230, 254
기나나무 109
기는줄기 129
기생식물 237, 239
긴 꿀 주머니 256
긴병꽃풀 257, 281, 283
긴삼각꼴 176
깃꼴맥 174, 175
깊게갈라진꼴 178, 179
까마중 315
깔끄러운 톱니 178

깔때기 모양 꽃부리 257
깻잎 178
꺾꽂이 160, 288
껍질눈 31, 40, 108, 154
꼬투리 309
꼬투리 열매 296
꼭두서니 166
꽃 22, 29, 34, 35, 41, 84, 92, 120, 126, 127, 128, 131, 133, 134, 135, 147, 153, 180, 195, 196, 197, 200, 209, 212, 226, 243, 244, 247, 248, 249, 251, 255, 266, 271, 273, 276, 277, 278, 283, 284, 286, 287, 291, 292, 293, 297, 303
꽃가루 245, 246, 247, 264, 265, 266, 268, 269, 270, 271, 272, 273, 275, 276, 277, 278, 280, 281, 282, 283, 284, 286, 287
꽃가루 주머니 278
꽃가루관 272, 273, 291
꽃가루받이 270, 271, 273, 278, 280, 281, 282, 284, 285, 291
꽃눈 37, 40, 41, 120, 252
꽃다지 256
꽃대 259, 320
꽃덮이 253
꽃마리 257, 258
꽃받침 34, 87, 92, 95, 244, 245, 248, 249, 252, 253, 255, 274, 291, 296
꽃받침잎 252
꽃밥 245, 246, 270, 273, 275, 280, 281, 282, 285
꽃봉오리 37, 38, 41, 47, 274
꽃부리 92, 244, 245, 248, 249, 253, 254, 255, 256, 263, 267, 269, 278, 280, 281, 283, 287, 291
꽃뿔(긴 꿀 주머니) 모양 꽃부리 256
꽃잎 35, 37, 87, 95, 196, 209, 245, 248, 249, 252, 253, 254, 257, 263, 264, 276, 280
꽃자루 245, 259, 275
꽃줄기 134, 135, 146, 147, 291, 308
꽃차례 196, 254, 255, 258, 297
꽃턱잎 196, 197
꽈리 258
꾸정모기 280, 281
꿀 주머니 253
꿀샘 171, 282, 283
끈끈이대나물 318
끝눈 40

ㄴ

나도공단풀 319
나도수정초 239
나란히맥 93, 94, 171, 173, 174, 175

나무껍질 62, 66, 86, 103, 105, 106, 107, 108, 112, 113, 114
나무속 88, 89, 90, 99
나뭇가지 99
나뭇잎 21
나뭇진 31, 32
나비 모양 꽃부리 256
나사말 284, 285
나선잎차례 166, 168, 169
나이테 66, 67, 68, 71, 72, 99
나침반식물 153
나팔꽃 88, 128, 257
낙우송 154
난자 247
난쟁이야자나무 141
날개 299
날개 열매 299
날카로운 톱니 178
남극 153
남산제비꽃 321
낱꽃 257
냉이 256
너도밤나무 98, 119, 255
네펜데스 197, 198, 218
노각나무 107
노랑미치광이풀 321
노루귀 321
녹말 144, 322
녹말당화효소 322
누리장나무 166, 274, 275

눈 19, 21, 23, 24, 29, 30, 32, 33, 35, 46, 48, 50, 51, 53, 54, 55, 57, 61, 62, 63, 179, 180
눈비늘 29, 30, 31, 32, 33, 34, 36, 46
느릅나무 95, 108, 141, 174, 175, 234, 255, 299

ㄷ

다발꽃차례 259
다섯갈래겹잎 180
단정 꽃차례 259
단풍 299, 310
단풍나무 95, 141, 166, 175, 176, 177, 235, 296, 310
달걀꼴 176, 177
달맞이꽃 315
닭의장풀 265, 315
담배파이프꽃 280
담수조 97
담쟁이덩굴 129, 131
당근 36, 142, 144, 147, 258
대나무 124, 173, 175
대추나무 188, 203
대추야자나무 268, 269, 305
댓잎현호색 321
덤불 207
덧눈 40
덩굴손 187, 194, 195
덩굴식물 124, 125, 128, 309

덩이뿌리 55, 56, 57, 147
덩이줄기 51, 52, 53, 55, 57, 61, 144
도깨비바늘 312, 313
도둑놈의갈고리 312
도라지 257, 275
도토리 144
돌나물 263, 264
돌려나기 166, 167, 168
돌콩 127, 128, 256
동물계 86
동박새 283
동백나무 170, 171, 283, 296, 298
동자꽃 256
두갈래꼴맥 174, 175
둔하고 가는 톱니 178
둥굴레 133, 134
둥근잎유홍초 265
드캉돌 216, 217
들현호색 321
등나무 128, 179, 180
디아스타아제 322
딱총나무 146
딴꽃가루받이 273, 274, 275
딸기 131, 251, 296
땅속줄기 51, 132, 133, 134, 143
땅위줄기 133
떡갈나무 92, 93, 178, 185
떡잎 84, 87, 90, 91, 92, 93, 94, 95, 173, 303, 304, 316, 322

떨기나무 125, 208
떨켜 183, 184, 185, 186
뜬잎식물 226

ㄹ

라일락 177
라즈베리 323
레몬 293, 299
로즈메리 323

ㅁ

마로니에 176
마주나기 166, 167
마타리 259
막뿌리 151, 152, 153, 154, 156, 157, 158, 159
매발톱꽃 253
맨눈 36
맹그로브 154, 155, 322
머리 모양 꽃차례 259
먼나무 177
메꽃 257
멜론 298, 323
며느리배꼽 187
모감주나무 296, 298
모과 203, 296
모과나무 107, 203
모여나기 167, 168
모임 열매 297
목재 103, 115

무 142
무궁화 251, 266
무떡잎식물 95
무화과나무 110
무화과 297
물결 모양 177
물관 62, 65, 66, 67, 88, 89, 90, 172, 226, 229, 230
물관부 63, 89, 103, 104, 105
물렁 열매 298
물망초 258
물봉선 252, 282, 283, 306, 307
물살이식물 226, 284, 286, 317
물재배 55
물총오이 305, 306
물푸레나무 299
미국실새삼 238
미국쑥부쟁이 319
미나리아재비 207, 255
미역취 320
미치광이풀 321
미토콘드리아 109
민꽃식물 248
민들레 110, 259, 297, 307, 308
밀 91
밋밋한 모양 177
밑씨 247, 267, 268, 272, 276, 291, 292, 293, 303

ㅂ

바깥껍질 306, 323
바나나 92, 93, 173
바늘꼴 177
바니시 31
바오밥나무 76, 77
박 251
박 열매 298
박과 195, 305
박주가리 110, 127, 128, 307, 309
발아 322
밤나무 69, 71, 72, 73, 88, 122, 185, 239, 251, 259, 297
방울새 207
방패꼴맥 175, 176
배 203, 251, 296, 303, 304, 316
배 열매 296
배나무 144, 145, 177, 203
배롱나무 107, 183
배젖 303, 304, 316, 322
배추 88, 174
백목련 37, 40, 177
백합 90, 92, 246, 247, 273, 286
백합과 92
뱀딸기 129, 130, 131
버드나무 95, 159, 160, 177, 207
버섯 86, 207
벌레 219
벌레잡이식물 198, 199, 218
벚꽃 244, 247, 248, 251

벚나무 107, 108, 170, 171, 174, 187, 235, 299
베고니아 174, 177
벼 90, 91, 122, 123, 142, 248
벼꽃 258
변산바람꽃 259, 320
별꽃 207
보리 90, 91, 173, 248, 323
보통 톱니 178
보통으로갈라진꼴 178
복수초 255
복숭아 251, 292, 293, 296
복숭아나무 108, 250, 299
봄맞이꽃 257
봉선화 174, 275
봉숭아 88
봉합선 298
부름켜 66
북극 153
북극장구채 153
붉은인동덩굴 128
붉은토끼풀 152, 318
붓꽃 173, 253
붙박이눈 45, 61, 62
붙음뿌리 129, 131
비늘 21
비늘 조각 46, 47, 48, 50, 57
비늘잎 48, 49, 134
비늘줄기 61, 63, 64, 134
빌모랑 146, 147

뽕나무 252
뿌리 49, 50, 51, 52, 53, 54, 57, 61, 62, 64, 65, 68, 72, 84, 85, 87, 119, 126, 127, 129, 131, 133, 134, 139, 140, 141, 142, 144, 147, 151, 152, 153, 154, 157, 158, 164, 173, 209, 223, 231, 232, 238

ㅅ

사과 251, 296
사데풀 296, 297
사마귀풀 263, 264, 265
사시나무 119, 183
사철나무 236
사철쑥 237
사포딜라 112
산 219
산괴불주머니 256
산국 321
산딸나무 194, 196, 259
산방 꽃차례 259
산사나무 323
산성 198
산소 108, 232
산수유 41, 258
산초나무 181
산호 16, 17, 18, 20, 21, 45, 73
살구 251
살구나무 299

살찐줄기식물 129, 130
삼각꼴 176, 177
삼나무 95
상수리나무 185, 235, 255, 259
상승수액 63, 64, 65, 66
상추 91, 174
새싹 37, 38, 321
새우 17
생강나무 41
석류 253, 299
석잠풀 257
석죽 모양 꽃부리 256
선태식물 97
선꼴 176, 177
선인장 130, 131, 132, 200, 201
세갈래겹잎 180, 181
세균 252
세네감비아의 바오밥나무 76
세쿼이아 75, 76
세포 67, 68, 93, 104, 172, 226, 232, 233, 234, 237, 254, 266
세포막 109
세포벽 104, 109
세포질 109
소나무 31, 95, 107, 114, 177, 236, 237, 251, 264, 273, 277
소나무 솔방울 297
소나무 열매 297
소화액 198, 199, 219
속꽃덮이 253

속씨식물 95, 96, 97
속열매껍질 292, 293, 294, 296, 299
손꼴겹잎 181
손꼴맥 175, 176
솔방울 310
솔씨 297, 310
송악 129
송진 31
송홧가루 277
쇠뜨기류 166
수국 258
수그루 268, 269
수꽃 199, 250, 251, 252, 259, 268, 269, 274, 275, 277, 284, 285
수나무 251, 277
수레국화 323
수레바퀴 모양 꽃부리 257
수박 294, 298, 323
수베린 104
수선화 135, 173
수수꽃다리 21, 22, 24, 25, 35, 177, 258
수술 37, 47, 196, 197, 244, 245, 246, 247, 248, 249, 250, 263, 264, 267, 270, 274, 275, 276, 278, 287, 291
수술대 245
수액 63, 64, 159, 172, 231

수양버들 119
수염며느리발톱 239
수염뿌리 95, 140, 141, 142, 143, 151
수증기 226, 228, 230
수크령 312
수피 103, 104
숙주식물 238
순무 144, 322
시금치 322
식물 세포 109, 225
식물분류학 83, 84
신경초 210, 211, 212, 217, 218, 220
실뿌리 50
실새삼 239
심장 모양 226
심장꼴 176, 177
심피 267
십자 모양 꽃부리 256
싸리 177, 180, 181
싹 54, 55, 305
쌍떡잎식물 83, 87, 90, 91, 92, 93, 94, 95, 96, 119, 120, 124, 141, 173, 174, 185, 304
씨 292, 293, 296, 297, 299
씨방 37, 84, 245, 246, 247, 250, 267, 268, 269, 270, 273, 286, 287, 291, 292, 293
씨앗 90, 139, 146, 147, 154, 243, 247, 248, 249, 263, 266, 268, 270, 276, 280, 286, 287, 291, 292, 293, 294, 296, 297, 303, 304, 305, 307, 308, 309, 311, 313, 314, 316, 317

ㅇ

아까시나무 177, 179, 188, 202, 203, 215, 251, 256, 259
아편 110
아형 35, 37
안갖춘꽃 170, 171, 247, 248
안토시안 184
알 303
알세포 266, 268, 272
암그루 268, 269, 284
암꽃 199, 250, 251, 252, 259, 268, 270, 274, 275, 277, 285
암나무 251, 277
암수갖춘꽃 250, 251, 268, 270, 275, 284
암수딴그루 199, 251, 252, 269, 284, 251
암수안갖춘꽃 268, 269, 275
암수한그루 250, 252, 269
암술 37, 47, 196, 244, 246, 247, 248, 249, 250, 251, 257, 263, 264, 270, 273, 274, 275, 276, 280, 282, 287, 291
암술머리 245, 246, 247, 267,

268, 270, 271, 272, 273, 275,
281, 284, 286, 287, 291
암술잎 267
애기나리 320
애기나팔꽃 319
애기똥풀 110, 111
애기현호색 321
액포 109, 227
앵두 251
야고 239
야생당근 146
야생화 319
야자나무 90, 98
야자누스 121
양귀비 110, 253, 298
양배추 144, 145, 211
양버즘나무 107, 119
양치식물 87, 95, 96, 97
양파 48, 49, 50, 57, 63
얕게갈라진꼴 178, 179
어긋나기 166, 167, 168
어리연꽃 57, 170, 226
어린뿌리 304, 322
어린순 320
어미 나무 155, 159
어미식물 296
어저귀 319
억새 239
얼레지 267, 320
엉겅퀴 259, 307

여름눈 36
여윈 열매 297
여윈 열매들의 모임 열매 296
연꽃 175, 176, 311
열매 71, 72, 84, 115, 131, 133,
145, 155, 194, 195, 200, 202,
263, 266, 268, 277, 278, 282,
287, 291, 292, 293, 296, 297,
298, 299, 304, 305, 306, 307,
310, 312, 313, 314, 323
열매껍질 292, 294, 296, 297, 299,
309
열매살 292, 293, 294, 296, 297, 298,
299
엽록소 53, 184, 231, 233, 234, 237,
239, 254
엽록체 109, 226, 232
엽액 21
영양분 164, 172, 184, 194, 198,
223, 229, 231, 232, 233, 304,
322
영양액 231
영춘화 166, 167, 257
오동나무 37
오렌지 293, 299
오이 170, 194, 195, 251, 294, 305
오이풀 258
옥수수 90, 144, 157, 158, 173, 251
옥잠화 271
올리브나무 177

완두콩 286
왕벚나무 178
왕원추리 92
외떡잎식물 83, 87, 90, 91, 92, 93, 94, 96, 98, 120, 121, 124, 141, 142, 173, 174, 185, 304
용설란 135
용혈수 76
우산나물 166
우유나무 112
운지버섯 85
원꼴 176, 177
원뿌리 140, 143, 151
원뿔 모양 꽃차례 258
원산 식물 318, 319
원예종 263
월계수 177, 213
유관속형성층 63, 105
유럽밤나무 75, 79
유선 294, 299
유액 110, 111, 112, 113, 309
유엽태 35, 37
유인선 281
유자나무 177
육계나무 109
육상식물 96
으름덩굴 180, 181
은사시나무 177, 179, 183
은행나무 88, 167, 168, 174, 175, 177, 248, 251, 252

은화식물 248
음나무 40
이끼 86, 96, 207
이끼류 86, 96, 248
이나무 177, 314
이빨 모양 177
이삭 모양 꽃차례 258
이산화탄소 108, 232, 317
이질풀 263, 264
인도고무나무 155, 156
인동 257
입술 모양 꽃부리 257
잎 22, 23, 29, 35, 39, 41, 47, 48, 49, 51, 53, 54, 55, 56, 64, 65, 84, 85, 87, 119, 129, 130, 132, 134, 142, 145, 165, 166, 168, 169, 170, 174, 178, 180, 181, 184, 185, 186, 194, 197, 199, 200, 201, 210, 213, 214, 215, 216, 217, 223, 225, 226, 229, 231, 232, 235, 237, 243, 254, 287
잎겨드랑이 21, 46, 180, 309
잎꼭지 170
잎눈 37, 40, 41
잎맥 38, 87, 92, 172, 173, 174, 175, 176, 179, 201, 214, 218, 219, 254
잎몸 170, 171, 176, 177, 178, 181, 182, 189, 201

해면조직 185, 226, 233
해바라기 166, 168, 169, 251
해부 10, 223
해파리 212
핵 109, 293
향나무 76
혀 모양 꽃부리 257
혀꽃 176
현호색 256, 321
형성층 62, 66, 67, 68, 73, 88, 89, 90, 94
호두나무 177
호랑가시나무 201, 202, 207, 213
호랑버들 40
호박 36, 88, 144, 174, 175, 251, 269, 294, 298
호박꽃 269
호흡 232
홀수깃꼴겹잎 181
홀씨 87, 248
홍단풍 299
홍콩야자 181
홑잎 176, 177, 179, 180
화살꽃 176
화살나무 106, 107, 166, 167, 235, 263, 264
환삼덩굴 127, 128
황화 234
회양목 177, 236, 237
회화나무 256

효소 322
휘문이 158, 159, 288
흰꽃나도사프란 319
흰닭의장풀 318,
히드라 9, 10, 12, 13, 14, 15, 16, 17, 19, 45, 243
히아신스 90, 134, 135

콩팥꼴 176, 177
크산토필 185
큰개불알풀 165, 263, 264
큰도꼬마리 312
큰방가지똥 319
큰키나무 125, 141, 142
키니네 109

ㅌ

타닌 109, 185
타래난초 258, 320
타원꼴 176, 177
탄수화물 232, 233
턱잎 170, 171, 182, 186, 187, 188, 189, 193, 203
테레빈 114
토끼풀 152, 214, 278, 286
토마토 298
톱니 모양 177, 178
톱풀 259
통꽃 257
튀는 열매 298
튤립 135

ㅍ

파리지옥 218, 219, 220
판다누스 121
팔손이나무 176
패랭이꽃 256
포도 144, 146, 251, 298

포도나무 177
포도당 322
포린 297
포유류 313
포인세티아 196, 197
포자 85, 86, 87, 248, 249
포자식물 97
포충엽 198, 199
폴립 17, 18, 19, 21, 45, 211, 212
표피 88, 103, 104, 106, 223, 225, 226
표피 세포 226, 299
표피 조직 231
풍매화 277
프랑스 노르망디 알로빌 참나무 74
플라타너스 107
피나물 110
피마자 174
피스타치오 277
피층 88

ㅎ

하강수액 63, 64, 65, 66
하등식물 83, 84, 85, 86, 87, 93, 96, 97
학명 84
한련화 176, 177
한해살이 덩굴풀 195
한해살이식물 36, 146
한해살이풀 88

지의류 86, 95, 96
지질학 94, 97
직박구리 314
실경이 174
질소 198, 199
쪽동백나무 36, 38, 40, 180
쪽동백나무 꽃 39
찔레나무 207

ㅊ
차축조류 97
차풀 296
참개암나무 259
참깨 91
참나리 46, 47, 48, 57
참나무 68, 69, 88, 98, 105, 109, 119, 120, 124, 141, 160, 174, 186, 208, 211, 213, 235, 239
참나무과 185, 186
참마 177
참외 251
창꼴 176, 177
채소 147
채송화 91, 273
책상조직 184, 185, 226, 231, 233
처녀치마 321
철쭉 174
청미래덩굴 177, 188, 193
체관 62, 63, 64, 65, 66, 88, 89, 90, 103, 105, 172, 226, 230, 238
초롱꽃 257
초종용 237, 239
촉수 12, 13, 15, 17
추잉껌나무 112
추재 67
춘재 67
충남 금산 보석사 은행나무 79
충남 금산 요광리 은행나무 79
충매화 278
측맥 171, 174, 175
층층잔대 257
치클 112
칠엽수 31, 32, 37, 40, 177, 258
칡 125, 126, 127, 128
칡덩굴 126
침엽수 95

ㅋ
카네이션 153, 158
카로틴 185
캄파뉼라 257
캐모마일 323
커피나무 323
코르크 105, 107
코르크참나무 105, 106
코르크층 63, 89, 103, 104, 105, 106, 108
코르크형성층 63, 89, 103, 105, 106
코코넛 311

잎사귀 170
잎살 171, 173
잎자국 21, 31, 40
잎자루 170, 171, 174, 176, 179, 180, 182, 183, 185, 186, 189, 203, 223
잎집 123
잎차례 166, 167, 168, 169, 170

ㅈ

자귀나무 177, 218
자생식물 320
자식그루 129
자작나무 106, 107, 234, 235
자주괴불주머니 256
자주달개비 319
작살나무 36, 38, 40
잔가지 21, 22, 62, 119, 158, 159, 257
잔디 90
잔뿌리 55, 62
잡종 286, 287, 288
장미 92, 170, 177, 286, 323
전기생식물 239
전나무 95, 208, 264
점액 198
점현호색 321
접붙이기 288
정자 247, 266
정핵 266, 272, 273, 291

젖소나무 112
제꽃가루받이 273, 274, 275
제라늄 160
제비꽃 298, 321
제주 표선 성읍리 느티나무 79
조류 85, 95, 96
조매화 283, 284
졸참나무 297
종 모양 꽃부리 257
종려죽 173
종자식물 97
주걱꼴 176
주맥 171, 174, 175, 176, 180
주목 76, 177
주엽나무 202
줄기 29, 46, 47, 49, 50, 51, 53, 54, 55, 56, 62, 66, 68, 71, 73, 84, 85, 87, 88, 108, 119, 120, 122, 123, 125, 127, 129, 130, 132, 134, 139, 142, 146, 147, 152, 154, 155, 157, 158, 163, 165, 166, 170, 172, 173, 182, 183, 184, 186, 195, 197, 200, 201, 232, 237, 238, 239, 308, 309
쥐엄나무 202
증산 작용 201, 228, 230
지난해 물관부 63, 103, 104, 105
지느러미엉경퀴 315
지상부 153

글쓴이 **장 앙리 파브르**

1823년 남프랑스의 산속 마을에서 가난한 농부의 아들로 태어났습니다. 넉넉지 못한 생활 속에서도 계속해서 화학, 수학, 물리, 식물을 비롯해 여러 가지 분야를 공부했습니다. 우연한 기회로 곤충의 생태에 관심을 갖게 되었으며 그 이후로 열정적으로 곤충을 연구했습니다. 1915년 생을 마감하기 전까지, 30년에 가까운 세월을 『파브르 곤충 이야기』를 집필하는 데 힘을 쏟았습니다.

풀어쓴이 **추둘란**

1969년 경남 통영에서 태어나 대학에서 농학과 영문학을 공부하고, 대학원에서 우리나라 현대소설을 공부했습니다. 녹색연합에서 펴내는 월간 『작은 것이 아름답다』에 글을 연재했고, 다운증후군 아들과 이웃의 소박한 이야기를 담은 수필집 『콩깍지 사랑』을 펴냈습니다. 현재 충남 홍성에서 유기농 벼농사를 짓고 있으며 남편과 함께 '발달장애인과 그 가족을 위한 장애인부모 운동'에 앞장서고 있습니다.

그린이 **이제호**

1959년에 충남 부여에서 태어나 대학교에서 회화를 공부하고 CF 감독으로 일했습니다. 산과 들에 사는 식물과 동물들의 모습을 정성껏 그림으로 담아내는 작업을 하고 있습니다. 그 동안 『세밀화로 그린 나무도감』, 『세밀화로 그린 보리 어린이 식물도감』, 『세밀화로 그린 보리 어린이 동물도감』, 『할머니 농사일기』, 『참나무 숲에서는 무슨 일이 있었을까』, 『겨울눈아, 봄꽃들아』 들에 그림을 그렸습니다.

파브르 식물 이야기

2011년 1월 17일 1판 1쇄
2025년 2월 25일 1판 11쇄

글쓴이 장 앙리 파브르 | 풀어쓴이 추둘란 | 그린이 이제호

기획·편집 최일주, 이혜정, 김언수 | 사진 및 그림 설명글 최일주, 이혜정 | 디자인 석운디자인 | 교정 최문주 | 제작 박흥기 | 마케팅 양현범, 이장열, 김지원 | 홍보 조민희 | 출력 한국커뮤니케이션 | 인쇄 코리아피앤피 | 제책 신안문화사

펴낸이 강맑실 | 펴낸곳 (주)사계절출판사 | 등록 제 406-2003-034호 | 주소 (우)10881 경기도 파주시 회동길 252 | 전화 031)955-8588, 8558 | 전송 마케팅부 031)955-8595, 편집부 031)955-8596 | 홈페이지 www.sakyejul.net | 전자우편 skj@sakyejul.com | 페이스북 facebook.com/sakyejul | 트위터 twitter.com/sakyejul | 인스타그램 instagram.com/sakyejul | 블로그 blog.naver.com/skjmail

사진
김규환(266p 무궁화 꽃가루 현미경 사진!)
김성철(78p 용문산 은행나무)
김 연(155p 맹그로브)
김향란(77p 마다가스카르의 바오밥나무)
꽁지쉐(37p 오동나무 겨울눈 | 86p 이끼, 고사리, 고사리 포자 | 128p 등나무 | 196p 산딸나무 꽃, 산딸나무 꽃 확대 | 238p 미국실새삼, 미국실새삼 확대 | 239p 야고 | 255p 미나리아재비, 복수 | 265p 닭의장풀 꽃밥, 둥근잎유홍초 꽃밥, 사마귀풀 꽃밥 | 271p 옥잠화, 옥잠화 암술머리 | 279p 나비 주둥이 말린 상태, 나비 주둥이 펴지는 상태, 나비 흡밀 | 318p 강아지풀, 흰물의장풀, 끈끈이대나물, 붉은토끼풀 | 319p 자주달개비, 흰꽃나도사프란, 애기나팔꽃, 미국쑥부쟁이, 큰방가지똥, 어저귀, 나도공단풀 | 320p 변산바람꽃, 타래난초, 애기나리 | 321p 산국, 남산제비꽃, 금낭화)
동아엔싸이버(156p 인도고무나무)
서효원(153p 북극장구채)
윤태옥(113p 고무나무 고무 추출)
이정진(267p 얼레지 꽃 속 | 320p 얼레지 | p321 미치광이풀, 현호색, 처녀치마, 노루귀, 노루귀 새싹)
이혜정(32p 다 자란 칠엽수의 꽃과 잎 | 175p 대나무 잎맥 | 254p 상수리나무 꽃, 상수리나무 수꽃, 상수리나무 암꽃 | 299p 레몬 유선)
정연규(18~19p 산호)
최일주(32p 칠엽수 겨울눈 눈비늘, 털로 덮인 칠엽수 눈, 칠엽수 겨울눈 나뭇진으로 덮인 연두색 조직, 칠엽수 겨울눈 속 초록색 싹, 칠엽수 겨울눈 가로로 자른 모습 | 37p 오동나무 겨울눈 가로 속, 오동나무 겨울눈 세로 속, 오동나무 꽃 속, 칠엽수 겨울눈, 칠엽수 겨울눈 가로 속, 칠엽수 새싹과 꽃봉오리, 백목련 겨울눈, 백목련 겨울눈 가로 속, 백목련 겨울눈 세로 속, 백목련 꽃속 | 39p 쪽동백나무 꽃 | 93p 떡갈나무 잎맥, 떡갈나무 잎맥 확대 | 128p 붉은인동덩굴 | 134p 히아신스 꽃 | 175p 은행나무 잎맥 | 200p 선인장, 선인장의 줄기 속 | 228p 식물의 증산작용 | 248p 이끼류)
최한중(239p 겨우살이, 나도수정초)

자료제공
전경애(314p 직박구리와 이나무 열매 사진!)

ⓒ 글 추둘란 | 그림 이제호, 2011

값은 뒤표지에 적혀 있습니다. 잘못 만든 책은 구입하신 서점에서 바꾸어 드립니다.
사계절출판사는 성장의 의미를 생각합니다. 사계절출판사는 독자 여러분의 의견에 늘 귀 기울이고 있습니다.
이 책은 저작권법에 따라 보호받는 저작물이므로 무단전재와 복제를 금합니다.

ISBN 978-89-5828-521-2 03480